国家出版基金项目
NATIONAL PUBLICATION FOUNDATION

十四个集中连片特困区
中药材精准扶贫技术丛书

乌蒙山区
中药材生产加工适宜技术

总主编 黄璐琦
主　编 刘大会　周　涛　张　超

中国健康传媒集团
中国医药科技出版社

内 容 提 要

《乌蒙山区中药材生产加工适宜技术》为《十四个集中连片特困区中药材精准扶贫技术丛书》之一。本书分总论和各论两部分：总论介绍乌蒙山区中药资源概况、自然环境特点、肥料使用要求、病虫害防治方法、相关中药材产业发展政策；各论选取乌蒙山区优势和常种的27个中药材种植品种，每个品种重点阐述植物特征、资源分布、生长习性、栽培技术、采收加工、质量标准、仓储运输、药材规格等级、药用和食用价值等内容。

本书供中药材研究、生产、种植人员及片区农户使用。

图书在版编目（CIP）数据

乌蒙山区中药材生产加工适宜技术 / 刘大会，周涛，张超主编 . — 北京：中国医药科技出版社，2021.9

（十四个集中连片特困区中药材精准扶贫技术丛书 / 黄璐琦总主编）

ISBN 978-7-5214-2490-4

Ⅰ.①乌…　Ⅱ.①刘…②周…③张…　Ⅲ.①药用植物—栽培技术②中药加工　Ⅳ.① S567 ② R282.4

中国版本图书馆 CIP 数据核字（2021）第 100101 号

审图号：GS（2021）2521 号

美术编辑　陈君杞
版式设计　锋尚设计

出版　**中国健康传媒集团** | 中国医药科技出版社
地址　北京市海淀区文慧园北路甲 22 号
邮编　100082
电话　发行：010-62227427　邮购：010-62236938
网址　www.cmstp.com
规格　710×1000mm　¹/₁₆
印张　17⁷/₈
彩插　1
字数　348 千字
版次　2021 年 9 月第 1 版
印次　2021 年 9 月第 1 次印刷
印刷　北京盛通印刷股份有限公司
经销　全国各地新华书店
书号　ISBN 978-7-5214-2490-4
定价　78.00 元

获取新书信息、投稿、为图书纠错，请扫码联系我们。

编　委　会

序

"消除贫困、改善民生、实现共同富裕，是社会主义制度的本质要求。"改革开放以来，我国大力推进扶贫开发，特别是随着《国家八七扶贫攻坚计划（1994—2000年）》和《中国农村扶贫开发纲要（2001—2010年）》的实施，扶贫事业取得了巨大成就。2013年11月，习近平总书记到湖南湘西考察时首次作出"实事求是、因地制宜、分类指导、精准扶贫"的重要指示，并强调发展产业是实现脱贫的根本之策，要把培育产业作为稳定脱贫攻坚的根本出路。

全国十四个集中连片特困地区基本覆盖了我国绝大部分贫困地区和深度贫困群体，一般的经济增长无法有效带动这些地区的发展，常规的扶贫手段难以奏效，扶贫开发工作任务异常艰巨。中药材广植于我国贫困地区，中药材种植是我国农村贫困人口收入的重要来源之一。国家中医药管理局开展的中药材产业扶贫情况基线调查显示，国家级贫困县和十四个集中连片特困区涉及的县中有63%以上地区具有发展中药材产业的基础，因地制宜指导和规划中药材生产实践，有助于这些地区增收脱贫的实现。

为落实《中药材产业扶贫行动计划（2017—2020年）》，通过发展大宗、道地药材种植、生产，带动农业转型升级，建立相对完善的中药材产业精准扶贫新模式。我和我的团队以第四次全国中药资源普查试点工作为抓手，对十四个集中连片特困区的中药材栽培、县域有发展潜力的野生中药材、民间传统特色习用中药材等的现状开展深入调研，摸清各区中药材产业扶贫行动的条件和家底。同时从药用资源分布、栽培技术、特色适宜技术、药材质量等方面系统收集、整理了适宜贫困地区种植的中药材品种百余种，并以《中国农村扶贫开发纲要（2011—2020年）》明确指出的六盘山区、秦巴山区、武陵山区、乌蒙山区、滇桂黔石漠化区、滇西边境山区、大兴安岭南麓山区、燕山－太行山区、吕梁山区、大别山区、罗霄山区等连片特困地区和已明确实施特殊政策的西藏、四省藏区（除西藏自治区以外的四川、青海、甘肃和云南四省藏族与其他民族共同聚住的民族自治地方）、新疆南疆三地州十四个集中连片特困区为单位整理成册，形成《十四个集中连片特困区中药材精准扶贫技术丛书》（以下简称《丛书》）。《丛书》有幸被列为2019年度国家出版基金资助项目。

　　《丛书》按地区分册，共14本，每本书的内容分为总论和各论两个部分，总论系统介绍各片区的自然环境、中药资源现状、中药材种植品种的筛选、相关法律政策等内容。各论介绍各个中药材品种的生产加工适宜技术。这些品种的适宜技术来源于基层，经过实践验证、简单实用，有助于经济欠发达的偏远地区和生态脆弱地区开展精准扶贫和巩固脱贫攻坚成果。书稿完成后，我们又邀请农学专家、具有中药材栽培实践经验的专家组成审稿专家组，对书中涉及的中药材病虫害防治方法、农药化肥使用方法等内容进行审定。

　　"更喜岷山千里雪，三军过后尽开颜。"希望本书的出版对十四个集中连片特困区的农户在种植中药材的实践中有一些切实的参考价值，对我国巩固脱贫攻坚成果，推进乡村振兴贡献一份力量。

2021年6月

前　言

乌蒙山片区是全国14个集中连片特困地区之一，涉及云南、贵州、四川三省共38个县（市、区），集革命老区、民族地区和贫困地区于一体，是贫困人口分布广、少数民族聚集多的连片特困地区，片区贫困面大、贫困程度深，贫困现象复杂、贫困类型综合，也是扶贫攻坚难啃的一块"硬骨头"。

在乌蒙山片区现有中药材资源的基础上，调整优化产业结构，推动中药材种植，形成具有区域特色中药材产业，有利于该区域贫困人口整体脱贫致富、巩固脱贫攻坚成果，有利于缩小地区发展差距，有利于保障长江和珠江流域生态安全，促进生态文明建设和区域可持续发展。

为消除贫困、改善民生、巩固脱贫攻坚成果，实现共同富裕，黄璐琦院士组织专家学者，在总结第四次全国中药资源普查试点工作的成果基础上，整理成《十四个集中连片特困区中药材精准扶贫技术丛书》。本书为丛书分册之一，由湖北中医药大学、贵州中医药大学、四川省农业科学院经济作物研究所、中国中医科学院中药资源中心、云南省农业科学院等单位专家学者编写。本书分为总论和各论。总论介绍了乌蒙山片区的自然环境、中药资源现状以及中药材生产加工共性技术等内容，各论介绍了适宜乌蒙山区种植的27种中药材的生产加工适宜技术，包括植物特征、资源分布概况、生长习性、栽培技术、采收加工、药典标准、仓储运输、药材规格等级及药用食用价值等内容。

本书可供乌蒙山片区及全国其他地区中药材管理部门、农技推广人员、种植户和从事中药材生产加工及中药相关领域研究的工作者参考阅读。

由于编者水平有限，书中缺点和错误在所难免，敬请读者提出宝贵意见，以便修订完善。

编　者

2021年7月

目　录

总　论

各　论

总　论

一、概论

乌蒙山片区是全国14个集中连片特困地区之一，涉及云南、贵州、四川三省共38个县（市、区），集革命老区、民族地区和贫困地区于一体，是贫困人口分布广、少数民族聚集多的连片特困地区，片区贫困面大、贫困程度深、贫困现象复杂、贫困类型综合，是扶贫攻坚难啃的一块"硬骨头"。2012年2月，国务院在云南昭通启动了乌蒙山片区区域发展与扶贫攻坚启动会，实施《乌蒙山片区区域发展与扶贫攻坚规划（2011—2020年）》，明确了乌蒙山片区的战略定位是"扶贫、生态与人口统筹发展创新区、国家重要能源基地、面向西南开放的重要通道、民族团结进步示范区和长江上游重要生态安全屏障"。

乌蒙山片区自古以来就是中药材传统产区，一直是中药材重点产地。因此，在现有中药材资源的基础上，调整优化产业结构，推动中药材种植，形成具有区域特色中药材产业，有利于该区域贫困人口整体脱贫致富，有利于缩小地区发展差距，有利于保障长江流域生态安全，促进生态文明建设和可持续发展，实现国家总体战略布局和全面建设小康社会的奋斗目标。

二、乌蒙山区基本情况

乌蒙山连片贫困区，包括云南、贵州、四川三省，其中四川省13个县（泸州市叙永县、古蔺县，乐山市沐川县、马边彝族自治县，凉山彝族自治州普格县、布拖县、金阳县、昭觉县、喜德县、越西县、美姑县、雷波县，宜宾市屏山县）、贵州省10个县［遵义市桐梓县、习水县、赤水市，毕节市七星关区、大方县、黔西县、织金县、纳雍县、威宁彝族回族自治县（含钟山区大湾镇）、赫章县］、云南省15个县（昆明市禄劝彝族苗族自治县、寻甸回族彝族自治县，曲靖市会泽县、宣威市，昭通市昭阳区、鲁甸县、巧家县、盐津县、大关县、永善县、绥江县、镇雄县、彝良县、威信县、楚雄彝族自治州武定县）。乌蒙山片区总面积为10.7万平方公里，总人口2292.0万，乡村人口2005.1万人，少数民族人口占总人口20.8%。片区38个县（市、区）中有32个国家扶贫开发工作重点县，6个省重点县。片区内居住者有彝族、回族、苗族、蒙古族等少数民族，是我国主要的彝族聚集区。民俗风情浓郁，民族文化源远流长，各民族和睦相处。拥有彝族"火把节""撮泰吉"、苗族"滚山珠"等国家非物质文化遗产，少数民族服饰制作等民间工艺丰富。

（一）片区的自然环境

乌蒙山片区位于云贵高原与四川盆地结合部，山高谷深，地势陡峻，为典型的高原山地构造地形，属亚热带、暖温带高原季风气候，降水时空分布不均。境内河流纵横，地跨长江、珠江两大流域，金沙江、岷江、赤水河、乌江等长江水系发达；南盘江、北盘江注入西江，是珠江上游重要河流。水能资源蕴藏量巨大，煤、磷、铝、锰、铁、铅、锌、硫等矿产资源富集。生物物种丰富，植被类型多样，森林覆盖率38.1%，是长江、珠江上游重要生态保护区。

1. 片区气候环境

乌蒙山片区属于亚热带、暖温带高原季风气候，降水时空分布不均。每年5～9月雨热同季，形成强降水，而之后近半年时间干旱少雨。多春旱，有时冬春连旱长达100天。本区年均气温11～16℃，无霜期300～350天，年降雨量800～1400毫米，日照时数1000～1300小时，全年≥10℃的积温在4500℃以上。黔西毕节地区冰雹较多，有雹月达5～9个月。在高海拔地区还存在低温霜冻和秋风雨。复杂多样的生态环境，有利于多种经济发展。

2. 片区地形地貌

乌蒙山片区地势南高北低，为四川盆地南部向云贵高原过渡地带，境内大部分属喀斯特地貌，石山裸露，地表水渗漏严重。最低海拔240米，最高4042米，高低相差悬殊，自然条件复杂多样。一般海拔1200～2400米，滇东北山地达3000～4000米。境内有高原、山原、中山、低山、丘陵、峡谷、喀斯特峰丛洼地等各种地形，喀斯特山地约占总面积的70%。

3. 片区土质背景

本区土壤类型主要有黄壤、黄棕壤、紫色土和沼泽土，亚类分别有黄壤、山地黄棕壤、酸性紫色土、石灰性紫色土、水稻土和草甸沼泽土等。土壤类型垂直地带性分布主要有黄壤和黄棕壤，以黄壤为主。黄壤海拔分布范围1500～2200米，黄棕壤海拔分布范围为2200～2500米。中性紫色土分布也较为普遍，各海拔段都有。

（二）片区的中药资源现状

1. 片区中药资源特点

据不完全统计，乌蒙山片区有药用植物3100余种，大多数为野生。在乌蒙山山脉，常用中药材有天麻、杜仲、厚朴、黄柏、云木香、五倍子、何首乌、党参、天冬、沙参、石斛、金银花、半夏、山药、桔梗、黄精、龙胆、重楼、天南星、栀子、木瓜、黄连、木香、山苍子、鱼腥草、刺梨、猕猴桃、金樱子等215种。按省（市）划分的来看，各地中药资源现状如下。

（1）乌蒙山片区——贵州区　该地区毕节市生物资源丰富多样，地域特色鲜明，中药材品种丰富，分布广，是贵州乃至全国中药材的重要产区之一。境内有植物近2000种，药用植物1000多种。其代表性的药材有：杜仲、金钗石斛、厚朴、天麻、黄柏、白及、刺梨、半夏、苦参、鱼腥草、皂角、冬荪、魔芋、前胡、丹参、续断、头花蓼、金银花、生姜、党参、金荞麦、花椒、百合、万寿菊、当归等。其中大方天麻、赫章半夏、织金续断、织金头花蓼和威宁党参是国内外一致公认的道地药材，均获得国家地理标志保护认证，种植面积较大。

（2）乌蒙山片区——四川区　该区域中草药资源十分丰富。如昭觉县野生植物种类繁多，药用植物132个品种，野生药蕴藏量187万千克；古蔺县是著名的中药材之乡，中草药833种，其中中药材246种，草药587种，动物药材68种，大宗常用药有赶黄草、天冬、半夏、天麻、金银花、五倍子等，品种246种，年调出量3000吨，居四川前列；美姑县野生药材达103种，且蕴藏量较大，主要有天麻、云木香、黄柏、重楼、大黄等58种，年产量上万斤的有33种。其代表性的品种有黄柏、杜仲、厚朴、白及、黄精、天麻、赶黄草、附子、云木香、滇重楼、半夏等药材。

（3）乌蒙山片区——云南区　该区内植物种类既有其多样性，又有其复杂性。其中，植被类型垂直分布十分明显，分为三个类型：亚高山灌丛、草甸分布于海拔3000米以上地区，草本植物200余种，以菊科和禾本科植物为主；云南松、华山松针叶林类和樟树、旱冬瓜等阔叶林类混交，分布于海拔1700～3000米地区，主要为森林区；亚热带稀树草原旱生植被分布于海拔1700米以下的牛栏江、小江、以礼河沿岸干热河谷区，形成稀灌草原景观。楚雄州的植物种类有6000多种，药用植物以薄荷、黄连、茯苓、重楼、续断最为有名。镇雄县植物资源600多种，有天麻、黄连、半夏、云木香、杜仲等100多种中药材和竹荪、香菌、木耳等菌类植物，野生动物150多种。禄劝彝族苗族自治县内野生动植物药材有2000多种，名贵药材15种，属国家重点药材品种有254种。主要药材有：滇重楼、三七、黄草乌、附子、当归、党参、金铁锁、续断、金荞麦、银杏、魔芋、花椒、黄精、半夏、白及、牡丹（药用）、黄柏、五倍子、杜仲、天门冬、黄柏、滇龙胆、皂角、葛根、余甘子、红豆杉、红花、茯苓等。其中昭通天麻为国家地理标志保护产品。

2. 片区的中药加工及流通情况

由于乌蒙山片区的自然禀赋，丰富的中药资源，故各药厂纷纷在此设药材生产基地，其中以贵州、云南区域居多。如大方天麻公司建立了天麻有性繁育种植基地；同济堂制药公司在大方、威宁等县建立了淫羊藿和续断保护抚育与规范化种植基地。四川肝舒药业、四川锦云堂中药饮片有限公司在泸县建立了赶黄草基地。云药道地原生药材规范化种植基地在该片区主要包括昭通天麻基地、楚雄重楼基地和曲靖半夏、重楼、黄精、银杏基地。

片区的中药材有较长的生产历史，因而自然形成药材市场交易中心或小型药市。乌蒙山中药材现代物流园是黔西北地区药材种植交易的集散中心，是行业精英参与产业扶贫、科技脱贫的示范中心，也是贵州地区苗医苗药文化展示的重要窗口。在毕节全市七县三区建有标准化种植基地5万亩，通过毕节中药材行业协会，一端联系市场，一端联系农户，完成技术培训、种苗繁育、种苗销售、产品定价、产品回收、深度加工等一条龙服务。小型药材市场，如泸州市场、宜宾药材市场、昭通药材市场、楚雄药材市场等。

三、乌蒙山区中药产业扶贫对策

根据乌蒙山片区贫困特点，认为乌蒙山片区"亲贫式"增长的产业选择关键在于有效利用片区内与特色农业、旅游产业相关的优势资源，并促进第一产业中特色农业与第三产业中旅游产业的有机结合。而中药材产业属于本区域的特色农业产业，又属于健康产业，有利于形成"康养、文化、旅游"的紧密融合。《乌蒙山片区区域发展与扶贫攻坚规划（2011—2020年）》"生物医药"提出："挖掘地方特色生物资源、民族医药资源，引进高新技术和现代制药企业，培育发展天麻、半夏、党参、滇红花、杜仲、草乌、重楼等优势中药材加工产业，壮大现代生物制药产业"。

中药产业扶贫，应以提质增效为导向，促进"生产+加工+流通+科技"要素集聚，加快一二三产业的深度融合，构建"社会资本+龙头企业+合作社+家庭农场+农户"的产业复合体，推动中药产业扶贫形成全链条、全要素、一体化运用，使中药材产业扶贫具有精准、长效、可持续发展。

（一）因地制宜、适度发展中药材

片区的各区县的海拔、土壤、中药种植基础等条件不同，因而中药材扶贫应结合现在的种植基础，以提高中药材品质，增加农民效益为前提，坚持因地制宜、统筹规划、合理布局的原则，规划中药材种植品种和面积。宜药则药，切勿盲目追风或引种。发展本区道地或优质药材，如川乌、川续断、川黄连、川黄柏、云茯苓、滇重楼、滇龙胆、滇黄精、大方天麻、赫章半夏、织金续断、威宁党参、昭通天麻、鲁甸青花椒等以区域为优势的药材资源，应通过提质增效、树立品牌来拓展市场。根据市场的需求，在周边区县适当拓展，形成优质药材的品牌带动作用。

（二）坚持开发与生态保护并重

乌蒙山片区受喀斯特地貌石漠化等影响，生态脆弱，发展中药材产业，应注重生态保护。坚持生态种植、立体种植、林药结合、药材结合等措施。在喀斯特地貌地区，应种植黄柏、厚朴、杜仲、花椒等木本或藤本或地上部分的药材，减少药材采收对生态环境的影响。提倡中药材生态种植，减少农药、化肥的投入，增施有机肥，合理轮作，减少病虫害发生。开展半野生抚育技术研究，使药材生长回归"原生态"，真正体现药材以疗效为目的。在优势药材产区，应建立原产地药材的自然保护区，将种质资源保护与中药文化、旅游养生结合起来，使生态资源转化为经济资源。

（三）创建传统销售与"互联网+"结合多种销售模式

一是强化龙头企业带动作用，以龙头企业自建药材基地，或建立"龙头企业+合作社+农户"等多种模式，形成"中药材产业扶贫示范基地""定制药园"，发展订单农业，推动中药材标准化种植，形成产业精准扶贫新格局。二是培养一批经营主体。支持具有一定规模的药材销售企业或大户，开展多种形式的合作与联合，形成多种利益联结机制，让农户共享发展收益。三是以"互联网+"拓展中药材销售。目前，随着互联网迅猛发展，催生一批互联网药企或农产品企业，促进中药材销售新模式发展，如数字本草、中药材天地网、康美医药城、九州通网、农推网等。中药材种植大户或专业合作社或农户均可通过互联网提供便利，促进中药材的销售。鼓励贫困地区建立中药材产地电子交易中心，拓展中药材电商营销渠道。四是启动海外拓展工程。转变发展思路，拓展"一带一路"沿线国家市场。支持一批市场优势明显、质量上乘的中药材产品拓展海外市场，扩大该地区中药材国际市场份额和知名度。

（四）加大中药材产品加工和开发

制定道地和优质中药材产地初加工规范，统一质量控制标准，改进加工工艺，提高中药材产地初加工水平，避免粗制滥造导致中药材有效成分流失、质量下降。严禁滥用硫黄熏蒸等方法，二氧化硫等物质残留必须符合国家规定。严厉打击产地初加工过程中掺杂使假、染色增重、污染霉变、非法提取等违法违规行为。

针对本片区的中药资源，开展中药大健康产品的开发，以产品带动当地中药价值的提升。特别是药食两用类中药材，充分挖掘其食用价值，大力开发药食两用的产品，如黄精产品主要有黄精多肽胶囊、九制黄精、黄精速溶茶、黄精含片、黄精口服液等。加大对中药副产物的综合利用，减少资源的浪费，提高中药资源的附加值。如三七药用部位是根，三七的花可以开发成三七花茶，其茎叶作为原料开发成茶、冲剂、口服液、牙膏、护肤霜等。

（五）完善中药材产业技术服务体系

构建种植、养殖、加工、研发、销售服务一体化的综合服务体系。发挥中药原料质量监测信息和技术服务中心等服务机构作用，建立中药材服务精准到户机制，组织相关专家开展技术培训、实地指导中药材生产技术。在中药材主产区建设一批中药材种植信息监测站，构建贫困地区中药材种植溯源体系。为中药材产业精准扶贫提供技术支撑。

重点承接东部地区和周边省会城市劳动密集型产业、资源深加工型产业和装备制造业及配套产业转移。把承接产业转移与调整自身产业结构结合起来，促进产业转型升级，提升市场竞争力。

四、中药材扶贫的共性要求

《乌蒙山片区区域发展与扶贫攻坚规划（2011—2020年）》提出"重点发展中药材区域性特色农业基地"。该区域有着良好自然禀赋、种植基础，各乡镇村发展中药材的热情高涨，中药材种植有着自身的发展规律和科学基础。如中药材种植品种选择、中药材常见病虫害防治方法等共性问题作了简述，为中药材产业扶贫提供参考。

（一）中药材种植的品种选择

中药材是特殊的农产品，具有明显的地域性特点。因此，在中药材种植方面，品种选择是决定种植成败的关键。在实际生产中，凡因跟风种植中药材的，失败者不胜枚举。例如前几年炒作的热门品种玛卡、牡丹，近两年渐渐无人问津。

1. 选择道地或优势药材品种

道地中药材，是指经过中医临床长期应用优选出来的，产在特定地域，与其他地区所产同种中药材相比，品质和疗效更好，且质量稳定，具有较高知名度的中药材。在一定程度上，道地中药材就是质优的代名词。如石柱黄连，称为"川黄连"，最早在《名医别录》就有记录，当地县志记载种植有700余年历史。当地种植规模大，且质量稳定，在国内有较高的知名度。

优势药材产区指有一定种植或引种历史、形成一定规模，质量稳定，相对其他地区有较高知名度的地区。如云南昭通天麻，在清朝时期大量作为"贡品"，产量之高，质量之好，在全国各天麻产区中雄居榜首。

各地发展中药材，首选本地区种植的道地药材或优势药材。一是这些药材经过长期种植，质量稳定；二是具有较高品牌效应；三是形成了良好销售渠道。本区域道地药材和优势药材有厚朴、杜仲、黄柏、金钗石斛、白及、天麻、半夏、头花蓼、党参、黄精、赶黄草、干姜、附子、黄草乌、三七、金铁锁、续断、红花、云茯苓等等。各地可根据不同药材生长条件的要求，选择性种植。切勿盲目引种，或者跟风种植。

2. 选择种植技术成熟品种

中药材种植与药材质量、产量有着密切关系，每一种植物的特性不同，种植技术也有差异。选择种植技术成熟的中药材品种，从种子繁育、施肥管理、病虫害防治、产地加工等过程形成一套技术规范，可减少种植风险，保证药材质量。相反，种植技术不成熟的品种，需要反复实践验证，存在繁育率不高，产量质量不稳定，病虫害严重等问题。即使要种植新品种或技术不成熟的品种，也一定要依靠相关专家的指导，防范由种植技术不成熟带来的风险。

3. 优先选择多用途药材

优先选择具有多种用途的药材。一是选择药食两用的药材品种，如天麻、黄精、石斛、党参等，既可作药材，也可作食材，扩大销售范围。同时，药食两用品种，可开发健康食品，提高药材的附加值。二是选择具有观赏价值的品种，与乡村旅游和康养旅游结合起来，形成产业融合。如银杏、石斛、金银花等。三是选择综合利用价值高的品种，如桑树，其桑白皮、桑叶、桑枝、桑椹均作药用；莲，其莲子心、藕结、莲叶均作药用，最大化提高使用价值。

（二）中药材种植化肥农药使用要求

中药材种植过程中，施用化肥、农药与中药材质量和安全有着密切的关系。《中华人民共和国中医药法》第二十二条中"严格管理农药、肥料等农业投入品的使用，禁止在中药材种植过程中使用剧毒、高毒农药，支持中药材良种繁育，提高中药材质量"。原国家食品药品监督管理总局先后下发了《关于进一步加强中药材管理的通知》（食药监〔2013〕208号）和《关于进一步加强中药饮片生产经营监管的通知》（食药监药化监〔2015〕31号）中指出："严禁使用高毒、剧毒农药、严禁滥用农药、抗生素、化肥，特别是动物激素类物质、植物生长调节剂和除草剂。加快技术、信息和供应保障服务体系建设，完善中药材质量控制标准以及农药、重金属等有害物质限量控制标准；加强检验检测，防止不合格的中药材流入市场"。由以上可见，滥用化肥和农药有可能触犯法律法规。因而，在中药材种植过程中，掌握好肥料和农药的施用种类、施用量以及施用时期极为重要。

1. 种植中药材施肥原则

以有机肥（或有机菌肥）为主，适当搭配化肥为辅；以施基肥为主，配合追肥和种肥，适期适量追肥；根据植物生长需求规律，合理施肥。

以有机物质作为肥料的均称为有机肥料。包括厩肥、堆肥、绿肥、饼肥、沼气肥等，有机质达30%以上，氮磷钾总养分含量在5%以上。施用有机肥料能改善土壤理化特性，有效地协调土壤中的水、肥、气、热，提高土壤肥力和土地生产力，是绿色食品生产的主要养分。

生物菌肥是在有机肥料中加入有益微生物菌群，通过有益菌在植物根系周围的大量繁殖形成优势种群，抑制了其他有害菌的生命活动；分解了植物生长过程中根系排放的有害物质；促进了土壤中有机物质的降解和无机元素释放；改善了土壤的团粒结构，调节了土壤保肥、供肥、保水、供水以及透气性功能。生物菌肥的施用，能显著提高作物的产量和品质，同时达到有机生产的目的，符合安全性要求较高的中药材生产需要，但价格较高。

2. 中药材病虫草害防治使用农药原则

（1）严格禁止使用剧毒、高毒、高残留或有致癌、致畸、致突变的农药。

（2）推广使用对人、畜无毒害，对环境无污染，对产品无残留的植物源农药、微生物农药及仿生合成农药。

（3）提倡交替使用杀菌剂，每种药剂喷施2～3次后，应改用另一种药剂，以免病菌产生抗药性。

（4）按中药材种植常用农药安全间隔期喷药，施药期间不能采挖商品药材，比如50%多菌灵安全间隔期15天，70%甲基托布津安全间隔期10天，敌百虫安全间隔期7天。

（5）严禁使用化学除草剂。

禁止销售和使用的剧毒高毒高残留农药品种（共65种）：

六六六、滴滴涕、毒杀芬、二溴氯丙烷、杀虫脒、二溴乙烷、除草醚、艾氏剂、狄氏剂、汞制剂、砷类、铅类、敌枯双、氟乙酰胺、甘氟、毒鼠强、氟乙酸钠、毒鼠硅、甲胺磷、对硫磷、甲基对硫磷、久效磷、磷胺、苯线磷、地虫硫磷、甲基硫环磷、磷化钙、磷化镁、福美胂、福美甲胂、胺苯磺隆单剂、甲磺隆单剂、百草枯（水剂）、磷化锌、硫线磷、蝇毒磷、治螟磷、特丁硫磷、氯磺隆、胺苯磺隆复配制剂、甲磺隆复配制剂、甲拌磷、甲基异柳磷、内吸磷、克百威（呋喃丹）、涕灭威（神农丹）、灭线磷、硫环磷、氯唑磷、水胺硫磷、灭多威、硫丹、溴甲烷、杀扑磷、氯化苦、氧乐果、三氯杀螨醇、氰戊菊酯、丁酰肼、氟虫腈、丁硫克百威、乙酰甲胺磷、乐果、毒死蜱、三唑磷及其复配剂。

提倡使用的生物源农药和一些矿物源农药。生物源农药具有选择性强，对人畜安全，低残留，高效，诱发害虫患病，作用时间长等特点。

微生物源农药：农用抗生物，如井冈霉素、春雷霉素、农抗120、阿维菌素、华光霉素。活体微生物制，如白僵菌、枯草芽孢杆菌、哈茨木霉、VA菌根等。植物源农药：杀虫剂如除虫菊素、鱼藤酮、苦参碱。杀菌剂如大蒜素、苦参碱等；驱避剂如苦楝素、川楝素等。动物源农药：昆虫信息素、微孢子原虫杀虫剂、线虫杀虫剂等。矿物源农药：硫制剂，如石硫合剂；铜制剂，如波尔多液；钙制剂，如生石灰，石灰水等。

（三）中药材常见病虫害防治方法

由于受到有害生物的侵染或不良环境条件的影响，中药材病虫害的发生率不断增加，对药材产量和质量影响极大。特别是连作引起的病虫害最为严重，如黄连、党参、重楼等药材，因连作发生病虫害导致轻则减产，重则颗粒无收。现将乌蒙山片区中药材常见的病虫害症状及防治方法简介如下，供中药材生产者参考。

1. 病虫害症状

（1）真菌性病害 由真菌侵染所致的病害种类最多，如锈病、斑点病、炭疽病、霜霉病、根腐病、白绢病等。真菌性病害一般在高温高湿时易发病，病菌多在病残体、种子、土壤中过冬。病菌孢子借风、雨传播。在适合的温、湿度条件下孢子萌发，长出芽管侵入寄主植物内为害。可造成植物倒伏、死苗、斑点、黑果、萎蔫等病状，在病部带有明显的霉层、黑点、粉末等征象。

（2）细菌性病害 由细菌侵染所致的病害，如溃疡病，青枯病等。侵害植物的细菌都是杆状菌，大多具有一至数根鞭毛，可通过自然孔口（气孔、皮孔、水孔等）和伤口侵入，借流水、雨水、昆虫等传播，在病残体、种子、土壤中过冬，在高温、高湿条件下易发病。细菌性病害症状表现为萎蔫、腐烂、穿孔等，发病后期若遇潮湿天气，在病部若溢出细菌黏液，是细菌病害的特征。

（3）病毒病 花叶病、黄斑病等病害都是由病毒引起的。病毒病主要借助于带毒昆虫传染，有些病毒病可通过线虫传染。病毒在杂草、块茎、种子和昆虫等活体组织内越冬。病毒病主要症状表现为花叶、黄化、卷叶、畸形、簇生、矮化、坏死、斑点等。

（4）线虫病 植物病原线虫，体积微小，多数肉眼不能看见。由线虫寄生可引起植物营养不良而生长衰弱、矮缩，甚至死亡。根结线虫造成寄主植物受害部位畸形膨大。胞囊线虫则造成根部须根丛生，地下部不能正常生长，地上部生长停滞黄化，线虫以胞囊、卵或幼虫等在土壤或种苗中越冬，主要靠种苗、土壤、肥料等传播。

（5）虫害 危害药用植物的动物种类很多，其中主要是昆虫，另外有螨类、蜗牛、鼠类等。各种昆虫由于食性和取食方式不同，口器也不相同，主要有咀嚼式口器和刺吸式口器。咀嚼式口器害虫，如甲虫、蝗虫及蛾蝶类幼虫等，它们都取食固体食物，危害根、茎、叶、花、果实和种子，造成机械性损伤，如缺刻、孔洞、折断、钻蛀茎秆、切断根部等。刺吸式口器害虫，如蚜虫、椿象、叶蝉和螨类等，是以针状口器刺入植物组织吸食食料，使植物呈现萎缩、皱叶、卷叶、枯死斑、生长点脱落、虫瘿（受唾液刺激而形成）

等。此外，还有虹吸式口器（如蛾蝶类）、纸吸式口器（如蝇类）、嚼吸式口器（如蜜蜂）。了解害虫的口器，不仅可以从为害状况去识别害虫种类，也为药剂防治提供依据。

2. 病虫害防治方法

（1）农业防治法　该法是通过调整栽培技术等一系列措施以减少或防治病虫害的方法。大多为预防性的，主要包括以下几方面。

①合理轮作和间作：在药用植物栽培制度中，进行合理的轮作和间作，无论对病虫害防治或土壤肥力的充分利用都是十分重要的。此外，合理选择轮作物也至关重要，一般同科属植物或同为某些严重病、虫寄主的植物不能选为下茬作物。间作物的选择原则应与轮作物的选择基本相同。

②耕作深耕：是重要的栽培措施，它不仅能促进植物根系的发育，增强植物的抗病能力，还能破坏蛰伏在土内休眠的害虫巢穴和病菌越冬的场所，直接消灭病原生物和害虫。

③除草、修剪：清园田间杂草及药用植物收获后，受病虫危害的残体和掉落在田间的枯枝落叶，往往是病虫隐蔽及越冬的场所，是翌年的病虫来源。因此，除草、清洁田园和结合修剪将病虫残体和枯枝落叶烧毁或深埋处理，可以大大减轻翌年病虫为害的程度。

④调节播种期：某些病虫害常和栽培药物的某个生长发育阶段物候期密切相关。如果设法使这一生长发育阶段错过病虫大量侵染为害的危险期，避开病虫为害，也可达到防治目的。

⑤合理施肥：合理施肥能促进药用植物生长发育，增强其抵抗力和被病虫为害后的恢复能力。一定要使用腐熟的厩肥或堆肥，否则肥中残存病菌以及地下害虫蛴螬等虫卵未被杀灭，易使地下害虫和某些病害加重。

⑥选育和利用抗病、虫品种：中药材不同类型或品种往往对病、虫害抵抗能力有显著差异。如有刺型红花比无刺型红花能抗炭疽病和红花实蝇，白术矮秆型抗病虫等。因此，如何利用这些抗病、虫特性，进一步选育出较理想的抗病、虫害的优质高产品种，则是一项十分有意义的工作。

（2）生物防治法　生物防治是利用各种有益生物来防治病虫害的方法。主要包括以下几方面。

①利用寄生性或捕食性昆虫：寄生性昆虫包括内寄生和外寄生两类，经过人工繁殖，将寄生性昆虫释放到田间，用以控制害虫虫口密度。捕食性昆虫的种类主要有螳螂、蚜狮、步行虫等。这些昆虫多以捕食害虫为主，对抑制害虫虫口数量起着重要的作用。大量繁殖并释放这些益虫可以防治害虫。

②微生物防治：利用真菌、细菌、病毒寄生于害虫体内，使害虫生病死亡或抑制其为害植物。利用性诱剂诱杀成虫，防治虫害。

③动物防治：利用益鸟、蛙类、鸡、鸭等消灭害虫。

④不孕昆虫的应用：通过辐射或化学物质处理，使害虫丧失生育能力，不能繁殖后代，从而达到消灭害虫的目的。

（3）物理、机械防治法　物理、机械防治法是应用各种物理因素和器械防治病虫害的方法。如利用害虫的趋光性进行灯光诱杀；根据有病虫害的种子重量比健康种子轻，可采用风选、水选淘汰有病虫的种子，使用温水浸种等。近年利用辐射技术进行防治取得了一定进展。

（4）化学防治法　化学防治法是应用化学农药防治病虫害的方法。主要优点是作用快、效果好、使用方便，能在短期内消灭或控制大量发生的病虫害，不受地区季节性限制，是目前防治病虫害的重要手段，其他防治方法尚不能完全代替。化学农药有杀虫剂、杀菌剂、杀线虫剂等。使用农药的方法很多，有喷雾、喷粉、喷种、浸种、熏蒸、土壤处理等。

3. 地下虫害综合防治法

在中药材栽培过程中，常常出现药田地下害虫如蛴螬、地老虎、金针虫、蝼蛄等危害，直接影响中药材幼苗的成活及植株的发育，由此容易造成药苗缺蔸、植株严重生长不良，使得药材品质变差、产量降低。根据生产经验，防治地下害虫必须采取以下综合方法。

（1）冬季深耕　冬季深耕土壤35厘米，并随耕拣虫，通过翻耕可以破坏害虫生存和越冬环境，减少次年虫口密度。未腐熟的农家肥是地下害虫产卵繁殖的好场所。因此，药用植物栽培施用农家肥时，不能施用未腐熟的生粪，施用时每亩用5%的西维因500克进行药剂无害化处理，效果较好。

（2）清理田园　杂草是地下害虫产卵及隐蔽的主要场所，也是幼虫危害药田的桥梁。因此，头茬作物收获后，及时拣尽田间杂草，可减少越冬幼虫和蛹的数量；同时，在作物出苗前或地下害虫1～2龄幼虫盛发期，及时铲尽田间杂草，减少幼虫早期食料，也可消灭部分幼虫和卵。将杂草深埋或运出田外，沤肥，可消除产卵寄生。

（3）根部灌药　苗期害虫猖獗时，如发现断苗而幼虫入土，可用90%晶体敌百虫800倍液、50%二嗪农乳油500倍液、2.5%敌杀死6000倍液、速灭杀丁4000倍液或50%辛硫磷乳油500倍液，任选以上一种药液灌根，隔8～10天灌一次，连续灌2～3次，可杀死地老虎、蛴螬和金针虫等地下害虫。

（4）撒施毒土　每亩用5%特丁磷2.5～3千克，沟施、穴施均可，药效期长达60～90

天；或每亩用50%辛硫磷乳油500克，拌细沙或细土25～30千克，在药物根旁开沟撒入药土，随即覆土或结合锄地中耕将药土施入，可防治多种地下害虫。

（5）灌水灭虫　水源条件好的地区，在地老虎发生后，及时灌水，可收到良好的灭虫效果。

（6）人工捕虫　每天清晨到田间扒开新被害药苗周围或被害残留茎叶附近的表土，捕捉害虫，集中处理。

（7）诱杀成虫　金龟子、地老虎、蝼蛄的成虫对黑光灯有强烈的趋向性，根据各地实际情况，在可能的条件下，于成虫盛发期放置黑光灯进行诱杀。用1千克麦麸（豆饼）炒香后放在桶内，然后把用温水化开的100克敌百虫倒入桶内，加红糖100克，闷3～5分钟，制成毒饵，于傍晚将毒饵分成若干小份撒放在药田的畦沟行间，可诱杀地老虎、蝼蛄等成虫，次日清晨收捕害虫集中处理。也可用20%灭多威乳油100克，加水1千克稀释，再喷在100千克新鲜的草或切碎的菜（长16厘米左右）内，拌成毒饵，于傍晚堆放在田间，每隔一定距离堆成直径为30～40厘米、高15厘米的小堆，亩用毒饵25千克诱杀地老虎。

（8）地面施药　傍晚时用16型农用喷雾器，按每桶清水内加2.5%的敌杀死8毫升的标准，配成2000倍的溶液，喷洒地面。这一灭虫技术可用来防治各类地下害虫。

（9）植株施药　当药材植株幼苗出现孔洞、缺刻等被害症状时，用90%敌百虫800～1000倍液、50%辛硫磷乳油1000～1500倍液、50%二嗪农乳油1000～1500倍液、20%拒食胺乳剂500倍液，以上药剂任选一种喷施或交替使用。成虫发生期于傍晚喷雾2～3次，每7～10天重喷1次。防治害虫效果良好。

五、乌蒙山区主要品种市场变化分析

1. 三七药材市场变化分析

作为重要中药材和中成药原材料的三七近年来价格波动剧烈，导致三七中药材市场上出现的"七贱伤农"现象，损害药农的利益。近年来，三七的市场价格一路飞涨，从2009年初的每千克60元上升到2013年七八月份的每千克800元，然而经历5年"过山车"般暴涨暴跌的三七在涨价10多倍以后，三七种植面积迅速扩张，从而导致三七供应量远远大于需求量的问题，到2013年下半年，三七价格开始持续下跌（图1）。这种市场供求关系严重失衡的现象，不仅打击了三七种植者的积极性，同时也严重影响了三七种植区的社会经济状况。

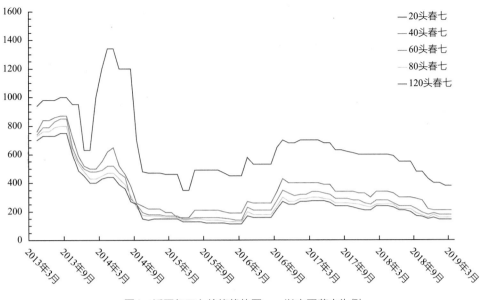

图1　近五年三七价格趋势图——以安国药市为例

三七从2018年5月需求旺季行情小幅度上升，市场统货200头在220～250元波动，市场多是批量，行情前期波动，后期基本稳定运行，价格无明显波动。2019年3月各地中药材市场的三七报价如表1所示。

表1　2019年3月中药材市场报价——三七

| 品名 | 市场 | | | | | | | |
| | 玉林 | | 亳州 | | 安国 | | 荷花池 | |
	规格	价格（元/千克）	规格	价格（元/千克）	规格	价格（元/千克）	规格	价格（元/千克）
三七	20头春七	390	20头春七	360	20头春七	380	20头春七	365
	40头春七	200	40头春七	195	40头春七	210	40头春七	200
	60头春七	170	60头春七	165	60头春七	180	60头春七	167
	80头春七	155	80头春七	150	80头春七	160	80头春七	152
	120头春七	145	120头春七	140	120头春七	145	120头春七	145

2. 天麻药材市场变化分析

20世纪70年代以前天麻商品基本都是靠野生供应，后来渐渐演变成家种，目前市场销售的商品多为家种品，主产于安徽金寨、岳西、霍山；湖北宜昌市、黄冈市；陕西汉中的勉县、洋县、城固县；四川的通江、广元、旺苍；云南昭通、丽江；贵州大方、德江；河南西峡等地。

2019年，各产地进入销售淡季，货源走动不快，前去寻货商家不多，行情平稳运行暂无波动。天麻2018年产新（3~4月、11~12月）量低于商家预期，产地加工户惜售，前期行情上升，市场无流货，在120~125元。近期市场货源走销尚可，行情表现较为坚挺。2019年市场货源正常购销中，市场行情保持，产新也已开始，市场开始走动，市场上混级货120元上下，一二级货在130元左右。由于产量平稳，市场库存充裕，商家少有大批量购进，行情在近年没有明显起落，现天麻价格家种统个在110~120元之间，预计后市依然以平销为主（图2、表2）。

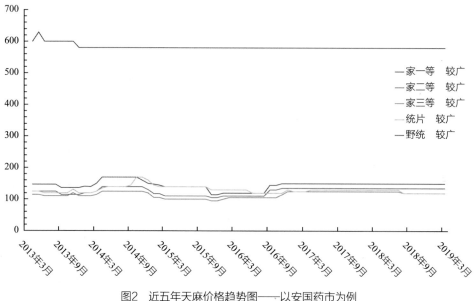

图2　近五年天麻价格趋势图——以安国药市为例

3. 茯苓药材市场变化分析

2013~2016年价格较稳定，价格在20~24元/千克之间。2017年1月茯苓价格达到顶峰，其中安徽茯苓丁达到32元/千克。在高位运行了一段时间，到2017年9月茯苓价格开始

表2　2019年3月中药材市场报价——天麻

品名	市场							
	玉林		亳州		安国		荷花池	
	规格	价格（元/千克）	规格	价格（元/千克）	规格	价格（元/千克）	规格	价格（元/千克）
天麻	家一等较广	150	家一等较广	150	家一等较广	150	家一等较广	155
	家二等较广	130	家二等较广	125	家二等较广	135	家二等较广	130
	家三等较广	110	家三等较广	115	家三等较广	120	家三等较广	120
	家混等较广	110	家混等较广	105	家混等较广	110	家混等较广	108
	统片较广	140	野统较广	600	统片较广	120	野统较广	605
	精选片较广	210			精选片较广	180		
	野统较广	650			野统较广	580		

下滑，截至2018年安徽茯苓丁回落到20～25元/千克。2017年茯苓维持相对高位行情，让众多生产企业备受压力，2017年9月后茯苓价格行情有所回落。2018年初茯苓行情有所复苏，安徽茯苓丁回升到25元/千克。整体看来，茯苓历史价格走势是持续上行。现阶段安徽产茯苓丁在20～27元/千克。

自2018年5月市场货源走销稳定，市场上统丁价在20元/千克左右，正值种植期，农户种植仍很积极，安徽产地存货较多，商家大部分暂持观望态度，市场货源走销一般；5月中旬，产地限制采伐，市场上升，统丁价在21元/千克左右；6月初市场来货量依然不多，市场货源实际成交量不大，货源多以小批量走销为主，行情稳定运行，统货价21元/千克左右；6月中旬，市场货源走销颇快，价格呈现稳中趋势，市场统货价在15元/千克上下，精片在20元/千克左右；7月初，商品走动较多，价格稳定，白块为18～19元/千克；7月中旬，货源走销尚可（表3、图3）。

表3 2019年3月中药材市场报价——茯苓

品名	市场									
	玉林		亳州		安国		荷花池	
	规格	价格（元/千克）	规格	价格（元/千克）	规格	价格（元/千克）	规格	价格（元/千克）
茯苓	统块　云南	20	统块　安徽	19	统块　安徽	19.5	纯白中心丁云南	29
	大丁　云南	22	大丁　安徽	21	大丁　安徽	21.5	统丁　云南	22
	中丁　云南	23.5	中丁　安徽	25	中丁　安徽	25		
	小丁　云南	25	小丁　安徽	26	小丁　安徽	28		
	统片　云南	20	统片　安徽	20	统片　安徽	22		

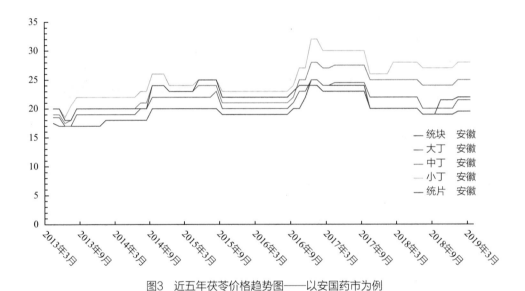

图3　近五年茯苓价格趋势图——以安国药市为例

4. 黄连药材市场变化分析

2013年12月开始，黄连市场进入缓慢下滑期，这种情况一直持续到2016年3月。从2016年3月开始，在市场需求的带动下，黄连逐渐摆脱了近两年半时间的低迷态势，行情开始缓慢复苏。尤其是在近期需求大幅增加的情况下，涨势较为迅猛，到2018年2月黄连价格达到顶峰，其中重庆单支统达到150元/千克。

据了解，目前黄连产地（主要集中在重庆、四川和湖北地区）库存消化明显，货源走动较快，供应较为充足且出货压力并不大。但黄连价格长期处于低位水平，农户种植积极性下降，在减产预期影响下，黄连价格不断上涨，预计短期高价位或将维持。不过，黄连市场也逐渐进入传统淡季，各药厂陆续开始停工检修，后市操作仍存有风险，建议商家密切关注行情动态。每年农历十月左右是黄连的产新期，待新货上市，黄连的价格或将稳中小幅下调。

黄连自2018年4月中旬市场寻货商家较多，市场上鸡爪连在145元/千克左右，单只在152元/千克左右；5月初，货源走销平稳，行情呈现疲软趋势，短期仍存波动，市场价143元/千克左右，单只153～155元/千克，货源较足，商品成交以零星走动为主；5月中旬，货源走销顺畅，市场上单支价在153元/千克左右；5月底，库存逐渐消耗，行情表现稳定，上市量不大，约20吨左右，采购商家减少，仍有部分商家关注，鸡爪连在136元/千克上下，走销不是很快；6月初货源走销很畅，行情表现稳定，通货单只在新的148元/千克左右，鸡爪连在130～133元/千克；6月中旬，市场频繁变化，市场走动不多，购货商家稀少，货源走销尚可，多采取勤进快销方式经营，双连在120元/千克左右；7月初，重庆产地成交不及前期，价格稍落，中等货在134～137元/千克，上等货在137～141.7元/千克，鸡爪连在125元/千克，单支在140元/千克左右；7月中旬，价格稍落，入市货量不多，商品有零星走动，中等货在134～137元/千克，上等货在138元/千克左右（图4、表4）。

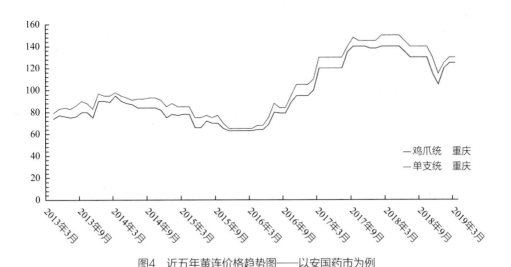

图4 近五年黄连价格趋势图——以安国药市为例

表4　2019年3月中药材市场报价——黄连

品名	市场							
	玉林		亳州		安国		荷花池	
	规格	价格（元/千克）	规格	价格（元/千克）	规格	价格（元/千克）	规格	价格（元/千克）
黄连	鸡爪统重庆	120	鸡爪统重庆	120	鸡爪统重庆	125	鸡爪统重庆	120
	单支统重庆	130	单支统重庆	125	单支统重庆	130	单支统重庆	125

5. 红花药材市场变化分析

红花行情波动频繁，历来受到商家的关注。红花的价格分别在2006年和2010年，突破过百元大关。近五年来红花的市场行情起伏幅度较大。如2013～2014年期间属大幅度波动期，从2013年的105～108元/千克下滑到6月的85～87元/千克，12月回升到95～97元/千克，到2014年7月其市场价格又下降到85～90元/千克，随后又在12月上升到98～110元/千克。2015年4月至2016年1月又进入大幅度下滑期，最低市场价格达到73～81元/千克。同年产新之后开始进入稳步上升期，至今（2018年）市场价格仍在增长期，8月红花价格已突破120元/千克。

自2018年4月中旬，市场货源走销平稳，暂无明显波动，云南产新结束，新货上市增加，行情暂时回升，云南统货在100元/千克左右；4月底，市场上货源小批量走销畅快，行情暂平稳运行；5月初，行情变动，库存逐渐消化，后市仍会存在小幅震荡，云南大量产新，干度不大，近期购货不多，批量交易，产地九成多干货在93元/千克左右；5月中旬，行情持续保持高价运行，市场上货源走向尚可，市场新疆产统货在102元/千克左右；5月底种植基本结束，新疆产区种植不及去年，统货收购价格在97～99元/千克，红花走势强劲，新疆统货市场价95～100元/千克，云南统货80元/千克；6月初，价位无明显变化，云南货价99元/千克；6月中旬，有商关注，市场货源走销平稳，变动不大，市场统货100元/千克左右；7月初新疆产区种植减少，商家持货心仍强，近期成交不多，价格在106元/千克左右，多为零星交易，小批量走销畅快；7月中旬，市场暂坚挺，价格有所上升107元/千克左右，红花产新结束，新货陆续上市，一般货100元/千克左右（图5、表5）。

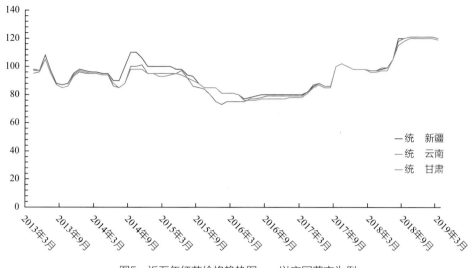

图5 近五年红花价格趋势图——以安国药市为例

表5 2019年3月中药材市场报价——红花

| 品名 | 市场 | | | | | | | |
| | 玉林 | | 亳州 | | 安国 | | 荷花池 | |
	规格	价格（元/千克）	规格	价格（元/千克）	规格	价格（元/千克）	规格	价格（元/千克）
红花	统 新疆	122	统 新疆	118	统 新疆	120	统 新疆	118.5
	统 云南	122	统 云南	118	统 云南	120	统 云南	118
	统 甘肃	115			统 甘肃	119	统 甘肃	120

6. 黄精药材市场变化分析

2012年整体药市行情低迷，黄精价格进一步下滑至28元/千克左右。2013年产新量下降，随着库存被消耗，行情回升，上半年价格升至33～35元/千克，下半年再涨至45～48元/千克。自2014年后，其价格基本在45～50元/千克，2016～2017年行情基本处于稳中上升状态。现市场湖南黄精统货价格在52～55元/千克，云南鸡头黄精价格在60～62元/千克。从近五年黄精价格走势图可见，整体呈逐步上涨的趋势。在产量减少、库存消化和需求刚性的多重影响下，随着市场用量的消化，短期内行情以高价位震荡为主，其价格有一定的上升空间（图6）。

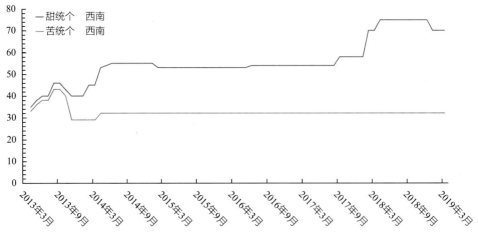

图6 近五年黄精价格趋势图——以安国药市为例

2018年产区产出的货源量都不大，市场商家手中的库存也较为薄弱，行情稳中向好。4月中旬，黄精前期市场行情上扬，产区来货量不大，黄精价格湖南统货在60~65元/千克之间。转至4月下旬，商家多有惜售心理，市场湖南产黄精价格小统在60元/千克，选货在80元/千克，商品高价刺激家种面积发展。6月初，商家按计划购进，行情持续坚挺，亳州市场黄精价格湖南小统货价在55~60元/千克不等，大统货价在65~70元/千克不等；贵州鸡头黄精因个体大小不同，价格悬殊较大，多要价在65~85元/千克不等。到了6月下旬，市场大货走动一直顺畅，行情也呈稳步上扬趋势，现商家关注力度仍不减，市场湖南产黄精价格好货在80~85元/千克。直至7月底，黄精市场来货量仍然不大，商家多是按计划采购，行情保持坚挺运行，现黄精价格湖南统货在66~70元/千克，后市值得关注（表6）。

表6 2019年3月中药材市场报价——黄精

品名	市场							
	玉林		亳州		安国		荷花池	
	规格	价格（元/千克）	规格	价格（元/千克）	规格	价格（元/千克）	规格	价格（元/千克）
黄精	甜统个西南	66	甜统个西南	65	甜统个西南	70	甜统个西南	66
	苦统个西南	40	苦统个西南	28	苦统个西南	32	苦统个西南	41

7. 重楼药材市场变化分析

重楼种植年限长，药用价值高，导致药用资源短缺，市场供需不平衡，因此药材价格长年上涨。纵观重楼历年价格变化，呈逐年节节攀升趋势。2003年受"非典"的影响，因重楼具有清热解毒功效，一夜之间飙升至120元左右。之后又跌至45元，徘徊不前，2005年下半年又开始步入上升通道，2008年突破百元大关，依然呈上涨趋势。重楼野生资源逐年萎缩，濒临灭绝，市场重楼药材开始供不应求。重楼价格从2013年的350元迅速上涨，到2014年高达800元。2014~2015年平稳保持2年后，再次突破，一路高升至2016年抵达千元大关，最高达到1200元。2016年至2017年统货、选货价格均有小幅度升降，9~11月产新时价格提高幅度较大，涨价约200元左右。2017年最高价达到1400元。2018年走势平稳，价格在1100~1300元浮动。2019年至今，市场统货价格在1000元左右。由于货源有限，行情较为平稳。重楼是目前价格上升最快的品种，但现人工种植面积不断攀升，下步将逐步回归理性（图7、表7）。

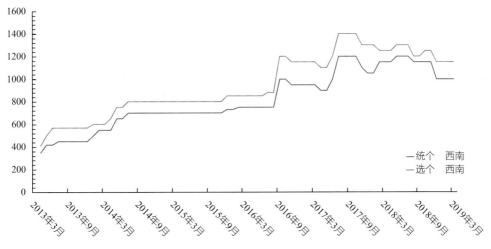

图7　近五年重楼价格趋势图——以安国药市为例

表7　2019年3月中药材市场报价——重楼

品名	市场							
	玉林		亳州		安国		荷花池	
	规格	价格（元/千克）	规格	价格（元/千克）	规格	价格（元/千克）	规格	价格（元/千克）
重楼	统个西南	1000	统个西南	1000	统个西南	1000	统个西南	1050
	选个西南	1200	选个西南	1100	选个西南	1150	选个西南	1150

8. 石斛药材市场变化分析

随着石斛养生保健功效的不断挖掘，石斛特别是铁皮石斛的消费市场骤然扩大。特别是2010年前后，组织培养工厂化生产技术研发与推广应用，解决了种苗大量繁育的难题；栽培基质的研发与集成栽培技术的应用，解决了从野生到家化栽培的技术瓶颈，加快了行业的发展与成熟。到2012年时，我国铁皮石斛产业形成了从原料种植到加工生产保健产品的完整产业链，石斛产业一片火热。此阶段，国内石斛产业开始呈现四大特征——消费群体多元化、销售模式专营化、宣传模式创新化，以及铁皮石斛成为日常消费品。到2013年，国内铁皮石斛种植面积超过8万亩，鲜斛产量达1.4万吨。到2015年底，全国铁皮石斛种植面积可达14万亩，云南占了近30%。这就意味着2015年仅铁皮石斛鲜品产量就将突破2.7万吨，折干品6280吨以上。

在2016～2018年连续三年的高价，同时在销量上来的情况下，各产区看好后市发展趋势，随着国家政策也给予具有规模性的种植社较大优惠政策，发展种植规模速度加快，导致扩种面积较大，再加上该产品分布广，近年来市场来货量陆续增多，导致可供货源充足，受此影响2019年产新时，高价行情直线回落，从2019年1月至今价格一直保持小幅度调整，目前市场行情也属于调整中，关注商家不多，货源均为正常购销，产量已超出市场需求量，后市行情还需在种植上不断地调整，保持供需平衡有利于一个品种的长期发展（图8、表8）。

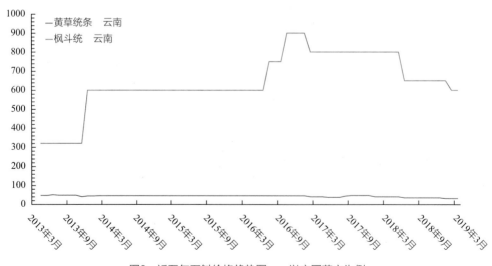

图8 近五年石斛价格趋势图——以安国药市为例

表8 2019年3月中药材市场报价——石斛

品名	市场							
	玉林		亳州		安国		荷花池	
	规格	价格（元/千克）	规格	价格（元/千克）	规格	价格（元/千克）	规格	价格（元/千克）
石斛	黄草统条云南	32	黄草统条云南	37	黄草统条云南	30	黄草统条云南	38
	枫斗统云南	550	枫斗统云南	600	枫斗统云南	600	枫斗统云南	650
	大瓜统条广西	45	大瓜统条广西	45			大瓜统条广西	44
			大条 云南	50				
			小条 云南	130				

9. 灯盏细辛药材市场变化分析

灯盏花长期以来被云南省多家制药企业作为生产治疗心脑血管疾病方面药品的原料，2010年以来，每年都有新的药企涉及灯盏花采购，云南制药企业需求总量大，但市场份额已从21世纪初的95%跌至现在60%左右。随着对灯盏花有效成分和功效用途的深入研究，越来越多的药企不断开发出新的药品，需求快速增长。灯盏花在2015年四五月份涨至每千克50多元就是这一市场变化的体现。2015年，灯盏花创下每千克近60元的最高价；2016年，灯盏花产地价跌到每千克14元，多个地方有库存积压无人问津；2017年初，受种植面积减少的影响，产地价涨至每千克27~29元。3、4月份涨价之后，很多种植农户的积极性又被重新点燃，灯盏花种子价格节节攀升，从400元翻倍大涨到800多元，但种子有限，面积并没有恢复到2016年初的水平。2017年，灯盏花产地价格一度涨到每千克29元，涨幅约90%。2018年，灯盏花行情总体平稳向好。但仍需注意根茎腐病危害，以防压垮市场并不坚挺的需求，使价格走势下跌（图9、表9）。

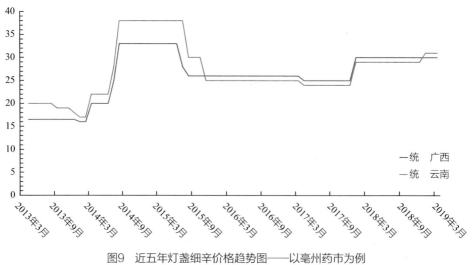

图9 近五年灯盏细辛价格趋势图——以亳州药市为例

表9 2019年3月中药材市场报价——灯盏细辛

品名	市场					
	玉林		亳州		荷花池	
	规格	价格（元/千克）	规格	价格（元/千克）	规格	价格（元/千克）
灯盏细辛	统　云南	26	统　广西	30	统　云南	22
			统　云南	31		

六、中药材相关政策法律法规

1.《中华人民共和国药品管理法》（节选）

第四条　国家发展现代药和传统药，充分发挥其在预防、医疗和保健中的作用。

国家保护野生药材资源和中药品种，鼓励培育道地中药材。

第十六条　国家支持以临床价值为导向、对人的疾病具有明确或者特殊疗效的药物创新，鼓励具有新的治疗机理、治疗严重危及生命的疾病或者罕见病、对人体具有多靶向系统性调节干预功能等的新药研制，推动药品技术进步。

国家鼓励运用现代科学技术和传统中药研究方法开展中药科学技术研究和药物开发，建立和完善符合中药特点的技术评价体系，促进中药传承创新。

国家采取有效措施，鼓励儿童用药品的研制和创新，支持开发符合儿童生理特征的儿童用药品新品种、剂型和规格，对儿童用药品予以优先审评审批。

第三十九条　中药饮片生产企业履行药品上市许可持有人的相关义务，对中药饮片生产、销售实行全过程管理，建立中药饮片追溯体系，保证中药饮片安全、有效、可追溯。

第四十三条　从事药品生产活动，应当遵守药品生产质量管理规范，建立健全药品生产质量管理体系，保证药品生产全过程持续符合法定要求。

药品生产企业的法定代表人、主要负责人对本企业的药品生产活动全面负责。

第四十四条　药品应当按照国家药品标准和经药品监督管理部门核准的生产工艺进行生产。生产、检验记录应当完整准确，不得编造。

中药饮片应当按照国家药品标准炮制；国家药品标准没有规定的，应当按照省、自治区、直辖市人民政府药品监督管理部门制定的炮制规范炮制。省、自治区、直辖市人民政府药品监督管理部门制定的炮制规范应当报国务院药品监督管理部门备案。不符合国家药品标准或者不按照省、自治区、直辖市人民政府药品监督管理部门制定的炮制规范炮制的，不得出厂、销售。

第四十五条　生产药品所需的原料、辅料，应当符合药用要求、药品生产质量管理规范的有关要求。

生产药品，应当按照规定对供应原料、辅料等的供应商进行审核，保证购进、使用的原料、辅料等符合前款规定要求。

第四十六条　直接接触药品的包装材料和容器，应当符合药用要求，符合保障人体健康、安全的标准。

对不合格的直接接触药品的包装材料和容器，由药品监督管理部门责令停止使用。

第四十七条　药品生产企业应当对药品进行质量检验。不符合国家药品标准的，不得出厂。

药品生产企业应当建立药品出厂放行规程，明确出厂放行的标准、条件。符合标准、条件的，经质量受权人签字后方可放行。

第四十八条　药品包装应当适合药品质量的要求，方便储存、运输和医疗使用。

发运中药材应当有包装。在每件包装上，应当注明品名、产地、日期、供货单位，并附有质量合格的标志。

第四十九条　药品包装应当按照规定印有或者贴有标签并附有说明书。

标签或者说明书应当注明药的通用名称、成份、规格、上市许可持有人及其地址、生产企业及其地址、批准文号、产品批号、生产日期、有效期、适应症或者功能主治、用法、用量、禁忌、不良反应和注意事项。标签、说明书中的文字应当清晰，生产日期、有效期等事项应当显著标注，容易辨识。

麻醉药品、精神药品、医疗用毒性药品、放射性药品、外用药品和非处方药的标签、说明书，应当印有规定的标志。

第五十八条　药品经营企业零售药品应当准确无误，并正确说明用法、用量和注意事项；调配处方应当经过核对，对处方所列药品不得擅自更改或者代用。对有配伍禁忌或者超剂量的处方，应当拒绝调配；必要时，经处方医师更正或者重新签字，方可调配。

药品经营企业销售中药材，应当标明产地。

依法经过资格认定的药师或者其他药学技术人员负责本企业的药品管理、处方审核和调配、合理用药指导等工作。

第六十条　城乡集市贸易市场可以出售中药材，国务院另有规定的除外。

第六十三条　新发现和从境外引种的药材，经国务院药品监督管理部门批准后，方可销售。

第一百一十七条　生产、销售劣药的，没收违法生产、销售的药品和违法所得，并处违法生产、销售的药品货值金额十倍以上二十倍以下的罚款；违法生产、批发的药品货值金额不足十万元的，按十万元计算，违法零售的药品货值金额不足一万元的，按一万元计算；情节严重的，责令停产停业整顿直至吊销药品批准证明文件、药品生产许可证、药品经营许可证或者医疗机构制剂许可证。

生产、销售的中药饮片不符合药品标准，尚不影响安全性、有效性的，责令限期改正，给予警告；可以处十万元以上五十万元以下的罚款。

第一百五十二条　中药材种植、采集和饲养的管理，依照有关法律、法规的规定执行。

第一百五十三条　地区性民间习用药材的管理办法，由国务院药品监督管理部门会同国务院中医药主管部门制定。

2.《中华人民共和国中医药法》（节选）

第三章　中药保护与发展

第二十一条　国家制定中药材种植养殖、采集、贮存和初加工的技术规范、标准，加强对中药材生产流通全过程的质量监督管理，保障中药材质量安全。

第二十二条　国家鼓励发展中药材规范化种植养殖，严格管理农药、肥料等农业投入品的使用，禁止在中药材种植过程中使用剧毒、高毒农药，支持中药材良种繁育，提高中药材质量。

第二十三条　国家建立道地中药材评价体系，支持道地中药材品种选育，扶持道地中药材生产基地建设，加强道地中药材生产基地生态环境保护，鼓励采取地理标志产品保护等措施保护道地中药材。

前款所称道地中药材，是指经过中医临床长期应用优选出来的，产在特定地域，与其他地区所产同种中药材相比，品质和疗效更好，且质量稳定，具有较高知名度的中药材。

第二十四条　国务院药品监督管理部门应当组织并加强对中药材质量的监测，定期向社会公布监测结果。国务院有关部门应当协助做好中药材质量监测有关工作。

采集、贮存中药材以及对中药材进行初加工，应当符合国家有关技术规范、标准和管理规定。

国家鼓励发展中药材现代流通体系，提高中药材包装、仓储等技术水平，建立中药材流通追溯体系。药品生产企业购进中药材应当建立进货查验记录制度。中药材经营者应当建立进货查验和购销记录制度，并标明中药材产地。

第二十五条　国家保护药用野生动植物资源，对药用野生动植物资源实行动态监测和定期普查，建立药用野生动植物资源种质基因库，鼓励发展人工种植养殖，支持依法开展珍贵、濒危药用野生动植物的保护、繁育及其相关研究。

第二十六条　在村医疗机构执业的中医医师、具备中药材知识和识别能力的乡村医生，按照国家有关规定可以自种、自采地产中药材并在其执业活动中使用。

第二十七条　国家保护中药饮片传统炮制技术和工艺，支持应用传统工艺炮制中药饮片，鼓励运用现代科学技术开展中药饮片炮制技术研究。

第二十八条　对市场上没有供应的中药饮片，医疗机构可以根据本医疗机构医师处方的需要，在本医疗机构内炮制、使用。医疗机构应当遵守中药饮片炮制的有关规定，对其炮制的中药饮片的质量负责，保证药品安全。医疗机构炮制中药饮片，应当向所在地设区的市级人民政府药品监督管理部门备案。

根据临床用药需要，医疗机构可以凭本医疗机构医师的处方对中药饮片进行再加工。

第二十九条　国家鼓励和支持中药新药的研制和生产。

国家保护传统中药加工技术和工艺，支持传统剂型中成药的生产，鼓励运用现代科学技术研究开发传统中成药。

第三十条　生产符合国家规定条件的来源于古代经典名方的中药复方制剂，在申请药品批准文号时，可以仅提供非临床安全性研究资料。具体管理办法由国务院药品监督管理部门会同中医药主管部门制定。

前款所称古代经典名方，是指至今仍广泛应用、疗效确切、具有明显特色与优势的古代中医典籍所记载的方剂。具体目录由国务院中医药主管部门会同药品监督管理部门制定。

第三十一条　国家鼓励医疗机构根据本医疗机构临床用药需要配制和使用中药制剂，支持应用传统工艺配制中药制剂，支持以中药制剂为基础研制中药新药。

第三十二条　医疗机构配制的中药制剂品种，应当依法取得制剂批准文号。但是，仅应用传统工艺配制的中药制剂品种，向医疗机构所在地省、自治区、直辖市人民政府药品监督管理部门备案后即可配制，不需要取得制剂批准文号。

医疗机构应当加强对备案的中药制剂品种的不良反应监测，并按照国家有关规定进行报告。药品监督管理部门应当加强对备案的中药制剂品种配制、使用的监督检查。

第四十三条　国家建立中医药传统知识保护数据库、保护名录和保护制度。

中医药传统知识持有人对其持有的中医药传统知识享有传承使用的权利，对他人获取、利用其持有的中医药传统知识享有知情同意和利益分享等权利。

各 论

三七

本品三七为五加科植物三七*Panax notoginseng*（Burk.）F.H.Chen的干燥根及根茎。又名田七、参三七、田三七、滇三七、金不换、血参、山漆等。乌蒙山区云南寻甸、禄劝、宣威等县市有一定面积种植。

一、植物特征

三七为多年生宿根性草本植物（图1）。根状茎短，竹鞭状，横生，有1至几条肉质根；肉质根圆柱形或纺锤形，长约2～4厘米，直径约1厘米，干时有纵皱纹。地上茎单生，高约20～60厘米，有纵纹，无毛，基部有宿存鳞片。叶为掌状复叶，3～6枚轮生于茎顶；叶柄长5～11.5厘米，有纵纹，无毛；托叶小，披针形，长5～6毫米；小叶柄中央的长1.2～3.5厘米，两侧的长0.2～1.2厘米，无毛；叶片膜质，中央的最大，长椭圆形至倒卵状长椭圆形，长7～13厘米，宽2～5厘米，先端渐尖至长渐尖，基部阔楔形至圆形，两侧叶片最小，椭圆形至圆状长卵形，长3.5～7厘米，宽1.3～3厘米，先端渐尖至长渐尖，基部偏斜，边缘具重细锯齿，齿尖具短尖头，齿间有1刚毛，两面沿脉疏被刚毛，主脉与侧脉在两面凸起，网脉不显。伞形花序单生于茎顶，有花80～100朵或更多；总花梗长7～25厘米，有条纹，无毛或疏被短柔毛；苞片多数簇生于花梗基部，卵状披针形；花梗纤细，长1～2厘米，微被短柔毛；小苞片多数，狭披针形或线形；花小，淡黄绿色；花萼杯形，稍扁，边缘有小齿5，齿三角形；花瓣5，长圆形，无毛；雄蕊5，花丝与花瓣等长；子房下位，2室，花柱2，稍内弯，下部合生，结果时柱头向外弯

图1　三七植物图（果实）

曲。果扁球状肾形，径约1厘米，成熟后为鲜红色，内有种子2粒；种子白色，三角状卵形，微具三棱。花期7～8月，果期8～10月。种子为顽拗型种子，有种胚后熟特性，采收后经60～90天，胚才逐渐发育成熟。

二、资源分布概况

20世纪50年代以来，云南省文山州大力发展三七的种植，逐渐成为三七的主产区。70年代，三七曾引种栽培于云南各地和长江以南一些地区。1990年后，三七主要种植在云南文山州。近年三七种植区域除云南文山外，已经向云南红河、曲靖、昆明、玉溪、普洱、大理、保山、临沧、西双版纳、楚雄、丽江等十三个州市发展，广西也有10个县种植。从地理分布区域来看，大部分基本上分布在北回归线附近的1000～2000米海拔区域，少部分地区如广西种植到最低海拔300米，林下种植到60米，云南种植到最高海拔2400米；从行政区域来看，目前三七分布的区域包括云南、广西、四川、贵州等4个省区。当前三七种植98%面积在云南省。

云南适宜种植发展三七的潜力很大。据多年来的调查，目前三七种植面积和产量在文山州、红河州、昆明、曲靖和玉溪地区，95%以上的三七商品通过文山市场的流通环节流向全国各地。由于三七种植栽培上存在连作障碍问题，使文山适宜种植三七的土地面积大幅缩减，种植正向周边红河州的弥勒、蒙自、建水、屏边，玉溪市红塔区、峨山、通海等地区发展扩散，另外在曲靖沾益、宣威、师宗、陆良，昆明宜良、寻甸、禄劝等地也有一定量的种植面积。乌蒙山片区内云南禄劝、寻甸、武定、宣威等地可适当发展三七种植。

三、生长习性

三七的个体发育包括种苗生长期和大田生长期两个主要的时期。种苗生长期即从播种至种苗移栽所经历的时期，大田生产期为从三七种苗移栽至三七采收所经历的时期。

三七为多年生草本植物，有多个生育周期。二年生以上三七包括两个生长高峰期，即4～6月的营养生长高峰期和8～10月的生殖生长高峰期。二年生以上三七的每个生育周期又分为出苗展叶期、蕾薹期、开花期、结果期、绿籽期和果实成熟期。三年生三七如不留种，以生产商品三七为目的，在蕾薹期摘除花蕾，三七生长就仅有营养生长期，收获的商品三七称为"春七"；如果采收三七种子后再收获三七，则称为"冬七"。（图2～图4）

1. 种子的萌发与出苗

三七种子从母株脱落时，胚尚未发育成熟，所以播种后，还要经过45～60天胚才发育成熟，形成叶、胚轴及胚根。胚的发育要经过幼胚期、器官形成期、成熟期几个阶段。三七种子的寿命很短，在自然状态下一般仅能存活15天左右。采收后三七种子要求用水分含量为25%左右的湿沙保存。

发育成熟的三七种子在条件适宜时即可萌发出苗。三七种子发芽对土壤温度要求较高。三七种子萌发的最低温度是5℃，最适温度为15～20℃，最高温度是30℃。温度低于5℃，三七种子萌发率为零；在5～20℃范围内，三七种子萌发率随温度的升高而升高，随后又呈降低的趋势。水分是三七种子进行一系列生理活动的重要物质，三七种子对水分含量十分敏感。一般情况下，三七种子水分含量低于60%即丧失生活力。三七种子的含水量要达到饱和时才适宜发芽。

三七播种出苗后经过一年的生长，形成种苗。种苗的萌发对温度也很敏感：温度低于5℃，三七种苗不会萌发；10℃萌发率为86.67%；15℃萌发率达最高，为93.33%；温度超过20℃，三七种苗萌发率开始下降，30℃萌发率为零。以上情况说明高温、低温均对三七种苗萌发不利，这也是三七种植区域受限的主要原因之一。

三七种苗出苗率还与土壤水分含量密

图2　一年生三七种苗

图3　二年生三七

图4　三年生三七

切相关，在土壤水分含量为10%～25%范围内，种苗出苗率随土壤水分含量的增加而增高，当土壤水分含量达25%时，出苗率达96.67%。土壤水分含量过低，对三七种苗出苗不利。在土壤质地为壤土的条件下，最适三七种苗出苗的土壤水分含量为20%～25%。因此在三七生产中应注意适当灌溉，才能确保田间的出苗率。

三七种苗的萌发还与贮存时间有关。三七种苗不耐贮存，采挖后贮存时间越长，田间出苗率越低。据报道，种苗采挖当天移栽的出苗率为81.67%。贮存10天后移栽的出苗率为48.33%。贮存20天后降为35%。说明三七种苗采挖后宜及时移栽，不宜贮存过长。

2. 三七大田生长发育规律

三七为多年生草本植物，每年的生长期长，休眠期很短。二年生以上的三七在一个生长周期内有两个生长高峰：营养生长高峰和生殖生长高峰。4～6月是三七营养器官的快速生长期，植株迅速增高，根部生长迅速，大量新根发生，二年生以上的休眠芽生长缓慢，大量营养器官的迅速形成和生长是这一时期三七生长的特点。6～8月，三七由营养生长转向生殖生长，花薹在6月中旬出现并迅速生长，8月初已进入开花期，地上部分营养器官的生长速度变得缓慢，地下部分的生长仍在继续，特别是休眠芽的生长速度加快，一年生的休眠芽在6月初形成。8月初，二年生以上三七的须根数量大大低于6月初，这一时期三七营养器官不再增长，体内的水分含量相对减少，鲜干比较前两个时期明显减少。生产上把这一时期作为三七的第一个收获期。8月以后至10月，三七进入开花结果期，三七在这一时期的须根数比8月初大大增加，鲜干比也比前期增大。这可能是为了供应果实的生长，三七需要从土壤中吸收更多的水分和养分，出现了另一个生长高峰。休眠芽的迅速生长也是这一时期的一个特点。10～12月，须根数又一次减少，鲜干比也比前一时期降低，休眠芽进入最后生长阶段。

三七干物质积累动态，一、二、三年生三七的干物质积累最快时期均在4～8月，这与植株性状的生长规律一致。8～10月有一个较为平缓的增长期，10月份以后除一年生三七（无生殖生长）外，二年生、三年生三七的地上部分干物质积累几乎为零或呈负值，地下部分的干物质积累仍在继续。至12月，地下部分干物质积累达全年最大值。

3. 三七开花结实特性

三七可自花授粉，也可虫媒授粉，异花受粉率也很高。成熟的花粉粒落到雌蕊布满乳突的叉状柱头上，由花粉粒外壁蛋白质与柱头蛋白薄膜相互作用，开始萌发，花粉管穿过柱头表面，然后伸入到雌蕊组织内，花粉粒中两个成熟精子也跟着进入雌蕊组织内。三七花的雌蕊属于封闭型，花粉管穿过引导组织胞间隙物质生长到达子房、胚珠、进入胚囊后，管端破裂，释放出两个精细胞，一个精细胞进入卵，精核与卵核融合形成合子，另一个精细胞靠近中央细胞，精核与中央细胞的两个极核融合，形成了初生胚乳核。

由合子发育成的胚，初生胚乳核发育成胚乳，珠被发育成的种皮，组成了新的三七种子。

四、栽培技术

1. 种子处理

三七一般采用留种育苗方式繁殖。因此，三七种子、种苗处理的好坏，直接影响三七的出苗率及发病率。

（1）留种　生产上应选择三年及三年生以上的无病虫害三七，特别是11月中旬的大粒种进行留种，一般为三七所结的第一、二批果实。此时三七种子个体饱满，发育完全，活力较高，贮藏寿命长，劣变程度低，能够保证三七具有较高的发芽率。田间选择植株高大、茎秆粗壮、生长健壮的植株留种。

（2）种子采集　三七红籽于11月份开始成熟采收。选择色泽鲜红饱满、果皮无病斑、无损伤的果实，分批采收。红籽采收时，在距果柄10厘米处用清洁的剪刀将整株红籽剪摘下来，盛于洁净的容器中（容器一般采用竹箩）运到园外。

（3）种子处理

①去皮和清洗：三七果实被采收后，应选择色泽鲜红、有光泽、饱满、无病虫害的成熟红籽放入筛内，将筛放入水中把果皮搓去，使种子与果皮分开，再将种子用水洗净，取出晾干。

②种子质量要求：种子千粒重要求在60克以上，生活力不低于90%，净度不低于95%。

③种子消毒：三七种子自然条件下长时间存放，活力会降低，所以通常会保存于湿沙中，但湿沙保存易造成包衣脱落。故要出苗率达100%，应提高成膜时间和牢固度。通常在湿沙保存结束后，于播种前1～2天选用种衣剂以药–种比1∶50进行包衣。

④种子后熟：目前生产中为保障三七种子的发芽率，多采用先储藏后熟再播种的方式。三七种子不宜低温贮存，可用25%的湿沙短时贮藏。具体方法如下：将1份种子加入4～5份（按体积计）的湿沙（沙土的含水量约25%左右为宜，即用手抓能成团，放开手掉

到地面能散开）或湿泥土拌和均匀，放在木箱内置阴凉处或堆放在室内阴凉避风处贮藏保管。这样贮藏保管的三七种子在45～60天内，尚可以保持较高的发芽率。如果发现沙土湿度降低，应洒适量的水，以保持原有湿度。若箱（堆）内温度升高，应及时把种子和沙土从箱内倒出摊开晾，待温度下降后再装回箱内保藏。

2. 选地与整地

（1）选地　三七适宜的育种、育苗地海拔大约在1000～2100米。三七对栽培环境要求较为严格，忌严寒酷暑，喜欢冬暖夏凉的气候条件，需要严格控制。因为气候条件的改变容易诱发大面积的病虫害，为控制病虫害进一步加重，则需要使用大量的农药进行防治，进而增加了三七污染。此外，还应尽量选择在土层较厚，土壤疏松肥沃的黄壤、红壤及黑色砂壤土中进行播种，最大限度地减少化学肥料的使用，同时增强三七的抗病性。

（2）整地　种植三七前将种植完前茬作物土地进行三犁三耙，及时翻地碎土造园，确保土细，经阳光充分暴晒，将各土层中的病菌及虫卵翻出杀死，减少病虫害的发生。每亩土撒入100千克生石灰进行土壤消毒灭菌和土壤改良。生石灰处理的时间在10～11月进行。平地、缓地苗床床高一般为20～25厘米，若育苗地为坡地，则床高约在15～20厘米的范围内，无论何种地势，苗床床宽均为120～140厘米。此外，还应保证苗床与苗床间的距离不要太窄（大约35～50厘米）。

3. 搭棚造园

（1）造园时间　三七种植前20天以上完成搭棚造园。一般在11月中下旬至12月中下旬进行搭棚造园。（图5）

（2）造园步骤

①划线：用石灰在土地上划线，顺坡向划线（线与地块等高线垂直），两线间距离（两排七权）为1.7～2.0米，并定出栽权打穴的点，线上打点规格为2.0～2.2米。

图5　三七建棚

②打穴栽：采用杉木等树棒或PVC管做七权，七权长约2.1～2.2米，棒粗在5厘米以上。用打穴器在划线交叉点上打出深30～35厘米、直径比七权略粗的土穴，将七权置于土穴中，七权要求露土部分长1.8米左右。

③栽地马桩：在每排七权对应的位置距离桩外1米左右挖50厘米深的坑，将铁线一端

绑一块约5千克重的石块置于坑中，然后回填泥土。也可用长60厘米的木桩斜埋土中，然后将铁线绑在木桩上。

④固定：用8号铁线搭在七杈上，固定于地马桩，通过紧线钳绞紧铁线，将所有同排七杈与绞紧的铁线固定。此过程也可使用竹竿直接固定于七杈上。在垂直于大杆的方向每隔20～25厘米放置小杆一根，固定。小杆也可用10～14号铁线绞紧代替。

⑤盖荫棚：荫棚草可为杉树枝、蕨草、玉米秸秆等。边铺草边放置压条，并用22号铁线固定于小杆上，育苗棚调节透光率为10%～15%，二年生三七调节透光率15%～20%，三年生三七调节透光率20%～25%。现在一般直接采用三七专用遮阳网，根据季节和光照一般采用2～3层网。

⑥围边及留门：三七荫棚的围边根据荫棚高度单独制作，连接成可活动的围边。每间隔4～5个排水沟留出1米作为园门。

⑦理畦做床：作畦前将建棚时残留在地面的杂物清理干净。用线沿两排七杈间的中央处拉线，并用石灰沿拉线处打线，该位置即畦沟位置。沿已画好的开沟线进行开沟，将沟内的土壤提到两边作畦。畦面宽120～140厘米，长度根据地形酌定，每百米要留出腰沟，腰沟可较宽，作为主行道及主排水沟。畦高根据坡度的大小为20～25厘米，沟宽30～50厘米，下宽20厘米左右。畦沟开挖结束后，整理畦面，将畦面土壤赶平，做成中间略鼓两边略低的"瓦面状"，便于雨季排水。在整理过程中清除畦面的石块或杂草等物。

⑧施用钙镁磷肥：结合理畦做床，在畦面上施用钙镁磷肥100～150千克/亩，并均匀拌施入畦面表土中。

⑨床土处理：畦面土壤药剂处理应在移栽前进行。采用65%敌克松可湿性粉剂1千克/亩，与半干细土30～40千克拌匀；或采用50%多菌灵可湿性粉剂1千克/亩，兑半干细土30～40千克混匀，均匀撒施于畦面上，并捣入耕作层土壤中混匀，并将畦面平整即可进行三七播种或移栽。

4. 播种

（1）播种期　播种时期为头年的12月中、下旬至翌年1月中下旬。

（2）播种方式　先用压穴器在三七畦面压1厘米深播种孔，孔穴密度为（4～5）厘米×5厘米。将湿沙贮藏后熟好的种子，筛去河沙，加入钙镁磷肥和多菌灵干粉（多菌灵用量为种子重量的0.5%）包裹后直接点播。播种完后用充分腐熟农家肥拌土将三七种子覆盖，以见不到种子为宜。然后在畦面上均匀覆盖一层松针，覆盖厚度以床土不外露为原则。每亩播种18万～20万粒。

（3）浇水、除草　三七播种后应视土壤墒情及时浇水1次，以后每隔10～15天浇水1次，使土壤水分一直保持在20%，直至雨季来临。三七出苗后，及时除草，保证田间清洁。

5. 苗期管理

（1）病虫害防治　三七苗期主要有种腐病、立枯病、猝倒病、黑斑病、疫霉病，虫害有蚜虫、吊丝虫和地老虎。应根据病虫害种类及时做好防护。

（2）施肥　在7月和10月，视田间长势可追施2次肥。肥料以三七专用复合肥为主，每次追施量在10～15千克/亩。另外，结合田间打药可叶面喷洒磷酸二氢钾。

（3）防涝　雨季时应随时检查七园，出现水分过多应及时排涝。

（4）通风除湿　雨季将荫棚四周围边和园门打开，进行棚内通风除湿，降低田间病虫害。

（5）炼苗　10～12月进行炼苗，调节棚内透光度20%左右，控制田间土壤水分在15%～20%，增强种苗抗性，提高种苗质量。

（6）起苗　种苗一般在移栽前采挖，即育苗当年的12月中下旬至翌年1月中下旬。用自制竹条从床面一边向另一边顺序采挖。起挖时应避免损伤种苗，受损伤的、病虫危害的及弱小的种苗应在采挖时清除。选用休眠芽肥壮、根系生长良好、无病虫感染和机械损伤，单株重在1.25克/株子条做种苗。

（7）种苗运输　种苗一般用竹筐或透气蛇皮袋装放和运输。边采挖、边运输种植。如种植地较远，三七种苗运输途中要做好保湿防晒。一般采挖后2～3天内栽种完。

6. 大田移栽

（1）种植时期　移栽定植时间为12月中下旬至翌年1月中下旬。

（2）种植密度　定植株行距为12厘米×15厘米，亩种植密度为2.5万株左右。

（3）种植方法

①种苗消毒：种苗种植前用杀毒矾500～800倍液进行浸种处理15～20分钟，取出带药液移栽。

②制作打穴模板：用木板制作打穴模板，即在长1.3～1.5米、宽30厘米左右的木板上固定两排倒三角形木块，排列规格为12厘米×15厘米。

③打穴：两人分别用种苗打穴模板在畦面上打出深3厘米左右的穴。

④种苗定植：将用药液处理好的三七种苗放入打好的土穴中，一个土穴放置一株三七种苗。种苗移栽时，放置种苗要求全园方向一致，以便于管理。坡地、缓坡地由低处

向高处放苗，第一排种苗的根部向坡上方；第二排开始根部向坡下方，种芽向坡上方；床面两侧的根部朝内，种芽朝外，利于保湿和防止畦头塌落而露根影响三七生长。

⑤覆土：用细土覆盖三七种苗，以看不见三七种苗根系和休眠芽为宜，约2～3厘米厚。

⑥盖草浇水：用松毛覆盖整个畦面，厚度以看不到床土为宜，盖草过程中要求厚薄均匀一致。三七种植完后，及时浇足定根水。

7. 田间管理

（1）抗旱浇水与防涝排湿　在干旱、半干旱地区，三七移栽后应视墒情抗旱浇水，使土壤水分保持在20%左右。雨季来临时应随时检查三七园，出现水分过多应及时排涝，并打开园门通风换气以减小三七园湿度，以预防或减轻田间病害。

（2）田间除草　三七出苗后，及时除草，保证田间清洁。

（3）调节荫棚　在三七年生长的前期，对荫棚较稀的地方用杉树叶或其他遮阴物进行修补，使整个荫棚透光基本均匀一致。在三年生三七生长的后期或过密的荫棚要进行疏稀，疏稀次数分为3～4次进行。第一次于晴天下午3～4时，用木棍或竹竿轻轻拍打，敲掉过密的荫棚材料，使之脱落。第一次删除数量为原设定删除的1/3。第二次疏稀荫棚于第一次20～30天后，当三七已经适应疏稀后的光照强度时，删除量为原设定删除的1/3。于20～30天后，当三七已经适应疏稀后的光照强度时，进行第三次疏稀荫棚，删除量为原设定删除的1/3。在每次疏稀荫棚后，把三七植株上的荫棚材料破碎物清扫干净。如是采用的遮阳网，后期适当揭除1～2层遮阳网来调节荫棚。

（4）摘蕾　商品三七生产大田在7月中下旬开始摘蕾，以促进三七块根生长。以未开放时采收的花蕾质量较好。一般在晴天采摘。采花前30天应停止使用农药。在距花蕾3～5厘米处，用剪刀剪摘花蕾，盛于洁净容器中（容器一般用竹箩）运往园外。

（5）科学施肥

①二年生三七的追肥：第一次追肥在5月上旬展叶期，此时为旱季，施肥在人工浇水2～3天后进行，施肥时间掌握在晴天上午10点以后，田间三七叶片露水干后进行。第二次追肥在8月的现蕾期，此期为雨季，施肥必须在晴天上午10点以后，田间三七叶片露水干后进行。施肥种类为10：10：（15～20）的复合肥，施用量为10千克/亩，采用田间撒施。施肥结束后用细竹棍或松树枝将三七叶面上肥料全部清除，或用汽油喷雾器鼓风将叶片上肥料吹拂下来，以防下雨或喷施农药后灼烧叶片。第三次追肥在12月下旬至翌年1月的倒苗期，待田间三七茎叶剪除后进行。肥料种类以有机肥为主，在8月时将牛粪、羊粪和秸

秆一起堆置发酵，发酵时间在3个月以上，充分杀除有机肥中病菌和虫卵。追肥时先将发酵好有机和钙镁磷肥、硫酸钾、多菌灵一起混合，混合比例为1000千克有机肥加50千克钙镁磷肥、10千克氯化钾和1千克多菌灵，将混合好的肥料均匀撒施在三七畦面上，并适当撒施松毛覆盖好畦面。

施肥结束后，做好三七园田间卫生，及时将田间三七残枝烂叶和杂草清除，将畦沟中冲积下来的积土和松毛清掏到畦面，保证雨季排水通畅，并全园喷一遍农药，杀菌、杀虫过冬。田间清洁做完后，全园浇一遍透水，保证田间墒情和三七过冬。

②三年生三七的追肥：追施2次，第一次在4月底至5月上旬，第二次在7月中下旬。施肥时间掌握在晴天上午10点以后，田间三七叶片露水干后进行。施肥种类为10∶10∶（15～20）的复合肥，施用量为15千克/亩，采用田间撒施。施肥结束后用细竹棍或松树枝将三七叶面上肥料全部清除，或用汽油喷雾器鼓风将叶片上肥料吹拂下来，以防下雨或喷施农药后灼烧叶片。

8. 病虫害防治

（1）综合防治原则　三七病虫害的防治要认真贯彻"预防为主，综合防治"的植保方针，采取预测预报、植物检疫、农业防治、物理防治、生物防治、化学防治等综合防治措施，创造有利于三七生长发育，不利于各种病菌繁殖、侵染、传播的环境条件，将有害生物控制在允许范围内，使经济损失降到最低限度。

（2）综合防治措施

植物检疫　采取局部地区检疫的方式，对已出现根结线虫病的三七产区外调种苗进行检疫，以避免传入无根结线虫病的三七产区。

农业防治　认真选地，实行轮作；培育和选用健壮无病的种子、种苗；调整适宜荫棚透光率，加强田间通风排湿；保持田间清洁，及时彻底地清除病残体和田间杂草；施用完全腐熟的有机肥，增施磷钾肥、镁肥和硼肥，避免施肥过量；起高畦栽培，加深田间畦沟，防止田间积水；施用石灰进行田间病害防治。

生物防治　生物防治是三七田间病虫害防治重要方向。包括以菌治菌技术：主要是利用微生物在代谢中产生的抗生素来消灭病菌，有春雷霉素、阿维菌素、多抗霉素、农用链霉素等生物抗生素农药；以菌治虫技术：利用自然界微生物来消灭害虫，有细菌、真菌等，如苏云金杆菌、白僵菌、绿僵菌、颗粒体病毒、核型多角体病毒等；植物性杀虫、杀菌技术：从天然植物中提取的杀菌、杀虫制剂，如印楝素、除虫菊酯、鱼滕精、烟碱、万寿菊提取物等。

物理防治 利用简单工具和光、热、电、温度、湿度和放射能来防治病虫害。目前有利用55℃温水浸种10分钟来进行种子脱毒灭菌，深翻炕晒土壤杀虫灭菌，利用防虫黄板诱杀蚜虫、蓟马，利用黑光灯诱杀地老虎、金龟子，利用捕鼠夹杀老鼠等。

化学防治 根据病虫草等有害生物的发生、为害规律，制定农药使用规范，严格控制农药残留。推广使用高效、低毒、低残留的环境友好农药品种，禁止使用高毒、高残留等国家及行业明令禁止使用的农药。农药使用必须遵行科学、合理、经济、安全的原则，控制使用次数和用量。农药安全使用间隔期遵守GB/T 8321.1—8321.7，没有标明农药安全间隔期的品种，收获前30天停止使用。农药混剂，农药安全残留间隔期执行残留量最大的品种。

（3）具体措施

①根腐病：选择无病地块播种或移栽；种子和种苗在播种前或移栽前先进行药剂消毒处理；发现病株立即连土挖出销毁，病根周围土壤撒施石灰消毒；每亩用叶枯宁+敌克松各1千克与25千克干细土混匀，制成毒土撒施；用叶枯宁+杀毒矾+百菌清按1：1：1的比例混合，加水稀释成300～500倍液灌根；用叶枯宁+异菌脲（扑海因）按1：1的比例混合，加水稀释成300～500倍液灌根；用瑞毒霉锰锌+多菌灵+百菌清按1：1：0.5的比例混合，稀释成300～500倍液灌根。

②黑斑病：选择无病地块播种或移栽；保证三七荫棚透光适宜而均匀，防止出现明显空洞；加强田间通风，降低田间空气相对湿度；彻底清除杂草及病株残体；雨季注意清沟排水，降低三七园湿度；增施钾肥，不偏施氮肥等，提高植株抗性；异菌脲（扑海因）＋甲霜·锰锌按1：1的比例混合，加水稀释成300～500倍液喷雾；多抗霉素100～150倍液，喷雾；菌核净400～600倍液，喷雾；福星800～1000倍液，喷雾；世高6000～7000倍液，喷雾。

③疫病：发现中心病株及时清除，并用药剂对发病区进行控制，避免病原扩散；加强荫棚管理，及时修补老三七园荫棚，为三七生长创造有利环境，增强植株抗病能力；雷多米尔300～500倍液，喷雾；三乙磷酸铝300～500倍液，喷雾；烯酰吗啉（安克）600～800倍液，喷雾；抑快净600～800倍液，喷雾。

④圆斑病：选择背风地块建造三七园；降雨季节注意清沟排水，打开园门和围边，加强通风，调节三七园湿度；增施钾肥，不偏施氮肥等，提高植株抗性；氟硅唑8000～10 000倍液加春雷霉素800倍液，喷雾；苯甲·苯环唑3000倍液，喷雾。

⑤地下害虫：对蛴螬、地老虎数量较多的地块，每亩可用90%晶体敌百虫50～75克拌20千克细潮土撒施，或与50千克剁碎的新鲜菜叶拌匀后于傍晚作厢面撒施处理。

⑥地上害虫：发生蚜虫、蚧壳虫的危害时，用敌敌畏乳油1000倍液、辛硫磷乳油1000倍液、50%抗蚜威可湿性粉剂3000倍液等，任选其中一种药剂进行喷雾防治。

⑦螨类：防治螨类（红蜘蛛）的有效药剂有克螨特乳油3000倍液、杀螨酯1500～2000倍液等，可任选其中一种进行喷雾防治。

⑧蛞蝓：利用其日伏夜出的活动特点，用蔬菜叶于傍晚撒在三七园中，次日晨收集得蛞蝓后集中杀灭；或用石灰沿厢边及厢沟撒施，每亩用石灰15千克；或在蛞蝓发生期间用20倍茶枯水喷洒；还可每亩用1千克密达杀螺剂均匀撒施。

⑨鼠害：以物理机械防治为主，对死鼠应及时收集深埋。

五、采收加工

1．采收

（1）采收年限　三年生三七，即育苗1年，大田种植2年。

（2）采收时期　春三七（摘除花蕾的商品三七）最适宜采收时期是10～11月；冬三七（留种三七）最适宜采收时期是12月至次年2月。

（3）种子的采收　三七果实于当年10～11月，分批成熟，此时的三七果实称为"红籽"，其颜色由青绿色变成鲜红色。应选择采收生长健壮，籽粒饱满，无病虫害的种子。三七种子具体采收方法为：从长势良好、健康无病的三年生三七园中挑选植株高大、茎秆粗壮、叶片厚实宽大的健康植株作为留种植株，并做好标记，精心管理。至11月中旬或者有80%以上的三七红籽成熟时，选择在晴朗的天气开始收集果实（分为第一、二、三、四批）。

（4）根及根茎的采挖

①揭棚放阳：采挖前15天左右，揭掉三七棚上遮阳网（杉树枝荫棚直接用木棍或竹竿敲掉），以便放阳放雨露，促进三七块茎增重和有机物质积累。

②田间采挖：选择晴天采挖。采用自制竹木或小棍撬挖。从畦床头开始，朝另一方向按顺序挖取，防止漏挖。采挖时应防止伤到根和根茎，保持根系完整，避免根须折断。

③折茎抖泥：采挖出的三七在田间翻晒半日，待根皮水分稍蒸发，抖去泥土，折除根茎上的茎秆，用竹筐和透气编织袋运回加工。

2. 加工

（1）种子加工　采收后的三七红籽及时进行初加工。采用机械或人工袋揉搓法除去种子果皮，再用清水漂洗除去秕粒及腐烂变质的种子，然后从清水中捞出晾晒至种子表面水分干燥为止（种子忌过分失水），最后用筛子筛选出饱满和不饱满的种子，即为三七白籽。

（2）药用部位加工

①分拣：三七运回后不能堆置，及时在洁净晾晒场（光照和通风条件好，清洁卫生，最好有防雨棚）摊开进行分拣。用不锈钢剪刀分别将三七根部的剪口、主根、筋条（大根）、毛根（细根）部位分别剪下。

②晾晒：三七分拣后，将剪口、主根、筋条部位直接摊开在太阳下晾晒，毛根用清水清洗后再晾晒。晾晒过程中要防止雨淋和堆捂发热。晾晒期间，每日翻动1～2次，并注意检查，如有霉烂，及时剔除。

③堆捂回软：将晾晒发软的三七剪口、主根和筋条，及时堆捂回软，边晒边堆，如此反复3～5次至三七干透。

④筛灰：将晒干三七放在用铁丝及竹条制成的铁丝网筐或用篾条制作好的筛框内，将三七根上泥土等杂质筛除干净。

⑤打磨抛光：本工序可根据需要选用或不选用。将经干燥筛灰后的三七主根与抛光物共置抛光器具中打磨至三七主根外表光净、色泽油润时取出，将三七头子与抛光物分离开，即可得出商品三七。抛光器具可用滚筒等。抛光物有两种组合：一是粗糠、稻谷、干松针段组成；二是荞麦、干松针段组成。

⑥分级：将三七主根置于拣选台上，按个头大小进行分类，再按规格（俗称头数）和感观进行分级。规格以"头/500克"划分为20头、30头、40头、60头、80头、120头、160头、200头、无数头。只有在感观和理化指标达到优级品要求的才能算是优级品。

六、药典标准

1. 药材性状

主根呈类圆锥形或圆柱形，长1～6厘米，直径1～4厘米。表面灰褐色或灰黄色，有断续的纵皱纹和支根痕。顶端有茎痕，周围有瘤状突起。体重，质坚实，断面灰绿色、黄绿色或灰白色，木部微呈放射状排列。气微，味苦回甜。（图6）

筋条呈圆柱形或圆锥形，长2～6厘米，上端直径约0.8厘米，下端直径约0.3厘米。

剪口呈不规则的皱缩块状或条状，表面有数个明显的茎痕及环纹，断面中心灰绿色或白色，边缘深绿色或灰色。

1cm

图6　三七药材

2. 鉴别

粉末灰黄色。淀粉粒甚多，单粒圆形、半圆形或圆多角形，直径4～30微米；复粒由2～10余分粒组成。树脂道碎片含黄色分泌物。梯纹导管、网纹导管及螺纹导管直径15～55微米。草酸钙簇晶少见，直径50～80微米。

3. 检查

（1）水分　不得过14.0%。

（2）总灰分　不得过6.0%。

（3）酸不溶性灰分　不得过3.0%。

（4）重金属及有害元素　铅不得过5毫克/千克；镉不得过1毫克/千克；砷不得过2毫克/千克；汞不得过0.2毫克/千克，铜不得过20毫克/千克。

4. 浸出物

不得少于16.0%。

七、仓储运输

1. 仓储

加工好的三七产品应有仓库进行贮存，不得与对三七质量有损害的物质混贮，仓库应具备透风、除湿设备，货架与墙壁的距离不得少于1米，离地面距离不得少于20厘米，入库产品注意防霉、防虫蛀。水分超过13%不得入库。

2. 包装

将检验合格的产品按不同商品规格分级包装。在包装物上应注明产地、品名、等级、净重、毛重、生产者、生产日期及批号。

3. 运输

不得与农药、化肥等其他有毒、有害物质混装。运载容器应具有较好的通气性，以保持干燥，应防雨、防潮。

八、药材规格等级

三七分春七、冬七两类。"春七"是打去花蕾，在10～11月收获的，体重色好，产量、质量均佳，应提倡生产"春七"。"冬七"是结籽后起收的，体大质松。除有计划的留籽外，不宜生产"冬七"。"冬七"外皮多皱纹抽沟，体轻泡，比"春七"质量差，其分等的颗粒标准均与"春七"同，不另分列。

1. 春三七规格标准

一等：（20头）干货。呈圆锥形或类圆柱形。表面灰黄色或黄褐色。质坚实、体重。断面灰褐色或灰绿色。味苦微甜。每500克20头以内。长不超过6厘米。无杂质、虫蛀、霉变。

二等：（30头）干货。呈圆锥形或类圆柱形。表面灰黄色或黄褐色。质坚实、体重。断面灰褐色或灰绿色。味苦微甜。每500克30头以内。长不超过6厘米。无杂质、虫蛀、霉变。

三等：（40头）干货。呈圆锥形或类圆柱形。表面灰黄色或黄褐色。质坚实、体重。断面灰褐色或灰绿色。味苦微甜。每500克40头以内。长不超过5厘米。无杂质、虫蛀、霉变。

四等：（60头）干货。呈圆锥形或类圆柱形。表面灰黄色或黄褐色。质坚实、体重。断面灰褐色或灰绿色。味苦微甜。每500克60头以内。长不超过4厘米。无杂质、虫蛀、霉变。

五等：（80头）干货。呈圆锥形或类圆柱形。表面灰黄色或黄褐色。质坚实、体重。断面灰褐色或灰绿色。味苦微甜。每500克80头以内。长不超过3厘米。无杂质、虫蛀、霉变。

六等：（120头）干货。呈圆锥形或类圆柱形。表面灰黄色或黄褐色。质坚实、体重。断面灰褐色或灰绿色。味苦微甜。每500克120头以内。长不超过2.5厘米。无杂质、虫蛀、霉变。

七等：（160头）干货。呈圆锥形或类圆柱形。表面灰黄色或黄褐色。质坚实、体重。断面灰褐色或灰绿色。味苦微甜。每500克160头以内。长不超过2厘米。无杂质、虫蛀、霉变。

八等：（200头）干货。呈圆锥形或类圆柱形。表面灰黄色或黄褐色。质坚实、体重。断面灰褐色或灰绿色。味苦微甜。每500克200头以内。无杂质、虫蛀、霉变。

九等：（大二外）干货。呈圆锥形或类圆柱形。表面灰黄色或黄褐色。质坚实、体重。断面灰褐色或灰绿色。味苦微甜。长不超过1.5厘米。每500克250头以内。无杂质、虫蛀、霉变。

十等：（小二外）干货。呈圆锥形或类圆柱形。表面灰黄色或黄褐色。质坚实、体重。断面灰褐色或灰绿色。味苦微甜。长不超过1.5厘米。每500克300头以内。无杂质、虫蛀、霉变。

十一等：（无数头）干货。呈圆锥形或类圆柱形。表面灰黄色或黄褐色。质坚实、体重。断面灰褐色或灰绿色。味苦微甜。长不超过1.5厘米。每500克450头以内。无杂质、虫蛀、霉变。

十二等：（筋条）干货。呈圆锥形或类圆柱形。间有从主根上剪下的细支根（筋条）。表面灰黄色或黄褐色。质坚实、体重。断面灰褐色或灰绿色。味苦微甜。不分春、冬七每500克在450～600头。支根上端直径不低于0.8厘米，下端直径不低于0.5厘米。无杂质、虫蛀、霉变。

十三等：（剪口）干货。不分春冬七，主要是三七的芦头（羊肠头）及糊七（未烤焦的）均为剪口。无杂质、虫蛀、霉变。

2. 冬三七规格标准

各等头数与春七相同。但冬三七的表面灰黄色。有皱纹或抽沟（拉槽）。不饱满，体稍轻。断面黄绿色。无杂质、虫蛀、霉变。

九、药用食用价值

1. 临床常用

中药三七是名贵药材，是药食同源的云南特产，作用主要包括：①具有良好的止血功效、显著的造血功能；②能加强和改善冠脉微循环，扩张血管的作用；实际体现在改善和治疗冠心病，供氧不足，抗血栓，降压；③有较强的镇痛作用，具有抗疲劳、提高学习和记忆能力的作用；④抗炎症作用；比如急性咽喉炎，祛痘和其他炎症等；⑤具有免疫调节剂的作用，能使过高或过低的免疫反应恢复到正常，但不干扰机体正常的免疫反应；⑥抗肿瘤作用；⑦抗衰老、抗氧化作用；⑧降低血脂及胆固醇作用；⑨保护肝脏的作用。现选复方如下。

（1）治吐血，衄血　山漆一钱，自嚼，米汤送下。

（2）治吐血　鸡蛋一枚，打开，和三七末一钱，藕汁一小杯，陈酒半小杯，隔汤炖熟食之。

（3）治咯血，兼治吐衄，理瘀血及二便下血（化血丹）　花蕊石三钱（煅存性），三七二钱，血余一钱（煅存性）。共研细末。分两次，开水送服。

（4）治赤痢血痢　三七三钱，研末，米泔水调服。

（5）治大肠下血　三七研末，同淡白酒调一、二钱服。加五分入四物汤亦可。

（6）治产后血多　三七研末，米汤服一钱。

（7）治赤眼，十分重者　三七根磨汁涂四围。

（8）治刀伤，收口（七宝散）　好龙骨、象皮、血竭、人参三七、乳香、没药、降香末各等分。为末，温酒下。或掺上。

（9）止血（军门止血方）　人参三七、白蜡、乳香、降香、血竭、五倍、牡蛎各等分。不经火，为末。敷之。

（10）治无名痈肿，疼痛不止　山漆磨米醋调涂。已破者，研末干涂。

2. 食疗及保健

（1）三七粉　用生三七或熟三七（用菜油或花生油微炸一下）研为细粉，贮瓶备用。每次根据病情开水吞服1～3克。此法加工及服用方便，随用随取，不受条件限制，便于长期坚持。凡跌打损伤、各种出血症、冠心病等常采用此法。

（2）三七茶　用三七薄片或三七根适量（切碎）泡开水当茶饮，亦可适当加少量冰糖调味。可用于补虚时，也可用于心脑血管慢性疾病。三七根价钱便宜，疗效亦佳。

（3）三七蜜　三七切片，泡入蜂蜜中，半月后食用。每次取适量冲开水服。用于补虚，神经衰弱者。若兼大便秘结者更宜（因蜂蜜有润肠通便作用）。

（4）三七汽锅鸡或三七炖鸡　将三七5～10克用水泡软切片（160头以上小个三七可不必切），将鸡杀好、洗净、切块后，一齐放入汽锅中蒸3～4小时，至鸡熟，药汁溶出。或将三七装入洗好的鸡腹内同煮至鸡烂熟。服鸡肉和汤。服时可适量加些盐、胡椒之类的调味品。多用于气血虚弱须补益时。三七与鸡配伍制作后，补益力更强，并增加了温性。

（5）三七蒸肉饼　将肥瘦适中的猪肉或牛肉200克剁细，放入三七粉5～10克拌匀，放于甑子上蒸，或隔水炖熟。服时可适当加入胡椒、盐、味精等调味品。此量可分3日（次）服用。用于气血虚弱平常补益，是云南民间常用的服食法。

参考文献

[1] 陈中坚，杨莉，王勇，等. 三七栽培研究进展[J]. 文山学院学报，2012，25（6）：1–12.

[2] 陈中坚，孙玉琴，黄天卫，等. 三七栽培及其GAP研究进展[J]. 世界科学技术：中医药现代化，2005，7（1）：67–73.

[3] 王朝梁，陈中坚，崔秀明. 云南三七栽培技术研究及SOP制订[J]. 世界科学技术：中药现代化，2002，4（2）：65–70.

[4] 崔秀明，王朝梁，陈中坚，等. 三七大田栽培标准操作规程（草案）[J]. 现代中药研究与实践，2003，17（s1）：42–44.

[5] 陈中坚，李忠义，黄天卫，等. 云南省三七栽培现状与发展前景[J]. 人参研究，2000，（2）：15–18.

[6] 李忠义，陈中坚. 三七栽培技术要点[J]. 人参研究，2000，（1）：11–12.

[7] 董林林，谷利婷，徐江，等. 三七无公害栽培体系的探讨[J]. 世界科学技术：中医药现代化，2016，18（11）：1975–1980.

[8] 郝庆秀，金艳，刘大会，等. 不同产地三七栽培加工技术调查[J]. 中国现代中药，2014，16（2）：123–129.

木香

本品为菊科植物木香*Aucklandia lappa* Decne.的干燥根。原产印度，首先引种于云南丽江并获得成功。在云南昭通可以栽培。

一、植物特征

云木香为多年生高大草本，高1.5～2米（图1）。主根粗壮，圆柱形，直径2～5厘米，表面黄褐色，部分有1～3条侧根和多条须根。茎直立，有棱，基部直径2厘米，上部有稀疏的短柔毛，不分枝或上部有分枝。基生叶有长翼柄，翼柄圆齿状浅裂，叶片心形或戟状三角形，长24厘米，宽26厘米，顶端急尖，边缘有大锯齿，齿缘有缘毛。下部与中部茎叶有具翼的柄或无柄，叶片卵形或三角状卵形，长30～50厘米，宽10～30厘米，边缘有不规则的大或小锯齿；上部叶渐小，三角形或卵形，无柄或有短翼柄；全部叶上面褐色、深褐色或褐绿色，被稀疏的短糙毛，下面绿色，沿脉有稀疏的短柔毛。头状花序单生茎端或枝端，或3～5个在茎端集成稠密的束生伞房花序（图2）。总苞直径3～4厘米，半球形，黑色，初时被蛛丝状毛，后变无毛；总苞片7层，外层长三角形，长8毫米，宽1.5～2毫米，顶端短针刺状软骨质渐尖，中层披针形或椭圆形，长1.4～1.6厘米，宽3毫米，顶端针刺状软骨质渐尖，内层线状长椭圆形，长2

图1　云木香植物图

图2　云木香花序

厘米，宽3毫米，顶端软骨质针刺头短渐尖，全部总苞片直立。小花暗紫色，长1.5厘米，细管部长7毫米，檐部长8毫米。瘦果浅褐色，三棱状，长8毫米，有黑色色斑，顶端截形，具有锯齿的小冠。冠毛1层，浅褐色，羽毛状，长1.3厘米，果熟时多脱落。花期5~8月，果期9~10月。

二、资源分布概况

云木香原产于印度、尼泊尔、巴基斯坦等地，历史上都要依靠进口。云南拥有得天独厚自然条件，滇西北高海拔地区的优异自然小气候环境适宜云木香生长繁殖，这一区域拥有肥沃疏松、排水良好的砂壤土，非常适宜云木香根系的发育生长。

云木香种植分布在东经99°以东至105°，北纬24°至29°之间，海拔2100~3300米之间，但海拔在2400~3300米的山坡草甸种植的产品，产量和质量均优于其他地区。最适宜在滇西北高原冷凉二半山区种植，以金沙江、澜沧江、怒江三江并流地区，包括玉龙、维西、中甸、兰坪、宁蒗、剑川、大理、云龙等县的大部分较高海拔的高山平地或缓坡地；保山、永胜、德钦等县海拔在2000~3200米的地区。这些地区属寒温带及温带范围，无霜期150天，年均温度6~13℃，极端高温24~27℃，极端低温-8~-14℃，≥10℃的活动积温2000~3300℃。年降雨量900~1200毫米，空气相对湿度68%~75%。土壤以棕壤、黄棕壤、灰褐色腐质砂壤等类型为主。植被以亚高山、高山针叶林、阔叶林及高山灌丛等为主。这些地区气候冷凉，土壤湿润，最适合云木香的生长发育，总产量占全省的90%以上。目前云南昭通彝良、镇雄、昭阳和昆明禄劝、寻甸等地高海拔地区适合种植。

三、生长习性

1. 生长发育习性

云木香在云南滇西北地区一般3月播种（春播），也有的在7~8月播种（秋播），保持一定的湿度（现多采用地膜覆盖），温度在12~18℃范围，种子吸收其体重40%左右的水分开始萌发，大约15天即可出苗，20天为其出苗盛期。生长期为2~3年，在生长期进行规范化管理后，在第二年或第三年8~9月茎秆由青变褐色，果实冠毛接近散开，种子即成熟；选择无病害健壮植株采摘果实，阴干，加工收集饱满种子留种；进入秋季后茎叶枯黄后采挖根茎，进行初加工切段改条块干燥后作为商品药材。

2. 环境要求

云木香适应性较强，喜凉爽、湿润、耐寒，怕积水，怕高温；怕干旱，深根喜肥。

（1）对地势的要求　地势选择山地缓坡（25°以下）或轮耕地，面南或东南较为理想，地势宜向阳，有利于充分吸收热量，一般根深达30～100厘米。

（2）对土壤及养分的要求　云木香属深根植物，要求土层深厚，土层在0.5米左右，土壤pH6.5～7，地下水位低，保水排水性能良好，肥沃疏松的砂壤土或壤土。老产区以林地腐叶土最好；新垦地表土黑色，心土红褐色的"黑油砂地"及表土色浅，黑土色稍深的"白油砂地"，用腐殖质的砂壤土栽培，这些土适宜云木香生长，产量高质量好。

（3）对气候的要求　海拔在2000～3200米；年均8～15℃，≥10℃活动积温2000～3200℃，极端最高温度<28℃，极端最低温度>−14℃；无霜期120～200天，年降水量800～1200毫米左右，全年空气湿度68%～75%的地区。云木香在8～25℃的温度范围内均可萌发，适宜温度为12～20℃，温度低于8℃或高过30℃萌发均受到抑制。土壤水分要求常年保持在22%～35%之间，土壤湿度低于15%，云木香植株会出现萎蔫。

乌蒙山区适宜云木香种植区域包括禄劝、曲靖、昭通等部分地区。这些地区海拔在2500米以上的冷凉高山草地或轮歇地可种植，自然条件基本满足云木香生长发育所需要的光、温、水、热、肥条件。

四、栽培技术

1. 选种与贮存

云木香的种子宜选择栽培三年植株，当茎秆由青变褐色，冠毛接近散开，种子成熟时，分批将健壮植株的整个果序割下，扎成小把，倒挂于通风处或直接将果序剪下，摊晒或晾干，忌强日光暴晒。待总苞松散后，除去杂质，收集种子。晾干后用麻袋或木箱包装，备用。贮藏于低温凉爽干燥的环境，忌烟熏火烤，高温或潮湿的环境。贮藏时间不宜超过1年。

2. 选地与整地

（1）选地　根据云木香的生长习性，选择排水良好、地势平缓、土层深厚肥沃的腐殖土、砂壤土或壤土。在达到上述生产环境规定的范围内，选择偏酸性或中性砂壤土，排灌方便，具有一定坡度（坡度不得大于25°），对前茬作物要求不严，但宜选前茬为玉米、洋芋、药材等作物的田地，云木香连作障碍较小，一般可连续种植2～3茬后再转换其他药材或农作物种植。

（2）整地　地选好后，一般在头年12月前深翻一次，以不翻出生土为原则，耕深0.3～0.6米，把杂草等物翻入地下，进行冷冻腐化，以减少来年部分杂草滋生和病虫害危害。第二年种植前再深翻一次，并把细、整平。一般采用起高垄行播的方式种植。按行距0.6～0.8米（露地种植的0.6米，地膜覆盖种植的0.8米）起垄，长随种植地地形而定，垄宽不低于0.4～0.6米，垄间沟宽0.2～0.25米。垄面的土要打碎、整平。亩施腐熟圈肥或堆肥3000～4000千克为基肥，采用集中沟施的方式，先开0.3米深沟，将肥料均匀铺撒于沟内，再覆盖土层。

3. 播种

一般采用春、秋种子直播方法，以春播为好。也可以采用育苗移栽方式，但根容易分叉，常形成"鸡爪根"，商品品质低劣，现产区已基本不使用此法。

（1）直播法　在生产中一般要采用云木香种子直播，播种前用30～40℃的温水浸泡，搅拌均匀，漂去上面浮的杂质和秕粒，沉在底下的饱满种子泡24小时，取出晾至半干后播种（注意：这种方法只能在土壤水分充足时才采用，土壤太干则不能浸种）。直播分春秋二季播种，春播于3月中旬至4月上旬播种，秋播在7～8月雨水下地后播种。一般土壤湿度好的采用春播，土壤湿度不足的地方采用秋播。现垄面多加盖黑色塑料地膜保湿，还有抑制杂草的生长作用，播种时在垄面盖好地膜后，按株行距打孔直接点播，产区目前多用此法。每垄种植两行，"品"字形穴播点种，株距0.25～0.3米，小行距0.25～0.3米，深0.03～0.05米，每穴点种子2～3粒。

（2）育苗移栽法　先选择土质疏松、肥沃而不积水的坡地或平地。

①育苗：选择避风向阳，土层深厚，土质肥沃疏松，便于管理的砂壤田地，深翻0.3～0.4厘米厚，将土块敲碎，再掺入腐殖土或细肥土，拌匀敲细平整，于2月底至3月初，起宽1～1.2米的高畦育苗。苗床要起成高畦，利于排水，做到畦平土细，用喷壶浇透水，然后将处理好的种子与细土或砂拌匀，均匀撒在畦面上，然后用筛子边筛土边盖种，厚度约0.01～0.015米，要盖细、盖严、盖均匀，并稍加镇压，再搭小拱棚盖膜即可。育苗期要保持土壤的湿度和适当的荫蔽度，苗床管理与蔬菜小拱棚育苗管理基本相同，重点是水分、温度、通风和病虫害防治。苗长到3～4片真叶时，要搞好揭膜炼苗和除草间苗等管理。

②适时移栽：7～8月趁雨水及时移栽。整地、起垄、密度与直播相同。注意要浇足

定根水。移栽时注意保护幼苗的根系，移植的土地要符合云木香种植要求，根要理顺。此法费工费时，长势还不如其他方法，目前只有少数地区还在沿用。

（3）移栽间作法 随着云木香等中药材品种种植技术日趋成熟，逐步出现了云木香与白芸豆、玉米、蔬菜、秦艽等间作种植，用两种或多种农作物与云木香或秦艽等药材一同种植，各种植物都长得非常好。既可以充分利用土地，以及植物生长时的有效空间来满足各种植物的生长需求，又充分利用同季节各种植物生长对土壤养分和阳光、温湿度要求的差异，最大限度利用光、热、水、肥等植物所需的各种营养物质，在同一块土地上收获多种农作物，较大幅度提高药材种植与农作物的经济效益和社会效益，值得进一步总结提高。

目前较为成熟的是云木香与白芸豆或玉米间作种植。一般采用起高垄，一垄云木香一垄白芸豆或玉米相间种植的方式，按垄距0.8～0.9米起垄，垄间沟宽0.2～0.3米，垄面宽0.6米。云木香每垄种2～3行，行距0.15米，穴距0.2米；白芸豆每垄种一行，株距0.3～0.35米；玉米每垄种两行，"品"字形种植，行距0.3米，株距0.3～0.35米。管理与常规种植基本相同。开展此间作种植的地方第一年白芸豆或玉米收获后，其垄上种植一季白菜、绿肥或蔓菁，第二年再种白芸豆或玉米。这样既不影响云木香产量，又能提高经济收入。

4. 田间管理

（1）间苗补苗 当苗高0.05米时，间去弱苗和多余苗，每穴留2株，幼苗长出4片真叶时，要进行定苗，每穴留1株。间出的苗补栽于缺苗处，要保证全苗，才能丰产。

（2）中耕除草 云木香苗期生长缓慢，杂草生长旺盛，要及时除草，出苗后有草就要拔，因苗小、根浅，不能除得太深，保证床面及作业道清洁无杂草，禁止使用化学除草剂。并结合追施肥料。中耕除草每年进行2～3次，一般于5月下旬进行一次浅中耕，此时幼苗容易受伤，必须小心细致，切勿伤根，否则死苗，并结合施肥；6～7月中下旬进行第二次中耕除草，第三次在8～9月，要保持地里无杂草。第二、三年，云木香植株生长迅速，可减少除草次数。苗长到6片真叶时，进行一次浅中耕，切勿伤根，否则死苗。7月中下旬进行第二次中耕除草。第二年返青齐苗后，进行一次中耕松土。

（3）追肥 云木香施用的肥料应以有机肥为主。有机肥包括家牛羊粪便、油枯。有机肥在施用前拌磷肥堆沤100天以上，以充分腐熟。每年结合中耕除草追肥2～3次，以有机肥为主，有机肥作冬肥施入，均采用行间开沟施肥方式。亩施1500～2000千克或油枯50～100千克；化肥以三元复合肥为好，一般在植株封垄后趁雨行间开沟施入，深0.05～0.1米，并盖土，每亩施15～20千克。在开花期用磷酸二氢钾叶面喷施，亩用0.6千克，分三次施用，每次兑水50～60千克，每隔10天一次，可以提高产量和品质。

（4）培土　每年秋季要培土，防寒防冻。于秋末冬初，地上部分枯萎后，根部需要各培土一次，培土厚度约0.1～0.12米，或者进入冬季地上部分枯萎后覆盖0.02～0.05米厚的腐殖土或细肥土，能提高产量和质量。

（5）打老叶割花薹　第二年7～8月结合中耕除草打去老叶，每株打去4～5片老叶。5月开始，除留20%的花蕾开花结种外，其余的在刚抽薹时把花薹割去，再抽，再割，以免影响根部生长。

5. 病虫害防治

（1）炭疽病　播前土地深翻，精细整地并选用无病种子，以减少初侵染源；与禾本科或茄科作物实行年度轮作，减少病菌在土壤中的积累；合理施肥，氮、磷、钾比例适中，并搭配适当微量元素肥，提高植株抗病能力。播种前进行种子的药剂处理，用种子重量0.3～0.5%的50%多菌灵、80%炭疽福美、70%代森锰锌可湿性粉剂拌种可预防真菌性病害的发生。

发病初用75%百菌清、80%炭疽福美可湿性粉剂800倍液、40%福星（氟硅唑）3000倍液、10%世高（噁醚唑）水分散颗粒剂2000倍液、30%特富灵（氟菌唑）可湿粉1000倍液喷雾中心病株。

（2）根茎腐病　农业措施及种子处理参照炭疽病的方法。发病初用70%代森锰锌、20%灭克可湿性粉剂500倍液或69%安克锰锌、58%甲霜灵锰锌、72%克露可湿性粉剂800倍液拔浇或灌根中心病株并及时拔出病株集中烧毁。

（3）黑斑病　发生规律及防治方法同炭疽病。

（4）病毒病　选择无病株留种，也可在播前对种子进行钝化病毒的处理，即45～48℃温水中浸泡30分钟；防治介体昆虫；出苗后拔除病枝、清除田间杂草等以减少田间侵染来源。

（5）虫害　主要为蚜虫，防治用20%吡虫啉5000倍液喷雾，施用1～2次。

五、采收加工

1. 采收

适时的采收和正确的加工干燥方法对云木香显得尤为重要，正确的采收加工可获高产且质优。一般在播后第二年（春播）或第三年（秋播）11～12月，地上茎叶枯萎时采挖，收时除去茎叶，将根刨出，去净泥土及泥沙，切忌用水洗，切去芦头和须根、叉枝等，按要求切段，晒干或干燥加工入药。三年生云木香每亩产量一般鲜品在2000～3000千克左右，干品可达400～600千克。折干率5∶1至3∶1（冬季），两年生云木香每亩鲜品产量800～1500千克左右，干品约200～400千克。

云木香的采挖不能用机械，只能依靠人工慢慢地刨挖，虽然种植地土层疏松深厚，但采挖人员非常辛苦。挖好后还要靠人工背到路边。

2. 加工

将清理干净的云木香根趁鲜按规格切段、根头部较粗大时，切条块，便于晒干。晒时注意严防霜冻，晚上应铲拢堆放，使其发汗，利于云木香优级品质的形成。干燥方法：晒干、阴干或50℃内烘干都可以。现许多老产区的种植专业户或以村为单位建有烤房，有些烤房的干燥效率、产量都不错，形成的商品质量也不错。但需注意干燥时温度不宜过高，最好不要超过50℃，若超过这一温度，药材质量就会明显下降。云木香以条匀、质坚实、不枯不空心、油性足，香气浓者为佳。

六、药典标准

1. 药材性状

呈圆柱形或半圆柱形，长5～10厘米，直径0.5～5厘米。表面黄棕色至灰褐色，有明显的皱纹、纵沟及侧根痕。质坚，不易折断，断面灰褐色至暗褐色，周边灰黄色或浅棕黄色，形成层环棕色，有放射状纹理及散在的褐色点状油室。气香特异，味微苦。

2. 鉴别

本品粉末黄绿色。菊糖多见，表面呈放射状纹理。木纤维多成束，长梭形，直径16～24微米，纹孔口横裂缝状、十字状或人字状。网纹导管多见，也有具缘纹孔导管，直径30～90微米。油室碎片有时可见，内含黄色或棕色分泌物。

3. 检查

总灰分不得过4.0%。

七、仓储运输

1. 仓储

仓库要通风、阴凉、避光，干燥，有条件时要安装空调与除湿设备，气温应保持在30℃以内，包装应密闭、以免气味散失；要有防鼠、防虫措施，地面要整洁。存放的货架要与墙壁保持足够距离，保存中要有定期检查措施与记录。

2. 包装

用麻袋包装。所使用的麻袋应清洁、干燥，无污染，无破损，符合药材包装质量的有关要求。在每件货物上要标明品名、规格、产地、批号、包装日期、生产单位，并附有质量合格标志。

3. 运输

进行批量运输时应不与其他有毒、有害，易串味物质混装，运载容器要有较好的通气性，保持干燥，并应有防潮措施。

八、药材规格等级

一等：干货，呈圆柱形或半圆柱形。表面棕黄色或灰棕色。体实。断面黄棕色或黄绿色，具油性。气香浓，味苦而辣。根条均匀，长8～12厘米，最细的一端直径在2厘米以上。不空、不泡、不朽。无芦头、根尾、焦枯、油条、杂质、虫蛀、霉变。

二等：干货，呈不规则的条状或块状。表面棕黄色或灰棕色。体实。断面黄棕色或黄绿色。具油性。气香浓，味苦而辣。长3～10厘米，最细的一端直径在0.8厘米以上。间有根头根尾、碎节、破块。无须根、枯焦、杂质、虫蛀、霉变。

统货：呈不规则圆柱形、半圆柱形、条状或块状。表面黄色或灰棕色，断面黄棕色或黄绿色，具油性。身干体实，间有根头、根尾、破块、碎节；无根须、焦枯、杂质、虫蛀、霉变；香气浓，微苦而辣。

九、药用及经济价值

1. 临床常用

木香为历版《中国药典》收载的重要常用中药品种。性温，味辛、苦。归脾、胃大肠、三焦、胆经。具有行气止痛、健脾消食、温中导滞的功效。用于胸脘胀痛，呕吐泄泻、泻痢后重，食积不消，不思饮食。煨木香增强了实肠止泻功效，用于脾虚泄泻，肠鸣腹痛等症。目前国内以云木香为生产原料的主要产品有几百种，是中成药配伍中的常用药材，多用于治内科的气滞积聚类、暑湿类、胃肠病类和妇产科的经带类中成药，如六味木香散、胃痛散、气痛散、治痢片、香砂六君片、木香顺气丸、木香槟榔丸、香砂枳术丸、六味木香丸、开胸顺气丸、正骨水等。

现代研究证实，云木香全株含芳香油，根药用，有特殊香气可作调香和定香剂。云木香含萜类、甾体、苷、生物碱、糖脂肪酸及其酯和氨基酸，其中以萜类化合物的含量最为丰富。木香挥发油是云木香的主要成分之一，以 β–榄香烯、异丁香烯、丁香烯、α–紫罗兰酮等成分为主，主要有效成分还有木香烃内酯（$C_{15}H_{20}O_2$）和去氢木香内酯（$C_{15}H_{18}O_2$），木香碱、木香醇等。实验表明云木香中药提取物对胃肠道、心血管、呼吸系统等方面有明显的疗效，还具有抗菌、解痉、抑制血小板聚集、降血糖、利胆、抗溃疡、抗癌和抑癌等作用。

在副作用方面，木香有致敏作用。木香挥发油用作香料，能引起多数人过敏，接触性皮炎，其主要致敏成分为倍半萜内酯，木香烃内酯和去氢木香烃内酯。

2. 经济价值

云木香是云南特产供全国药用的大宗地道药材之一，是常用中药饮片配方和中成药配伍的常用药材。以木香为生产原料配制的中成药产品有上百种。

同时木香也是香料用料，中国是宗教信仰大国，烧香拜佛需要很多佛香，每年生产佛香需要大量云木香做原料，而蚊香厂也需要很多木香做原料。我国和印度、缅甸等国还用云木香为原料生产藏香（檀香）、香水等。

有人利用木香内酯和脱氢木香内酯作为抗诱变剂，利用能抑制植物萌芽的风毛菊醛和4β–甲氧基脱氢木香内酯制成植物生长调节剂，利用具有驱昆虫活性的脱氢木香内酯制成昆虫驱避剂。在香料工业，云木香所含的挥发油种类和含量均十分丰富，可作调香和定香剂，制成糖果等产品。云木香的茎叶还可作为饲料添加剂，用于养殖业，具有较高的开发应用价值。

参考文献

[1]　大理白族自治州人民政府. 大理中药资源志[M]. 昆明：云南民族出版社，1991.

[2]　杨少华，康平德，陈翠，等. 云木香GAP种植基地的环境质量评价[J]. 西南农业学报，2009，22
（1）：163–166.

[3]　刘玉亭，刘式乔. 云木香引种栽培研究[J]. 中国中药杂志，1989，14（12）：15–18.

[4]　刘文珺. 膜侧沟播冬小麦套种中药材云木香栽培技术[J]. 甘肃农业科技，2002（5）：19–19.

[5]　安靖靖，郭风民，杨华，等. 木香栽培管理技术及其在园林绿化中的应用[J]. 河南林业科技，
2014，34（3），52–54.

茯苓
fu ling

本品为多孔菌科真菌茯苓*Poria cocos*（Schw.）Wolf 的干燥菌核。乌蒙山区四川凉山
州和云南禄劝、武定有栽培。

一、植物特征

茯苓为寄生或腐寄生植物。菌核埋在土内，大小不一，多呈类球形或拳形，有特臭
气。表面粗糙，呈瘤状突起，淡灰棕色或黑褐色，断面近外皮处粉红色，内部白色。子实
体无柄，平伏于菌核表面，伞形，直径0.5～2厘米；菌管多数，着生于子实体下面，管孔
多角形至不规则形，孔壁平滑，孔缘渐变为齿状；孢子长椭圆形至近圆形，一端尖，平
滑，无色。寄生于赤松、马尾松等的根上。

二、资源分布概况

茯苓在我国分布很广，主要分布于云南、贵州、福建、安徽、湖北、广东、广西、四
川。湖南、浙江、江西、陕西亦有分布。全国年需求量约13 000吨。有栽培与野生两种，

栽培者产量较大，栽培茯苓集中在湖北、安徽、河南三省接壤的大别山区，主产于湖北罗田、英山、麻城，安徽金寨、岳西、霍山，河南商城。新产区主要在广东信宜、高州、新丰，广西岑溪、苍梧、玉林，福建三明、沙县、尤溪，云南禄劝、武定。以安徽为多，故有"安苓"之称；湖北产量亦较大。野生者以云南为著，称"云苓"。云南武定作为"白药之乡"拥有丰富的生物资源，其中主要树种有云南松、华山松等，近年来已成为茯苓栽培新产区，是乌蒙山片区内茯苓适宜种植区域。

三、生长习性

1. 生长发育特性

茯苓的生长发育可分为菌丝和菌核两个阶段。在适宜条件下，茯苓的孢子与松木结合，先萌发产生单核菌丝，而后发育成双核菌丝，形成菌丝体。菌丝体将木材中纤维素、半纤维素分解，吸收后转化为自身所需的营养物质，并繁殖出大量的营养菌丝体，在木材中旺盛生长，这一阶段为菌丝生长阶段。由于菌丝体不断地分解和吸收木材中营养物质，茯苓聚糖日益增多，到了生长的中后期聚结成团，形成菌核。菌核初时为白色，后渐变为浅棕色，最终变为棕褐色或黑褐色的茯苓个体，这一阶段为菌核生长阶段，俗称结苓阶段。茯苓的营养物质主要来自于松木，人工栽培茯苓应选用7～10年生，胸径10～45厘米，含水量在50%～60%的松树段木，作为茯苓菌丝的营养源。

2. 对环境条件的要求

茯苓适应能力强，野生茯苓分布较广，海拔50～2800米均可生长，以海拔600～900米，分布较多。生长发育不需要光照，选有阳光的地方栽培，白天提高地温，增加土壤积温。生长温度以10～35℃为宜，寒冷潮湿的气候不利于茯苓的发育。菌丝在15～30℃均能生长，但以20～28℃较适宜。当温度降低到5℃或升高到35℃以上时，菌丝生长受到抑制，但可忍受-1～5℃的短期低温。土壤以疏松通气、排水良好、沙多泥少的夹砂土（含砂60%～70%）为好，土层以50～80厘米深厚、上松下实、含水量25%为好，pH5～6的微酸性土壤最适宜于菌丝生长。切忌碱性土壤。茯苓为好气性真菌，只有在通气良好的情况下，才能很好生长。人工栽培应选用含水量在50%～60%的松树段木，干燥、向阳、土壤含砂量在60%～70%、pH4～6的砂质壤土为宜，一般埋土深度为30～50厘米。

四、栽培技术

培养茯苓的原料采用松树段木和松树蔸。用松木能稳产高产，但要消耗大量的木材；用树蔸可节约木材，但来源有限，难以扩大生产。目前仍以松树段木栽培为主。

1. 茯苓纯菌种的培养

（1）母种（一级菌种）的培养

①培养基的配制：多采用马铃薯–琼脂（PDA）培养基。

配方：马铃薯（切碎）、蔗糖50克、琼脂20克、尿素3克、水1000毫升。

制备方法：先称取去皮切碎的马铃薯250克，加水1000毫升，煮沸半小时，用双层纱布滤过，滤液加入琼脂，煮沸并搅拌，使其充分溶化后，再加入蔗糖和尿素，待溶解后，加水至1000毫升，即成液体培养基。调pH值至6～7，分装于试管中，包扎，在1.078×10^5Pa高压下灭菌30分钟，稍冷却后摆成斜面，凝固后即成斜面培养基。

②纯菌种的分离与接种：选择新鲜皮薄、红褐色、肉白、质地紧密、具特殊香气的成熟茯苓菌核，先用清水冲洗干净，并进行表面消毒，然后移入接种箱或接种室内，用0.1%升汞液或75%酒精冲洗，再用蒸馏水冲洗数次，稍干后，用手掰开，用镊子挑取中央白色菌肉1小块（黄豆大小）接种于斜面培养基上，塞上棉塞，置25～30℃恒温箱中培养5～7天，当白色绒毛状菌丝布满培养基的斜面时，即得纯菌种。

（2）原种（二级菌种）的培养

①培养基的配制：母种不能直接用于生产，必须再进行扩大繁殖。

原种的培养基配方：松木块（长×宽×厚：30毫米×15毫米×5毫米）55%、松木屑20%、麦麸或米糠20%、蔗糖4%、石膏粉1%。

配制方法：先将松木屑、米糠（或麦麸）、石膏粉拌匀。另将蔗糖加1～1.5倍量水使其溶解，调pH值至5～6，放入松木块煮沸30分钟，待松木块充分吸收糖液后，将松木块捞出。再将上述拌匀的木屑等配料加入糖液中，充分搅匀，使含水量在60%～65%，即以手紧握于指缝中有水渗出，手指松开后不散为度。然后拌入松木块，分装于500毫升的广口瓶中，装量占瓶的4/5即可，压实，于中央打一小孔至瓶底，孔的直径约1厘米，洗净瓶口，用纱布擦干，塞上棉塞，进行高压灭菌1小时，冷却后即可接种。

②接种与培养：在无菌条件下，从上述母种中挑取黄豆大小的小块，放入原种培养基的中央，置25～30℃的恒温箱中培养20～30天，待菌丝长满全瓶，即得原种。培养好的原种，可供进一步扩大培养用。若暂时不用，必须移至5～10℃的冰箱内保存，但保存时

间一般不得超过10天。

（3）栽培菌种（三级菌种）的培养

①培养基的配制配方：松木屑10%、麦麸或米糠21%、葡萄糖2%或蔗糖3%、石膏粉1%、尿素0.4%、过磷酸钙1%，其余为松木块（长×宽×厚：20毫米×20毫米×10毫米）。

配制方法：先将葡萄糖（或蔗糖）溶解于水中，调pH值至5～6，倒入锅内，放入松木块，煮沸30分钟，使松木块充分吸足糖液后，捞出。另将松木屑、米糠（或麦麸）、石膏粉、过磷酸钙、尿素等混合均匀，将吸足糖液的松木放入混合后的培养料中，充分拌匀后，加水使配料含水量在60%～65%之间。随即装入500毫升广口瓶内，装量占瓶的4/5即可。擦净瓶口，塞上棉塞，用牛皮纸包扎，高压灭菌3小时，待瓶温降冷时，即可接种。

②接种与培养：在无菌条件下，用镊子将上述原种瓶中长满菌丝的松木块夹取1～2片和少量松木屑、米糠等混合料，接种于瓶内培养基的中央。然后将接种的培养瓶移至培养室中进行培养30天。前15天温度调至25～28℃，后15天温度调至22～24℃。当乳白色的菌丝长满全瓶，闻之有特殊香气时，即可供生产用。一般情况下，一支母种可接5～8瓶原种，一瓶原种可接60～80瓶栽培菌种，一瓶栽培菌种可接种2～3窖茯苓。在菌种整个培养过程中，要勤检查，如发现有杂菌污染，则应及时淘汰，防止蔓延。

2. 段木栽培

（1）选地与挖窖

①选地：应选择土层深厚、疏松、排水良好、pH值5～6的砂质壤土（含砂量在60%～70%），25°左右的向阳坡地种植为宜。含砂量少的黏土，光照不足的北坡、陡坡以及低洼谷地均不宜选用。

②挖窖：地选好后，一般于冬至前后进行挖窖。先消除杂草灌木、树蔸、石块等物，然后顺山坡挖窖，窖长65～80厘米，宽25～45厘米，深20～30厘米，窖距15～30厘米，将挖起的土，堆放于一侧，窖底按坡度倾斜，清除窖内杂物。窖场沿坡两侧筑坝拦水，以免水土流失。

（2）伐木备料（图1）

①伐木季节：通常在1月前后进行伐木，此时为松木的休眠期，木材水分少，养料丰富。

图1　茯苓菌材

②段木制备：松树砍伐后，去掉枝条，然后削皮留筋（筋即不削皮的部分），即用利刀沿树下从上至下纵向削去部分树皮，削一条，留一条不削，这样相间进行。剥皮留筋的宽度，视松木粗细而定，一般为3～5厘米，使树干呈六或八方形。削皮应深达木质部，以利菌丝生长蔓延。

③截料上堆：上述段木干燥半个月之后，进行截料上堆。直径10厘米左右的松树，截成80厘米长一段，直径15厘米左右的则截成65厘米长一段。然后按其长短分别就地堆叠成"井"字形，放置约40天。当敲之发出清脆声，两端无树脂分泌时，即可供栽培用。在堆放过程中，要上下翻晒1～2次，使木材干燥一致。

（3）下窖与接种（图2）

①段木下窖：4～6月选晴天进行。每窖下段木的数量，视段木粗细而定。通常直径4～5厘米的小段木，每窖放入5根，下3根上2根，呈"品"字形排列；直径8～10厘米的放3根；直径10厘米以上的放2根；特别粗大的放1根。排放时将两根段木的留筋面贴在一起，使中间呈"V"字形，以利传引和提供菌丝生长发育的养料。

图2　茯苓下种

②接种：茯苓的接种方法有"肉引""木引""菌引"等。

菌引：先用消过毒的镊子将栽培菌种内长满菌丝的松木块取出，顺段木"V"字形缝中一块接一块地平铺在上面，大约放3～6片，再撒上木屑等培养料。然后将一根段木削皮处向下，紧压在松木块上，使成"品"字形，或用鲜松毛、松树皮把松木块菌种盖好。如果段木重量超过15千克，可适当增加松木块菌种量。接种后，立即覆土，厚约7厘米，最后使窖顶呈龟背形，以利排水。

肉引：选择1～2代种苓，以皮色紫红、肉白、浆汁足、质坚实、近圆形、有裂纹、个重2～3千克的种苓为佳。下窖时间多在6月前后，把干透心的段木，按大小搭配下窖，方法同"菌引"。接种方法在产区常采用下列3种："贴引"，即将种苓切成小块，厚约3厘米，将种苓块肉部紧贴于段木两筋之间。若窖内有3根段木，则贴下面的2根；若有5根段木，则贴下面的3根，边切种苓边贴引。然后用沙土填塞种引，以防脱落。"种引"，即将种苓用手掰开，每块重约250克，将白色菌肉部分紧贴于段木顶端，大料上多放一些，小料少放一些。然后用沙土填塞种引，防止种引脱落。"垫引"，即将种引放在段木顶端下面，白色菌肉部分向上，紧贴段木。然后用沙土填塞，以防脱落。

木引：将上一年下窖已结苓的老段木，在引种时取出，选择黄白色、筋皮下有菌丝，且有小茯苓又有特殊香气的段木作引种木，将其锯成18～20厘米长的小段，再将小段紧附于刚下窖的段木顺坡向上的一端。接种后立即覆土，厚7～10厘米。最后覆盖地膜，以利菌丝生长和防止雨水渗入窖内。

3. 树蔸栽培

选择松树砍伐后60天以内的树蔸栽培最好，但一年以内的亦可栽培。选晴天，在树蔸周围挖土见根，除去细根，选粗壮的侧根5～6条，将每条侧根削去部分根皮，宽约6～8厘米，在其上开2～3条浅凹槽，供放菌种之用。开槽后暴晒一下，即可接种。另选用径粗10～20厘米、长40～50厘米的干燥木段，也开成凹槽，使其与侧根上的凹槽成凹凸槽形配合。然后在两槽间放置菌种，用木片或树叶将其盖好，覆土压实即可。栽后每隔10天检查一次，发现病虫害要及时防治，9～12月茯苓膨大生长时期，如土壤出现干裂现象，须及时培土或覆草，防止晒坏或腐烂。培养至第二年4～6月即可采收。

4. 茯场管理

（1）护场、补引　茯苓在接种后，应保护好茯场，防止人畜践踏，以免菌丝脱落，影响生长。10天后进行检查，如发现茯苓菌丝延伸到段木上，表明已"上引"。若发现感染杂菌而使菌丝发黄、变黑、软腐等现象，说明接种失败，则应选晴天进行补引。即将原菌种取出，重新接种。一个月后再检查一遍，若段木侧面有菌丝缠绕延伸生长，表明生长正常。2个月左右，菌丝应长到段木底部，或开始结茯苓。

（2）除草、排水　茯场应保持无杂草，以利光照，若有杂草滋生，应立即除去。雨季或雨后应及时疏沟排水、松土，否则水分过多，土壤板结，影响空气流动，菌丝生长发育受到抑制。

（3）培土、浇水　茯苓在下窖接种时，一般覆土较浅，以利菌丝生长迅速。当8月开始结茯苓后，应进行培土，厚度由原来的7厘米左右增至10厘米左右，不宜过厚或过薄，否则均不利于菌核的生长。每逢大雨过后，须及时检查，如发现土壤有裂缝，应培土填塞。随着茯苓菌核的增大，常使窖面泥土龟裂，甚至菌核裸露，此时应培土，并喷水抗旱。

5. 病虫害防治

（1）病害　选择生长健壮、抗病能力强的菌种；接种前，栽培场要翻晒多回；段木要清洁干净，发现有少量杂菌污染，应铲除掉或用70%酒精杀灭，若污染严重，则予以淘汰；选择晴天栽培接种；保持苓场通风、干燥，经常清沟排渍，防止窖内积水；发现菌核发生软腐等现象，应提前采收或剔除，苓窖用石灰消毒。

（2）白蚁　苓场应选择南向或西南向；段木和树蔸要求干燥，最好冬季备料，春季下种；下窖接种后，苓场周围挖一道深50厘米、宽40厘米的封闭环形防蚁沟，防止白蚁进入苓场，亦可排水；在苓场附近挖几个诱蚁坑，坑内放置松木、松毛，用石板盖好，经常检查；引进白蚁新天敌——蚀蚁菌，此菌对啮齿类和热血动物及人类均无感染力，但灭蚁率达100%；5～6月白啮齿类和热血蚁分群时，悬挂黑光灯诱杀。

（3）茯苓虱　多群聚于段木菌丝生长处，蛀食茯苓菌丝体及菌核，造成减产。在采收茯苓时可用桶收集茯苓虱虫群，用水溺死；接种后，用尼龙纱网片掩罩在茯苓窖面上，可减少茯苓虱的侵入。

五、采收加工

1. 采收

茯苓接种后，经过6～8个月生长，段木颜色由淡黄色变为黄褐色，材质呈腐朽状；茯苓菌核外皮由淡棕色变为褐色，裂纹渐趋弥合（俗称"封顶"），菌核成熟。于10月下旬至12月初陆续进行采收。采收时，先将窖面泥土挖去，掀起段木，轻轻取出菌核，放入箩筐内。有的菌核一部分长在段木上（俗称"扒料"），若用手掰，菌核易破碎，可将长有菌核的段木放在窖边，用锄头背轻轻敲打段木，将菌核完整地震下来，然后拣入箩筐内。采收后的茯苓，应及时运回加工。

2. 加工

野生茯苓常在7月至次年3月到松林中采挖。人工栽培茯苓于接种后第二年7～9月间采挖。先将鲜茯苓除去泥沙及小石块等杂物，然后按大小分开，堆放于通风干燥室内，放置于离地面15厘米高的架子上，用稻草囤盖，一般放2～3层，使其"发汗"，每隔2～3天翻动一次（图3）。摊开晾至表面干燥，再"发汗"，反复数次至现皱纹、内部水分大部散失后，阴干，称为"茯苓个"；或将鲜茯苓去皮后切片，阴干，称为"茯苓片"；切成方形或长方形块者为"茯苓块"；中有松根者为"茯神"；皮为"茯苓皮"；去茯苓皮后，有的内部显淡红色者为"赤茯苓"；切去赤茯苓后的白色部分为"白茯苓"。

图3　茯苓"发汗"

六、药典标准

1. 药材性状

茯苓个：呈类球形、椭圆形、扁圆形或不规则团块，大小不一。外皮薄而粗糙，棕褐色至黑褐色，有明显的皱缩纹理。体重，质坚实，断面颗粒性，有的具裂隙，外层淡棕色，内部白色，少数淡红色，有的中间抱有松根。气微，味淡，嚼之粘牙。

茯苓块：为去皮后切制的茯苓，呈立方块状或方块状厚片，大小不一。白色、淡红色或淡棕色。（图4）

茯苓片：为去皮后切制的茯苓，呈不规则厚片，厚薄不一。白色、淡红色或淡棕色。

1cm

图4　茯苓药材

茯苓皮：呈长条形或不规则块片，大小不一。外表面棕褐色至黑褐色，有疣状突起，内面淡棕色并常带有白色或淡红色的皮下部分。质较松软，略具弹性。气微、味淡，嚼之粘牙。

2. 显微鉴别

本品粉末灰白色。不规则颗粒状团块及分枝状团块无色，遇水合氯醛液渐溶化。菌丝无色或淡棕色。细长，稍弯曲，有分枝，直径3～8微米，少数至16微米。

3. 检查

（1）水分 不得过18.0%。

（2）总灰分 不得过2.0%。

4. 浸出物

不得少于2.5%。

七、仓储运输

1. 包装

茯苓片多用于出口，由外商提供固定包装。茯苓块包装为特制、专用的扁长方形瓦楞纸箱。包装纸箱外印有药材运输包装标志，包括商标、品名、产地、批号、生产日期、净重、等级、纸箱规格及防潮、勿钩等图示及药材质量检验证。

2. 仓储

茯苓药材富含多糖，易受潮，发生霉变、虫蛀、变色，应存放于清洁、阴凉、干燥的专用仓库内，仓库温度控制在30℃以下，相对湿度不高于70%。储藏期间要保持仓库内外的清洁卫生，发现受潮或轻度霉变、虫蛀，及时晾晒或翻垛通风，经挑选、加工、整理后方可继续储藏。有条件的地方可以进行密封抽氧充氮养护。

3. 运输

茯苓药材批量运输时，不能与其他有毒、有害物质混装。运输工具必须清洁、干燥、无异味、无污染，具有较好的通气性，并备有防晒、防潮等设施，运输过程中保持沿途干燥，注意轻装轻卸。

八、药材规格等级

应符合表1要求。

表1 规格等级划分

规格		等级	性状描述	
			共同点	区别点
个苓	选货	—	大小不一，呈不规则圆球形或块状，表面黑褐色或棕褐色。断面白色。气微，味淡。无杂质、霉变	体坚实、皮细，完整。部分皮粗、质松，间有土沙、水锈、破伤，不超过总数的20%
	统货	—		质地不一，部分松泡，皮粗或细、间有土沙、水锈、破伤
茯苓片	选货	一等	不规则圆片状或长方形，大小不一，含外皮，边缘整齐，厚度不小于3毫米	色白，质坚实，边缘整齐
		二等		色灰白，部分边缘略带淡红色或淡棕色，质松泡，边缘整齐
	统货	—		色灰白，部分边缘略带淡红色或淡棕色，质地不均，边缘整齐
白苓块	选货	一等	呈扁平方块，边缘苓块可不成方形无外皮，色白，大小不一，宽度最低不小于2厘米，厚度在1厘米左右	质坚实
		二等		质松泡，部分边缘为淡红色或淡棕色
	统货	—		质地不均，部分边缘为淡红色或淡棕色
白苓丁	选货	一等	呈立方形块，部分形状不规则，一般在0.5~1.5厘米之间	色白，质坚实，间有少于5%的不规则的碎块
		二等		色灰白，质松泡，间有少于10%的不规则的碎块
	统货	—		色白或灰白，质地不均，间有不少于10%的不规则的碎块
白碎苓	统货	—	加工过程中产生的白色或灰白色茯苓，碎块或碎屑，体轻、质松	
赤苓块	统货	—	呈扁平方块，边缘苓块可不成方形，无外皮，色淡红或淡棕，质松泡，大小不一，宽度最低不小于2厘米	
赤苓丁	选货	—	呈立方形块，部分形状不规则，长度在0.5~1.5厘米	色淡红或淡棕，质略坚实，间有少于10%的不规则的碎块
	统货	—		间有不少于20%的不规则的碎块
赤碎苓	统货	—	为加工过程中产生的淡红色或淡棕色大小形状不规则的碎块或碎屑，体轻、质松	
茯苓卷	统货	—	呈卷状薄片，白色或灰白色，质细，无杂质，长度一般为6~8厘米，厚度小于1毫米	
茯苓刨片	统货	—	呈不规则卷状薄片，白色或灰白色，质细，易碎，含10%~20%的碎片	

注：1. 本标准规格等级在《七十六种药材商品规格标准》的基础上增加了赤苓丁、茯苓刨片、茯苓卷等四个规格，删掉了茯神木的规格，将白苓片的名字名称改为茯苓片（白苓片）、骰方的名称改为白苓丁，调整后的规格等级更符合实际流通情况。

2. 茯苓片（白苓片）从2~20厘米、白苓丁从0.5~1.5厘米大小的均有，且多存在使用企业定制加工的情况，要求不一，不为市场广泛流通，故未将不同大小的茯苓片（白苓片）、白苓丁纳入本标准中。

九、药用食用价值

1. 临床常用

茯苓性平，味甘、淡。具有利水渗湿，健脾和中，宁心安神等功效。药用功效因其菌核部位不同而有差异，茯苓皮主治水肿、小便不利；赤茯苓主治淋浊、泻痢、小便不利等；白茯苓主治水肿胀满、心悸失眠、脾虚湿盛；茯神主治心虚、惊悸、失眠、健忘等症；茯神中的松木称茯神木，主治中风不语、脚气转筋等。现代药理研究证明，茯苓有镇静、利水、降血糖、抑菌、预防胃溃疡，以及抗肿瘤与增强免疫功能的作用。常见复方如下。

（1）五苓散　治太阳病，发汗后，大汗出，胃中干，烦躁不得眠，脉浮，小便不利，微热消渴者。猪苓十八铢（去皮），泽泻一两六铢，白术十八铢，茯苓十八铢，桂枝半两（去皮）。上五味，捣为散。以白饮和，服方寸匕，日三服。

（2）茯苓汤　治水肿。白水（净）二钱，茯苓三钱，郁李仁（杵）一钱五分。加生姜汁煎。

（3）防己茯苓汤　治皮水，四肢肿，水气在皮肤中，四肢聂聂动者。防己三两，黄芪三两，桂枝三两，茯苓六两，甘草二两。上五味，以水六升，煮取二升，分温三服。

（4）苓桂术甘汤　治心下有痰饮，胸胁支满目眩。茯苓四两，桂枝，白术各三两，甘草二两。上四味，以水六升，煮取三升，分温三服，小便则利。

（5）小半夏加茯苓汤　治卒呕吐，心下痞，膈间有水，眩悸者。半夏一升，生姜半斤，茯苓三两（一法四两）。上三味，以水七升煮取一升五合，分温再服。

（6）茯苓泽泻汤　治胃反吐而渴，欲饮水者。茯苓半斤，泽泻四两，甘草二两，桂枝二两，白术三两，生姜四两。上六味，以水一斗，煮取三升，纳泽泻再煮取二升半，温服八合，日三服。

（7）威喜丸　治丈夫元阳虚惫，精气不固，余沥常流，小便白浊，梦寐频泄，及妇人血海久冷，白带、白漏、白淫，下部常湿，小便如米泔，或无子息（不育）。黄蜡四两，白茯苓四两（去皮、作块，用猪苓一分，同于瓷器内煮二十余沸，出，日干，不用猪苓）。上以茯苓为末，熔黄蜡为丸，如弹子大。空心细嚼，满口生津，徐徐咽服，以小便清为度。

（8）茯苓酒　治头风虚眩，暖腰膝，主五劳七伤。茯苓粉同曲米酿酒饮。

2. 食疗及保健

（1）开胃汤　茯苓15克，怀山药12克，谷麦芽各30克，鲜、干鸭胗各1个，煮汤饮服。治小儿消化不良，不思饮食。

（2）茯苓薏米粥　茯苓、薏米各25克，陈皮5克，粳米适量，煮粥食。治小儿脾虚泄泻，小便不利。

（3）茯苓薏米饼　茯苓、薏米、白面粉各30克，白糖适量，研成细末和匀压成饼，蒸熟。适合小儿食用，有和脾胃之效。

（4）茯苓陈皮姜汁茶　茯苓25克，陈皮5克，水煎，饮服时加入生姜汁10滴。有健脾和胃之效，可治妊娠呕吐。

（5）茯苓栗子粥　茯苓15克，栗子25克，大枣10个，粳米100克。加水先煮栗子、大枣、粳米；茯苓研末，待米半熟时徐徐加入，搅匀，煮至栗子熟透。可加糖调味食。本方用茯苓补脾利湿，栗子补脾止泻，大枣益脾胃。用于脾胃虚弱，饮食减少，便溏腹泻。

（6）茯苓麦冬粥　茯苓、麦冬各15克，粟米100克。粟米加水煮粥；二药水煎取浓汁，待米半熟时加入，一同煮熟食。本方以茯苓宁心安神，麦冬养阴清心，粟米除烦热。用于心阴不足，心胸烦热，惊悸失眠，口干舌燥。

参考文献

[1] 付杰，王克勤，苏玮，等. 茯苓优良栽培菌株选育试验初报[J]. 中国现代中药，2007，9（11）：41–42.

[2] 李苓，王克勤，白建，等. 茯苓诱引栽培技术研究[J]. 中国现代中药，2008，10（12）：16–17.

[3] 俞志成. 茯苓的栽培管理与采收加工[J]. 林业工程学报，2001，15（2）：39–40.

[4] 徐雷，陈科力，苏玮. 九资河茯苓栽培关键技术及发展演变[J]. 中国中医药信息杂志，2011，18（6）：106–108.

[5] 岩金火，朱国庆. 松木屑生料栽培茯苓技术[J]. 食用菌，2003，25（3）：25–25.

天冬

本品为百合科植物天门冬*Asparagus cochinchinensis*（Lour.）Merr.的干燥块根。又名天门冬、三百棒、丝冬、老虎尾巴根等。在云南乌蒙山区宣威、会泽、禄劝可以种植。

一、植物特征

攀援植物。根在中部或近末端成纺锤状膨大，膨大部分长3～5厘米，粗1～2厘米。茎平滑，常弯曲或扭曲，长可达1～2米，分枝具棱或狭翅。叶状枝通常每3枚成簇，扁平或由于中脉龙骨状而略呈锐三棱形，稍镰刀状，长0.5～8厘米，宽约1～2毫米；茎上的鳞片状叶基部延伸为长2.5～3.5毫米的硬刺，在分枝上的刺较短或不明显。花通常每2朵腋生，淡绿色；花梗长2～6毫米，关节一般位于中部，有时位置有变化；雄花花被长2.5～3毫米；花丝不贴生于花被片上；雌花大小和雄花相似。浆果直径6～7毫米，熟时红色，有1颗种子。花期5～6月，果期8～10月。

本种叶状枝的形状、大小有很大变化，但可以根据茎攀援有刺；叶状枝一般每3枚成簇，扁平或稍呈锐三棱形；花梗较短；根的中部或末端具肉质膨大部分等特征，区别于其他种类。

二、资源分布概况

天门冬在河北、山西、陕西、甘肃等省的南部至华东、中南、西南各省区都有分布。主产于贵州仁怀、湄潭、赤水、望谟、瓮安，重庆酉阳、彭水、涪陵，四川古蔺、泸州、内江、乐山，广西百色、罗城，浙江平阳、景宁，云南巍山、宾川，湖南东安、祁阳。生于海拔1750米以下的山坡、路旁、疏林下、山谷或荒地上。因多在四川集散，故有"川天冬"之称，而产出量以贵州最大，品质佳。现代多将本品的道地产区定为贵州。乌蒙山区在云南宣威、武定，贵州大方县等地有种植。

三、生长习性

1. 生长发育特性

适生于温暖湿润、年平均温度18～20℃、无霜期180天以上的气候环境。忌强光直射，尤其幼苗期间，一经烈日照射，茎梢即枯萎，甚至全株死亡。以深厚、肥沃、质地疏松、富含腐殖质、排水良好的壤土或砂质壤土栽培较好。

2. 生长发育动态

（1）根的生长 种子萌发，先露出初生根，随即伸长增粗，并从茎部另发不定根，长8～13厘米。在根前端膨大形成块根，同时在块根的顶端伸出不定根和须根起吸收作用，整个根的生长过程缓慢。植株每年发根两次，每次发根与植株萌芽的时间相同。

（2）茎的生长 地下茎又称"芦头"，呈节盘状，大小随年龄增加而增大，每年长节，抽出紫色嫩芽，发育形成地上茎蔓，从芽露出到叶状枝展开，约45～52天，这时生长迅速。块根发萌力强，一株4年生芦头，可产生多达32个芽。幼芽损坏或经强光照射枯萎后，可重新萌芽。

（3）开花和结实 一般以5～6月开花结果最多，雌花期11～18天，雄花期13～22天。晴天开花多，雨天开花少。从单花序看，下部花先开，每穗有花10～30朵，有时多达60余朵。从开花到果熟，约需4～5个月。每果穗有1～5个果，多则可达30余个，整株果穗可多达200多穗。秋果因发育后期受低温的影响，常落果或种子不饱满。

（4）种子特性 种子无休眠期。在平均气温18～22℃，土壤湿润的条件下，播后5～7天发芽，发芽率22%～58%。种子干粒重47.6～54.3克，种子干燥后易丧失活力，隔年种子发芽率低，不宜使用。

四、栽培技术

繁殖可分为种子繁殖和分株繁殖两种。

1. 选地整地

（1）选地 以土层深厚且富含腐殖质的壤土为好，山地种植，以夹砂土为好。如种在林地，应选混交林或稀疏的阔叶林，松林和重黏土不宜栽培。若种在耕地内则需与其他高秆作物间作，以便为天门冬幼苗遮阴。

（2）整地　天冬块根入土较深，在前作收获后，进行深翻土，作畦，畦高20厘米左右，畦沟宽30厘米，并在四周开好排水沟。播种前，施足基肥，每亩可施腐熟厩肥或堆肥3000～3500千克。

2. 种子繁殖

（1）种子采收与处理　每年9～10月，果实由绿变红时采收。采收后堆积发酵，选取粒大饱满的留为种子。

（2）播种时间　播种分春播和秋播。秋播一般在9～10月，秋播出芽率高，春播则在3月底进行。

（3）播种方法　播种前在畦内开横沟，沟距18～22厘米，深5～7厘米，播幅8厘米，均匀撒播，种间距2～3厘米。每亩用种子约12千克。播种后先盖细土，然后覆盖稻草保湿。温湿度合适的情况下，播种18天后多可出苗。此时需为幼苗提供遮阴，并保持土壤湿润。在苗高3厘米左右时拔草施肥。秋播要结合松土施肥，亩施稀释腐熟农家肥1000千克以上。

3. 分株繁殖

分株繁殖则应于3月植株萌发前，将大块根挖出，把根头上有较多幼芽的植株分割为数簇，每簇有2～3个芽，作为繁殖栽种材料，切开后适当摊晾，穴栽，每穴一簇，移栽时将块根摆匀使根伸、苗正，上撒草木灰，盖土压实。此法可与收获结合而行。一般15天之内出苗。

4. 定植

种子培育1年以上的幼苗可进行定植。分株繁殖的一边采收一边栽种。定植时间为十月或春末，苗高10～12厘米时携土进行定植。起苗时按大小分级分别栽植。按照行距50厘米、株距24厘米的标准开穴种植。先栽种2行天冬，并留出间作行距50厘米，再栽种2行天冬。在留出的行间可间种其他农作物，如玉米、葵花等植株较为高大农作物。

5. 田间管理

（1）补苗　定植后15个月左右及时查苗补苗。

（2）水分管理　天冬适宜生长于阴湿环境，生长周期对水分的需求较大，但抗旱抗涝性不强，因此天旱时应及时进行浇灌，雨后主要排水，忌持续干旱或积水，保持土壤相对湿度70%左右。种植前，合理安装好喷灌设施、深挖排水沟对提高其产量有一定帮助。

（3）中耕除草　种植后，由于幼苗生长缓慢，期间容易杂草丛生，需要及时除草。当苗高30厘米时进行第一次中耕除草，铲除畦面周边及路边的杂草。以后根据杂草生长每年适时进行3～4次中耕除草，最后一次中耕除草应在霜冻前，并与培土结合，以保护植株根部，帮助其顺利越冬。锄草时必须仔细，注意不要锄断植株的茎蔓，中耕除草易浅，避免伤到块根。

（4）追肥　第一次施肥可在出土时施用，过早有可能使根头切口受到感染，影响成活。此后追肥结合基肥和植株生长情况而定，结合中耕除草，施腐熟厩肥、草木灰等有机肥，每亩可适当沟施复合肥10千克，施肥时，应在畦边开沟穴施下，肥料不可直接触到根部，施完肥后盖土将其压实，并加强对土壤的湿度管理，增进其对肥料的吸收。

（5）搭架修剪　栽培1年后，生长速度加快，当藤蔓生长至40～50厘米时须搭架，插上竹竿（高1.5米，入土20厘米），并把相邻竹竿的顶端捆绑起来作为支架，使天冬可攀附其而生长，有利于天冬的光合作用和促进块根生长。搭架同时有利于田间管理。当叶状枝生长过密或出现枯叶病枝时，必须加以修剪。

6. 病虫害防治

（1）根腐病　根腐病是危害天冬的主要病害。及时拔除病株，并在周围撒上生石灰，同时做好排水工作，防止病菌扩散，感染面积蔓延。

（2）虫害　主要有蚜虫和红蜘蛛等。需在冬季进行清园，将枯枝落叶深埋或加以烧毁，消除虫源；受害初期，利用0.2～0.3波美度石硫合剂或吡虫啉500～1000倍液对其进行喷雾，一周1次，连续喷施3次。

五、采收加工

1. 采收

在11月或初春采挖。用种子繁殖的天冬，要栽培3年才能采收；分株繁殖的天冬生长快速，栽植后1年便可采挖。实践证明，天冬生长的时间越长，产量越高。多生长1年可增加产量30%以上，且加工后的质量亦好。采挖时，将藤割去挖出全株根块，去掉泥沙，剪去颈根，剪下药用根块，剩余的根头及留下的部分小根块，供分株栽种。可随挖随种，种不完的可用湿沙埋藏待种。

2. 加工

将剪下的根块洗净泥沙，拣净须根。沸水中煮或蒸至透心时捞出，倒进清水中，剥去皮、沥净水后，晒干或用微火烘干，便为成品。成品以身干、条块肥大、色黄白、有糖质、油润半透明、质坚稍脆者为佳品。

六、药典标准

1. 药材性状

呈长纺锤形，略弯曲，长5～18厘米，直径0.5～2厘米。表面黄白色至淡黄棕色，半透明，光滑或具深浅不等的纵皱纹，偶有残存的灰棕色外皮。质硬或柔润，有黏性，断面角质样，中柱黄白色。气微，味甜、微苦。（图1）

1cm

图1　天冬药材

2. 鉴别

横切面根被有时残存，皮层宽广，外侧有石细胞散在或断续排列成环，石细胞浅黄棕色，长条形、长椭圆形或类圆形，直径32～110微米，壁厚，纹孔和孔沟极细密；黏液细胞散在，草酸钙针晶束存在于椭圆形黏液细胞中，针晶长40～99微米；内皮层明显；中柱韧皮部束和木质部束各31～135个，相互间隔排列，少数导管深入至髓部，髓细胞亦含草酸钙针晶束。

3. 检查

（1）水分　不得过16.0%。

（2）总灰分　不得过5.0%。

（3）二氧化硫残留量　不得过400毫克/千克。

4. 浸出物

不得少于80.0%。

七、仓储运输

1. 仓储

一般用麻袋或编织袋包装。本品富含糖分，夏季受热极易发生变色（红棕色至黑色）、粘连、发霉、生虫及走油。药材变软后附尘土不易除去，应置通风阴凉干燥处密封保存。夏季要勤检查，发现变软要及时采取措施进行干燥。防霉，防蛀。

2. 包装

用麻袋包装。所使用的麻袋应清洁、干燥，无污染，无破损，符合药材包装质量的有关要求。在每件货物上要标明品名、规格、产地、批号、包装日期、生产单位，并附有质量合格标志。

3. 运输

进行批量运输时应不与其他有毒、有害，易串味物质混装，运载容器要有较好的通气性，保持干燥，并应有防潮措施。

八、药材规格等级

应符合表1要求。

表1　规格等级划分

| 规格 | 等级 | 性状描述 | |
		共同点	区别点
大天冬	选货 一等	干货。长纺锤形，略弯曲。表面黄白色至淡黄棕色，半透明，具较深的纵皱纹，偶有残存的灰棕色外皮。质硬或柔润，有黏性，断面角质样，皮部宽，中柱不明显。气微，味甜、微苦	长≥10厘米，直径≥1.1厘米
	选货 二等		长≥5厘米，直径≥0.9厘米

规格	等级	性状描述	
		共同点	区别点
大天冬	统货	干货。长纺锤形，略弯曲。表面黄白色至淡黄棕色，半透明，具较深的纵皱纹，偶有残存的灰棕色外皮。质硬或柔润，有黏性，断面角质样，皮部宽，中柱不明显。气微，味甜、微苦。长度5～18厘米，直径0.9～2.0厘米。长短不一，大小不分	
小天冬	选货 一等	干货。细纺锤形或长椭圆形，比较平直，表面黄白色至淡黄棕色，半透明，光滑或具较浅的纵皱纹，偶有残存的灰棕色外皮。质硬或柔润，有黏性，断面角质样，中柱明显，呈黄白色。气微，味甜、微苦	长≥4厘米，直径≥0.7厘米
	选货 二等		长≥4厘米，直径0.5～0.7厘米
	统货	干货。细纺锤形或长椭圆形，比较平直，表面黄白色至淡黄棕色，半透明，光滑或具较浅的纵皱纹，偶有残存的灰棕色外皮。质硬或柔润，有黏性，断面角质样，中柱明显，呈黄白色。气微，味甜、微苦，长度4～10厘米，直径0.5～0.9厘米。长短不一，大小不分	

注：市场上也有少量野生品种。其指标性成分：浸出物极不易达标。

九、药用食用价值

1. 药用功效

（1）清肺降火 味甘、苦性寒凉，入肺、肾二经。长于滋肺肾之阴，苦降泻火。寒能清热，故有清肺降火之功。常用于肺热阴伤之燥咳，咯血及阴虚内热之证。

（2）滋阴润燥 甘寒清润，入肺肾二经，长于滋肺肾之阴，具有滋阴润燥之功，常用于治疗津亏消渴，咽喉肿痛，肠燥便秘等证。

（3）滋补肺肾 味甘性寒，甘能补益，寒能清润，入肺、肾二经。善于滋补肺肾之阴并可清虚热，常用于肺肾阴虚之证。天冬有滋补肺肾之阴。益肤悦颜之效。如《日华子本草》曰："润五脏，益皮肤。悦颜色，补五劳七伤。"

（4）清热除淋 甘寒清润，有清热除淋之效。如《本草蒙筌》曰："能除热淋，止血溢妄行"，多因过食肥甘酒热之品，脾胃健运失常，积湿成热，湿热下注，膀胱气化不利，或七情郁结，房劳过度，精竭火动所至。症见小便频急，热涩刺痛，色黄赤浑浊，小腹拘急，胀满疼痛，舌苔薄黄，脉数。治用天冬清热通淋，热去小便自利。

2. 临床常用

（1）延缓衰老　提取物具有延缓衰老的作用，而天冬多糖有清除自由基及抗脂质过氧化活性。

（2）降糖作用　降糖胶囊能明显降低四氧嘧啶高血糖小鼠的血糖。

（3）抗菌作用　煎剂体外对炭疽杆菌、甲型及乙型溶血性链球菌、白喉杆菌、类白喉杆菌、肺炎双球菌、金黄色葡萄球菌、柠檬色葡萄球菌、白色葡萄球菌及枯草杆菌均有不同程度的抑菌作用。

（4）抑制肿瘤　体外试验（亚甲蓝法及瓦氏呼吸器测定），天冬对急性淋巴细胞型白血病、慢性粒细胞型白血病及急性单核细胞型白血病患者白细胞的脱氢酶有一定的抑制作用，并能抑制急性淋巴细胞型白血病患者白细胞的呼吸。

（5）镇咳祛痰　经动物试验验证，有镇咳和去痰作用。

参考文献

[1]　杨平飞，刘海，罗鸣，等. 贵州天门冬规范化种植技术[J]. 农技服务，2018，35（3）：31-32+42.

[2]　伍仕强，姜朝林. 天门冬的药用价值及栽培技术初探[J]. 农技服务，2017，34（23）：44-45.

[3]　严毅，何银忠，王亚婷，等. 云南海口林场中药林下种植模式初探[J]. 中国现代中药，2016，18（2）：173-177.

[4]　姚元枝，欧立军. 不同土壤对天门冬生长的影响[J]. 中药材，2015，38（2）：234-236.

[5]　陈继红. 天门冬的植物学特性及繁育技术[J]. 现代农业科技，2015，（4）：94+103.

[6]　黄懿，杜浩，王季石，等. 贵州产天冬总皂苷提取物对人早幼粒白血病细胞株HL-60的影响[J]. 中国实验方剂学杂志，2014，20（2）：137-139.

[7]　韦树根，马小军，柯芳，等. 中药天冬研究进展[J]. 湖北农业科学，2011，50（20）：4121-4124.

天麻

tian ma

本品为兰科植物天麻*Gastrodia elata* Bl.的干燥地下块茎。别名有赤箭，独摇芝、离母、合离草、神草、鬼督邮、木浦、明天麻、定风草、白龙皮等。

乌蒙山片区云南昭通、四川宜宾、贵州毕节等地盛产天麻，1949年以前被称之为"川天麻"，为全国著名道地药材。20世纪70年代，昭通彝良小草坝天麻人工栽培工作获得成功。现云南昭通和贵州大方为全国最重要天麻栽培区，种植面积在5万亩左右，天麻种植生产成为该地区最重要的特色产业，对帮助当地老百姓脱贫致富和促进社会经济发展具有重要意义。

一、植物特征

天麻为多年生寄生草本植物，植株高30～100厘米，有时可达2米；根状茎肥厚，块茎状，椭圆形至近哑铃形，肉质，长8.0～12.0厘米，直径3～5（～7）厘米，有时更大，具较密的节，节上被许多三角状宽卵形的鞘。茎直立，橙黄色、黄色、灰棕色或蓝绿色，无绿叶，下部被数枚膜质鞘。总状花序长5～30（～50）厘米，通常具30～50朵花；花苞片长圆状披针形，长1.0～1.5厘米，膜质；花梗和子房长7.0～12.0毫米，略短于花苞片；花扭转，橙黄、淡黄、蓝绿或黄白色，近直立；萼片和花瓣合生成的花被筒长约1.0厘米，直径5.0～7.0毫米，近斜卵状圆筒形，顶端具5枚裂片，但前方亦即两枚侧萼片合生处的裂口深达5.0毫米，筒的基部向前方凸出；外轮裂片（萼片离生部分）卵状三角形，先端钝；内轮裂片（花瓣离生部分）近长圆形，较小；唇瓣长圆状卵圆形，长6.0～7.0毫米，宽3.0～4.0毫米，3裂，基部贴生于蕊柱足末端与花被筒内壁上并有一对肉质胼胝体，上部离生，上面具乳突，边缘有不规则短流苏；蕊柱长5～7毫米，有短的蕊柱足。蒴果倒卵状椭圆形，长1.4～1.8厘米，宽8.0～9.0毫米。花果期5～7月。乌蒙山片区种植天麻主要为乌天麻和红天麻。（图1）

图1　红天麻（左）、乌天麻（中）和绿天麻（右）

二、资源分布概况

天麻属植物全世界约有20种，我国有13种。我国野生天麻多分布在北纬22°～46°、东经91°～132°范围内的山区、潮湿林地。全国13个省、区，近400个县均有分布，包括云南、贵州、陕西、四川、湖北、湖南、西藏、甘肃、安徽、江西、青海、浙江、福建、台湾、广西、河北、河南、山东、辽宁、吉林、黑龙江等省、区。

云南昭通市的彝良、镇雄、大关、永善、威信、盐津等县主要种植乌天麻，主要分布在海拔1400～2800米山区林下，土壤为黄壤、黄棕壤。贵州大方和毕节乌天麻、红天麻均有种植，主要分布在海拔900～2000米的范围山区林下，土壤为黄壤和黄棕壤。

三、生长习性

天麻属多年生草本植物，从种子播种到开花结实，一般需要跨3～4个年头，共24～36个月的时间周期，包括种子萌发、原球茎生长发育、第一次无性繁殖至米麻白麻形成、第二次无性繁殖至箭麻形成、箭麻抽薹开花结种等5个阶段，其中前4个阶段称为天麻的营养生长期，后1个阶段称为天麻的生殖生长期。其整个生育期中，除约70天在地表外，常年以块茎潜居于土中，从侵入质体内的蜜环菌菌丝取得生长发育所需营养物质。每年5～11月为天麻的生长期，12月至次年4月为休眠期。春季当地温达到10℃以上时，天麻开始繁殖子麻，6月地温上升至15℃，子麻进入增长时期，7月中旬地温上升到20℃左右时，块茎生长迅速，9月上中旬，地温逐渐下降，生长随之减缓，至10月下旬以后，当地温下降至10℃以下，生长趋于停止，块茎进入休眠期。

1. 生长发育规律

天麻从种子萌发至当代种子成熟所经历的过程，叫天麻的生活周期。

（1）种子萌发　6月上中旬天麻种子与紫萁小菇等共生萌发菌拌种后，共生萌发菌以菌丝形态从胚柄细胞侵入原胚细胞和种胚，分生细胞开始大量分裂，种胚体积迅速增大，直径显著增加。20天左右种子成为两头尖、中间粗的枣核形，种胚逐渐突破种皮而发芽，播种后25～30天就能观察到长约0.8毫米、直径约0.49毫米的发芽原球茎。

（2）地下块茎形成　发芽后的原球茎，靠萌发菌提供的营养，当年可分出营养繁殖茎，开始第一次无性繁殖并形成原生小球茎。原生小球茎与蜜环菌建立营养共生关系后，7月中下旬开始明显看到乳突状苞被片突起，到11月就能形成长约2厘米的小米麻。与此同时，营养繁殖茎可长出多个互生侧芽，顶端膨大形成小白麻。立冬后米麻和小白麻开始进入休眠期，即完成第一年的生长期。

（3）地下块茎的生长　第二年4月气温逐渐回升，由种子形成的小白麻和米麻结束休眠，开始萌发生长，进行有性繁殖后的第二次无性繁殖。天麻顶端生长锥分生形成子麻，其余节位上的侧芽则萌生出短缩的枝状茎，这些分枝称为一级分枝。在一级分枝上，再进行二级分枝、三级分枝。5月，天麻开始进入旺盛的生长时期，在保持营养充足的条件下，部分小白麻迅速膨胀壮大，成为商品麻，其余块茎通过分枝分节，为翌年提供种源。到11月，天麻进入休眠期，此时为天麻的收获期。天麻商品麻的形成经过了以下几个阶段发展。①原球茎：天麻种子萌发后形成卵圆形的不分化组织，呈球状尖圆形，平均长0.4～0.7毫米，直径0.3～0.5毫米，由原球柄和原球体两部分组成。②米麻：原球茎进行细胞分裂和组织分化，形成顶芽，顶芽及分枝顶端的分生组织不断生长膨大，形成长度在2厘米以下、重小于2.5克的小块茎。③白麻：天麻种子播种后的翌年春天，随着温度不断升高，米麻的顶芽和侧芽开始萌发，迅速进行细胞分裂和组织分化，膨大形成白麻。白麻通常有5～11个明显的环节，节上有薄膜质鳞片，鳞片腋内有潜伏芽；顶端具有雪白的尖圆形生长锥，但不具混合芽，不会抽薹出土；基部可见与营养繁殖茎分离时留下的脐形脱落痕迹。④箭麻：箭麻又称商品麻，由白麻顶芽萌发生长、先端膨大形成。长椭圆形，肉质肥厚，个体较大，一般长8～20厘米，重100～500克。外皮黄白色，有马尿腥味，环节明显，一般有14～25节，有时多达30节，节处有薄膜质鳞片，鳞片腋内有突出的潜伏芽，块茎尾部可见脐形脱落痕迹。箭麻具有三大特征，即顶生花茎芽形状如"鹦哥嘴"，尾部有脱落痕迹称为"脐点"，周身的芽眼称为"环节纹"。

（4）花茎的形成与生长　从播种后到第三年开春，当气温升高时，头年冬季发育形成的花原基开始萌动伸长，并开始一系列的发育活动形成花茎。一般情况下，5月下旬平均气温达到15℃左右时，天麻地上茎开始出土，6月平均气温达20℃左右，茎秆迅速生长，每天可伸长5～6厘米。7月中旬花茎的伸长趋于停止，下旬大部分已倒苗。

（5）授粉及果实成熟　天麻花为两性花，在自然条件下，靠昆虫传粉，自花或异花授粉均可结实。天麻授粉成功后，经15～20天果实就可完全成熟。按种子的成熟程度不同，可分为3个阶段的种子。①嫩果种子：果实表面有光泽，纵沟凹陷不明显，手捏果实较软，剥开果皮部分种子呈粉末状散落，有的种子呈团状，不易抖出。种子白色。发芽率可达70%左右，但芽势不整齐。②将裂果种子：果实表面暗棕色，失去光泽，有明显凹陷的纵沟，但果实未开裂，手捏果实质软，剥开果皮种子易散落。种子呈浅黄色。发芽率可达65%左右。此时是收获最佳时期。③裂果种子：果实纵沟已开裂，稍有摇动种子就会飞散。种子呈蜜黄色。发芽率为10%左右。

2. 生长环境条件

（1）地势　我国西南地区纬度低，气温高，天麻多适宜生长在海拔1500～2800米的高山区。

（2）地形　天麻虽能在高海拔的地方生长，但地形的坡度不宜过大，以10°～15°的缓坡较为适宜。山的阴坡与阳坡气温存在一定的差异，在栽培天麻时应根据当地的气候条件选择山向。在1500米以上的高山区栽培天麻，应选择温度高的阳坡栽种；1000～1500米的中山区，选择无荫蔽的阳坡或稀疏林间栽种天麻较好；1000米以下的低山区，夏季温高雨少，宜选择温度较低、湿度较大的阴坡栽培天麻。

（3）气候条件

①温度：天麻适宜在夏季凉爽、冬季又不十分寒冷的环境下生长。天麻种子最适在25～28℃条件下发芽，超过30℃种子发芽将受到抑制；地下块茎在地温14℃左右开始生长，20～25℃最为适宜；蜜环菌的最适生长温度为20～25℃，地温超过30℃，天麻和蜜环菌生长都将受到抑制。当深秋温度降至10℃左右时，天麻停止生长进入休眠期。另外，用做种麻的白麻，须经过冬季2～5℃的低温处理，才能萌发生长。

②湿度：天麻适合在凉爽、潮湿的环境中生长。水是天麻生长的必要条件，天麻在不同季节的需水量是不同的。春季块茎萌动期、天麻块茎生长旺盛期均需要大量的水分供应；暑期土壤干旱会导致幼芽死亡。天麻在不同的生长发育阶段的需水量也不同，天麻种子萌发需充足的水分；开花期缺水会使花粉干枯；结果期间，空气湿度不宜超过90%。满足天麻对水分的需求，除要求适宜的大气湿度外，还要求土壤的含水量适宜

（40%~60%）。土壤湿度过高，特别是在天麻生长后期，易引起天麻腐烂、中空。

③光照：天麻整个无性繁殖过程都是在地下生长，阳光对其影响不大。因而天麻可以在无光条件下栽培。天麻有性繁殖过程需要一定的光照，但不能过于强烈，强光会危害花茎，导致植株基部变黑枯死。

④风：大风对正在抽薹生长的花茎危害较大，会使花茎折断。所以在花茎出土后要加竹竿或木棍，将花茎固定，以免折断倒伏。

（4）土壤　天麻适宜在富含腐殖质、疏松肥沃、排水透气良好、pH5.5~6的砂质壤土中生长。

（5）植被　天麻适宜生长在山区杂木林或阔叶混交林中。伴生植物种类较多，有竹类、青冈、桦木、野樱桃等植物。

四、栽培技术

1. 萌发菌的分离培养

天麻种子与其他兰科植物种子一样，种子细小，只有种胚，在自然条件下种子发芽困难。徐锦堂先生经过多年研究从天麻的原球茎中分离出天麻种子萌发菌。天麻种子萌发菌在种子萌发阶段侵染种子，供给天麻种子萌发的营养，与其建立了一种共生关系，萌发菌是种子萌发的外源营养源。（图2）

（1）萌发菌分离纯化方法

①原球茎分离纯化方法：分离萌发菌以原球茎为分离材料的方法。选取健壮的原球茎，先清除泥土，无菌水冲洗数次，用75%酒精浸泡1分钟后，再用0.1%的升汞溶液浸泡

图2　萌发菌（左图为菌落和菌丝、中间为原种、右边为栽培种）

3～5分钟，用无菌水冲洗2～3次后剪成尽可能小的小块在链霉素液中蘸一下，再用无菌水冲洗2～3次，最后用灭菌滤纸吸干表面附着水后，接入PDA平面培养基中或斜面试管中，在25℃恒温条件下培养5～10天。待PDA平面培养基中或斜面试管中有白色健壮的菌丝长出，挑取菌丝生长点处接入PDA平面培养基中或斜面试管中，如此反复几次，即可得到纯化的菌株。

②播种坑里的萌发菌菌叶分离纯化方法：分离萌发菌以播种坑里的萌发菌菌叶为分离材料的方法。选取天麻长势良好的播种坑，取其中萌发菌长势良好的萌发菌菌叶，先清除泥土，无菌水冲洗数次，用75%酒精浸泡1分钟后，再用0.1%的升汞溶液浸泡3～5分钟，用无菌水冲洗2～3次，用灭菌滤纸吸干表面附着水后，用接种针挑取少量的菌丝，接入PDA平面培养基中或斜面试管中，在25℃恒温条件下培养3～10天。待PDA平面培养基中或斜面试管中有白色健壮的菌丝长出，挑取菌丝生长点处接入PDA平面培养基中或斜面试管中，如此反复几次，即可得到纯化的菌株。

（2）母种扩大培养　母种扩大培养即在无菌条件下将经分离纯化并使天麻种子萌发良好的原始母种，转接于已经灭菌的培养基上进行扩繁。用于母种扩大培养的培养基可以与原始母种的培养基相同，一般是PDA或是PDA加富的（加其他元素、营养物质等）。也可以用以阔叶树的木屑、麦粒或玉米粒、麸皮等为主料，添加一定营养成分的改良培养基。母种扩大培养最常用的操作方法是用接种针（最好是灭过菌的竹签）将试管内的萌发菌菌丝，连同培养基一起，切成0.3～0.5厘米的小块，转放入新的试管培养基上。在22～25℃温度下避光培养，当菌丝基本长满培养基表面时，即可用于原种生产。

（3）原种生产

①培养基制作：棉籽壳麸皮培养基：棉籽壳87.5%，麸皮10%、蔗糖1%、石膏粉1%、磷酸氢二钾0.3%、硫酸镁0.2%。锯木屑麸皮培养基：青冈、板栗等阔叶树的木屑77.5%、麸皮15%、玉米粉5%、蔗糖1%、石膏粉1%、磷酸氢二钾0.3%、硫酸镁0.2%。

②拌料、装瓶、灭菌：按照上述原料比例将蔗糖、磷酸氢二钾、硫酸镁溶于少量的水，然后与其他原料搅拌均匀，并使料水重量比为1：（1.2～1.3）。建堆发酵24小时左右，再次将培养料搅拌均匀后，装入塑料菌种袋或瓶中，以袋或瓶容量的4/5为宜，盖盖后高压灭菌1.5～2小时，常压灭菌8～10小时。

③接种、培养：培养料灭菌后，移入冷却室或接种室冷却至室温，在无菌条件下，接入母种，25℃恒温避光条件下培养，菌丝长满整个培养基后，所得菌种即为原种。

（4）栽培种生产　目前，天麻生产上用的萌发菌栽培种大多采用阔叶树落叶制作，具体方法：将树叶用清水浸泡湿透后，捞出沥出明水，按树叶干重计算，均匀拌入

15%～20%的麸皮、蔗糖1%、石膏粉1%，加水使培养料含水量在55%左右，将培养料装入塑料菌种袋中或瓶，以袋或瓶容量的4/5为宜，盖瓶后高压灭菌1.5～2小时，常压灭菌8～10小时。培养料灭菌后，移入冷却室或接种室冷却至室温，在无菌条件下，接入原种，25℃恒温避光条件下培养，菌丝长满整个培养基后，所得菌种即为萌发菌栽培种。

2. 蜜环菌的分离培养

蜜环菌是天麻无性繁殖阶段生长繁殖的营养物质基础。因此，培养优质蜜环菌和菌材，是人工栽培天麻获得成功的关键。（图3）

图3　蜜环菌（左图为菌索、中间为原种、右边为栽培种）

（1）菌源的采集　可采集野生蜜环菌幼嫩菌索、发育正常尚未开伞的子实体和带有红色菌索的白麻块茎作为蜜环菌菌种分离的材料。

（2）蜜环菌一级菌种的分离培养方法

①组织分离方法：利用清水洗净蜜环菌子实体等分离材料的泥土，无菌水冲洗2～3次，用0.1%升汞溶液分别浸泡0.5～1分钟，无菌水冲洗2～3次，去掉残留消毒液，然后用无菌刀切取所需要的部分组织置于无菌培养皿中，将切下来的组织在金霉素液中浸润片刻，取出用无菌滤纸吸取表面液体，置于平面PDA培养基上，在25℃恒温条件下培养7天以后开始长出菌索。

②孢子分离方法：将开伞的子实体横向截去菌柄的下半部，用75%酒精对菌盖表面及菌柄部分进行消毒，消毒后菌褶朝下插在孢子收集装置的支架上。将支架放在无菌培养皿中，然后用灭菌后的大烧杯罩住以收集孢子。待孢子落入培养皿内，用无菌水逐级稀释后，再用无菌吸管吸取，接种在PDA平板培养基上，在25℃恒温条件下培养3～5日即可发出菌索。

（3）菌种纯化　当一级菌种菌丝在平板培养基上刚产生菌索分枝时，选择长势旺盛的幼嫩菌索，截取2毫米长段，移入试管斜面培养基中央处，在25℃恒温条件下培养，待菌索长满培养基后即为纯化的母种。

（4）母菌的驯化、二级原种培养　用培养基培养的蜜环菌母种必须进行适应性培养。可将驯化后的母种接种在灭菌的木屑培养基上（78%阔叶树锯木屑，20%麦麸或米糠，1%蔗糖，1%石膏粉。先将蔗糖溶于水，然后和锯木屑、麦麸、石膏粉等拌和，料水比为1∶1.2～1.5），装在瓶子里（装量占菌种瓶容积的1/3或1/2），于25℃恒温条件下培养，待菌索长满培养基后即为二级菌种。

（5）三级栽培菌种的培养　三级栽培菌种的培养料和培养基的制作方法与二级原种相同，装瓶高压灭菌后，将二级菌种转接于栽培种培养基，在25℃恒温条件下培养，待菌索长满全瓶即为三级蜜环菌菌种，可用来培养菌棒材。

（6）菌种的保藏　母种保藏：菌种在1～4℃冰箱内可保存3个月至1年。保存菌种时应将菌种用油纸包好放在塑料自封袋里，以防棉塞受潮或培养基结冰。低温保存的菌种，在使用前要放于室温下活化，否则菌种不易成活。原种和栽培种保藏：原种和栽培种应根据生产季节按计划生产，不宜长期保藏。有冷库可保藏在冷库，无冷库可在冷凉、干燥、清洁的室内保藏。长期保藏菌种会老化，影响接菌效果。

（7）菌种复壮　取蜜环菌的子实体，按孢子分离的方法重新分离培养纯净菌种。

3. 菌材的培养

（1）备材　选择青冈树、栓皮树、板栗树、桦树等适宜培养蜜环菌的阔叶树种培养菌材。选用直径3～10厘米的树干或树枝。将砍伐的树材锯成长45厘米左右的段，不宜劈成木块，这样易损伤树皮，破坏蜜环菌的营养源，而且劈成块后，木质断面易失水，感染杂菌。将木段每隔3～6厘米砍一个鱼鳞口，根据木段直径砍2～4排。

（2）培养时间　以能有效利用木材营养，并能及时提供栽种天麻所需菌材等因素决定培养菌材的时间。过早，不仅造成木材的营养浪费，而且还可能导致天麻生长后期菌棒营养不足而影响天麻产量；过迟，木材上没有发好蜜环菌，会造成天麻生长前期缺乏营养而减产。由于培养菌棒的木材较培养菌枝的木材粗，蜜环菌长满的时间相对较长，通常需要2～3个月左右的时间，同时由于秋末、冬季和初春季节气温较低，蜜环菌生长缓慢，甚至不生长，为保证在天麻播种时培养好菌棒且不造成木材营养的浪费，菌棒的培养时间秋末温度较高的低海拔温带地区最好安排在6～7月进行，秋末温度较低高海拔寒冷地区最好安排在6月以前进行，以确保蜜环菌有3～5个月的适宜生长时间。

（3）培养场地　场地应清洁，无污染；砂质土壤，透水、透气，能保湿，pH5～6，最好是生荒地，无人畜践踏；在高山区应选择背风向阳的地方，而低山区则应选择能蔽阴、靠近水源处。

（4）培养方法　常用的培养方法有两种，一种是将木材集中在一定地点培养，在种植天麻时，将菌棒取出并运输到种植场地；二是在种植场地，将木材分散在各个坑中培养，种植天麻时，扒开覆土直接将天麻麻种放在木材上培养即可。前者可称为活动菌床法，后者可称为固定菌床法。

①活动菌床法：活动菌床法培养菌棒的方式主要有坑培、半坑培和堆培法，在室内也可采用箱培和砖池培养。所谓的坑培就是，将木材分层置于坑内培养，坑培法适合于土壤透气性良好、气温较高和气候干燥的地区。半坑培法就是在准备培养菌棒的地方挖一浅坑，将木材一半放坑内培养，一半在坑上培养，半坑培法比较适宜温湿度比较适中的地区。堆培法不需要挖坑，将木材直接在地面上培养，堆培法适宜于温度较低的地方。箱培法或池培法就是在箱子中或在砖砌成的池子中培育。

具体做法：根据木材的数量，在准备培养菌棒的地方，挖一定大小的坑，底部挖松3～5厘米并耙平，铺一层湿树叶；在树叶上平行摆放一层木材（若为长枝段，相邻两根木材鱼鳞口相对摆放，间距1～2厘米；若为短枝段，则由多节组成一列，斜口相对，间距1～2厘米，每列间距也为1～2厘米）；在木材两头和鱼鳞口处放三级菌种或菌枝；用土将木材间空隙填实以免杂菌感染，盖土至超过木材约2厘米，按同样的方法重复摆放数层，一般不超过8层，最后一层盖上8～10厘米的土，浇透水1次。最后盖树叶或其他保温保湿材料。

②固定菌床法：固定菌床法培养的菌棒不需取出，在进行天麻栽培时直接将种麻摆放在木材上即可。固定菌床法培养菌棒的坑就是栽培天麻的栽培穴，所以坑的大小、深度、木材摆放方法，都要符合天麻对栽培穴的要求。

根据天麻栽培穴大小、深度与天麻产量的关系，固定菌床法培养菌棒的坑不宜过大，但也不能过小，因为太小会增加操作上的难度，生产上一般以40厘米×60厘米为宜，深度则视土壤性质而异，砂壤土以25厘米为宜，黏土以20厘米为宜。

具体做法：在准备种植天麻的地块，挖若干长60厘米，宽40厘米，深20～25厘米（砂壤土25厘米，黏土20厘米）的坑，底部挖松1～3厘米，耙平使其与地面平行，铺一层湿树叶，在树叶上平行摆放一层木材，若土壤为砂壤土且坑底有坡度，木材横放；若土壤为黏土且坑底有坡度，木材竖放；坑底没有坡度的，无论何种土壤，木材横放竖放都可以。在木材两头和鱼鳞口处放三级菌种或菌枝，用土将木材间空隙填实以免感染杂菌，盖土8～10厘米。最后，盖树叶或其他保温保湿材料。

（5）菌材培养管理

①调节湿度：保持窖内填充物及木段的含水量为50%左右。根据窖内湿度变化情况进行浇水和排水。

②调节温度：保持窖内温度18～20℃。在春秋低温季节，可覆盖枯枝落叶或草进行保温。

（6）菌材质量检查　从外观上看不见有杂菌污染；菌索生长旺盛，幼嫩健壮，褐红色，坚韧弹性好；拉断菌索后，从断面可见致密粉白色的菌丝体。有的菌材表面上虽然长有很多菌索，但多数老化，甚至部分是死亡的，这种菌材不能用。有的菌材表面无菌索或菌索较少，在菌材上砍去小块树皮后，在皮下见有乳白色的菌丝块或菌丝束，证明已经接上菌，为符合要求的菌材。

4. 种子种苗繁育

（1）种子生产

①种质的选择：天麻栽培生产中主要用红天麻和乌天麻。栽培选种应根据当地的气候条件选择，一般来说，红天麻生长快，适宜性强，产量高，适宜在海拔500～1500米的地区栽培；乌天麻生长较慢，耐干旱力低，产量较低，但药用价值高，适宜在海拔1500米以上山区栽培，是高山区栽培的优质种质。

②种麻的采挖及选择：作种的箭麻一般在冬季11月休眠期或春季2月下旬至3月初天麻生长尚未萌动前采挖，采挖和运输时应防止刺伤及碰伤。选择个体发育完好、无损伤、健壮、无病虫害，顶芽饱满，重量在100克以上的箭麻作为培育种子的种麻。

③种麻的贮藏：箭麻采挖后，应及时定植，不宜放置太久，以免失水，影响抽薹开花。但在较寒冷的地区（冬季地下5厘米处地温<0℃），则需将箭麻置于一定温度和湿度的室内妥善贮藏，至次年春季解冻后栽种。室内贮藏可采取湿沙堆埋的方式，气温保持在0～3℃，沙子含水量保持在60%左右，并使室内通风良好。

④种麻定植：选择避风、地势平坦、土质疏松、不积水的地方搭建育种棚，棚大小根据生产量而定。箭麻定植通常在2月底至3月上旬进行。将选好的箭麻定植在畦上，顶芽朝上，向着人行道。按行距15厘米，株距10厘米栽培天麻，然后覆土5～8厘米。

⑤定植后管理：定植后管理主要有控光、浇水、温湿度控制、插防倒杆、适时打尖等。控光：天麻的花薹最怕直射阳光的照射。照射后会使受光面的茎秆变黑，下雨后倒伏，且强烈直射光会使花穗（朵）严重失水，影响授粉结实。温室育种，在箭麻出土前应在温室顶部覆盖1～2层遮阳网遮阴，保持抽薹箭麻仅接触到少量散射光。授粉结束后，

花茎逐渐成熟，果实逐渐膨大，可适当增加透光度至40%～50%。浇水：定植后，根据土壤墒情3～5天浇水1次，保持土壤湿润。温湿度控制：空气温度保持在18～22℃，湿度控制在30%～80%。插防倒杆：在顶芽芽旁插竹竿一根，顶芽抽茎向上伸长后将花茎捆在杆上，防止倒伏。适时打尖：天麻花穗顶端的花朵，授粉后结果小，种子量少，为了减少养分消耗，使其余的果实饱满，提高产量，在现蕾初期，应将顶部的3～5朵花蕾摘除。

⑥人工授粉：人工授粉应在开花前1天或开花后3天内完成，最好选在晴天上午10时前或下午4时以后授粉。授粉时左手轻轻捏住花朵基部，右手用镊子慢慢取掉唇瓣或压下，使雌蕊柱头露出。从另一株花朵内取出冠状雄蕊，弃去药帽，将花粉块黏放在雌蕊的柱头上即可。

⑦种子采收：天麻花成功授粉后，果实在16～25天陆续成熟，应适时分批采收。待天麻蒴果颜色由深红变浅红，手感由硬变软，果实内种子呈乳白色已散开，不再成团时即可采收。将采收的将裂果实放入牛皮纸袋内，以免果实裂开后种子随风飘散。天麻种子采收后，一般应立即播种，不宜贮存。

5. 种苗繁育

（1）播种时间　种子采收当年6～8月，选择晴天播种。

（2）拌种　将萌发菌菌种撕碎，放入盆中或塑料袋内，每平方米用萌发菌菌种2～3袋，在无风处将天麻蒴果捏开，抖出种子，均匀撒播在萌发菌叶上，反复搅拌混匀。每平方米用蒴果18～20个。拌好种后，放入塑料袋内，放置在避光房内，室温放置3～5天，促进天麻种子接上萌发菌。

（3）播种方法　①固定菌床播种法：利用预先培养好蜜环菌的菌床或菌材拌播，播种时挖开菌床，取出菌棒，耙平穴底，先铺一薄层壳斗科植物的湿树叶，然后将拌好种子的菌叶分为两份，一份撒在底层，按原样摆好下层菌棒，棒间留3～4厘米距离，覆土至棒平，铺湿树叶，然后将另一份拌种菌叶撒播在上层，放蜜环菌棒后覆5～6厘米厚的湿土，穴顶盖一层树叶保湿。②四下窝播种法：操作与固定菌床播种法基本相同，但不预先培养菌材和菌床，而是将天麻种子、萌发菌、蜜环菌菌枝、新鲜木段一齐播下。播种时新挖播种穴，铺一层湿树叶后，撒上拌有种子和萌发菌的树叶，再摆新棒3～5根，两棒相距3厘米左右，鱼鳞口在两侧，在木棒的鱼鳞口处和棒头旁放5～6根预先培养好的菌枝材，然后盖土厚约1厘米，即可。用同法播上层。穴顶覆土5～6厘米厚，并盖一层湿树叶或带有树叶的树枝。播种后需浇水保湿。（图4）

（4）管理　播种初期要注意防雨，遇大雨时应及时检查清理积水；天旱时应及时浇水，保持菌床内水分含量在65%左右；天麻种子萌发的最适宜温度为25～28℃，夏季温度高于30℃时应在菌床表面覆盖树叶或杂草等措施降温；人畜经常到达的种植区域，应建防护栏，防止人畜践踏。

图4 天麻粉麻播种

（5）采挖　第二年11月下旬至第三年3月采收。采挖时先除去表层覆盖物，小心取出种苗，严防机械损伤。

（6）分级　选择色泽新鲜、无畸形、无损伤、无病虫害、无冻伤的健壮天麻块茎做种苗。以种苗长度、直径、单个重和净度为指标，将天麻种苗分为三个等级。

（7）包装　同一级别的种苗用清洁、无污染的泡沫箱或纸箱包装，包装容器应具良好保湿性和承载能力。包装容器应外附标签，标明品种名称、批号、等级、数量、出圃日期、包装日期等。

（8）运输　装车后应及时启运，装卸过程应轻拿轻放，运输应有控温条件，温度保持在5～10℃。

（9）贮藏　种苗宜随挖随栽，如需短期贮存，应保存在通风、阴凉、干燥、地面为泥土的仓库或室内，用细沙土与种苗交互隔层掩盖贮藏，沙温控制在5～10℃，水分控制在15%～20%，贮存期间，每隔10天检查1次，及时拣去病种麻。

6. 栽培技术

（1）选地与整地

①选地：在海拔较高、湿度较大、温度较低的高山区，宜选择无荫蔽的向阳坡地栽种天麻；中低山区宜选择半阴坡。种植天麻的土地，以富含腐殖质、疏松、排水及保湿性好的砂质生荒地为好。（图5）

②整地：天麻栽培对整地要求不严格，砍掉地上杂物，便可挖穴种麻。

（2）播种（图6）

①种苗选择：选用有性繁殖的1～2代白头麻作种。种苗应无机械损伤、外观色泽正常，无病虫害，符合种苗质量要求。

②播种时间：11月下旬至翌年3月下旬。选择晴天播种，雨天和下雪冰冻天气不适宜种植。

图5　天麻选地

③种植方法

a. 固定菌床栽培法：天麻栽培时，挖
开预先培养好的菌床，取出上层菌材，下
层不动。在下层菌材之间用小锄头或小铲
挖出一个小洞，放入种麻，种麻间距离15
厘米，填土3～5厘米。然后将先取出的菌
材放回原来的位置，填好空隙，栽种第二
层，然后盖土10～15厘米。也可以用固定
菌材加新材法：把培育好的菌床，栽时扒
开，取出一半的菌材，用新菌材补充取出

图6　天麻种苗定植

的老菌材，栽一坑（畦）；再在老坑（畦）旁边开挖一个新坑（畦），用取出的一半老菌材，
加入一半新材，另栽一坑（畦）。有些产区只栽种一层天麻，菌材的培养也只有一层。栽
种时只需把表土扒开，露出菌材，用小锄头或小铲开挖一个孔，定植好种麻，并在种麻边
补充2～4个新鲜小树段（粗3～5厘米，长5～6厘米）做新菌材，然后填土10～15厘米，再
盖一层草和树叶。这种方法可以补充蜜环菌养分，解决栽种后期营养不足问题。

b. 活动菌材栽培法：选择质量符合要求的7～8月培养的菌材，将菌材运到栽培现场坑
边或畦边。以每坑放菌材10根为例，挖坑深30厘米，穴底顺坡向做10°～15°的斜面。先

栽下层，在坑底撒一薄层树叶，将已培养好的菌材顺坡向摆放5根。菌材间的距离为3～4厘米。菌材排完后，用培养土填充物填于菌材间，埋没菌材一半时，整平间隙填土，将种麻靠放于菌材两侧的空隙中，每个种麻相距15厘米左右，菌材的两端也各放1个种麻，种麻要紧靠菌材。然后填土高出菌材3厘米，再撒树叶树枝排放菌材，填下种麻栽第二层，最后覆土10～15厘米，再盖一层草或树叶。畦栽同样原理。

7. 田间管理

①防旱：久旱、土壤湿度不够时应及时浇水，天麻栽培后在栽种穴顶盖一层树叶，具有很好的保墒效果。

②防涝：暴雨后要注意对栽培穴进行排水。对天麻影响最大的是秋涝，秋末冬初气温和地温都逐渐降低，如遇连阴秋涝，光照不足，形成低温，天麻生长缓慢，提前进入休眠期，但蜜环菌6～8℃的低温条件下仍可生长，蜜环菌便可侵染新生麻，并引起新生麻腐烂，且箭麻受害严重。

③防冻：天麻越冬期间在土壤中一般可以忍耐–3℃的低温，低于–5℃时天麻将受到冻害。因此入冬低温时，应在窖上覆盖厚土、树叶或薄膜，进行防冻保护。

④覆盖：天麻栽种后，应割草或用落叶进行覆盖，以减少水分蒸发，保持土壤湿润，冬季还可防冻，并可抑制杂草生长，防止雨水冲刷造成土壤板结。

⑤控温：北方产区，春季解冻后，当气温高于穴（畦）温时，要及时把盖土去掉一层，以提高穴（畦）温。也可在早春撤去防寒物后，用塑料薄膜覆盖以提高地温。当夏季到来，穴（畦）温升至25℃以上时，必须及时采取降温措施，如搭荫棚、加厚盖土、加厚培养料、加盖树叶和草等，使穴（畦）温降低到25℃以下。北方晚秋要增温降湿，如减少阴蔽，增加光照，覆盖地膜等，以延长天麻生长期。

⑥防止践踏：在天麻种植区域，人畜容易到达的地方，应建防护栏，防止人畜、野猪践踏，并防止山鼠、蚂蚁、病虫等的危害等。

8. 病虫害防治

天麻主要病害有霉菌病、腐烂病；虫害有蛴螬、蝼蛄等。

（1）腐烂病　选择完整、无破伤、色鲜的白麻或米麻作种源；控制温度和湿度，避免窖内长期积水或干旱；栽种天麻的培养料最好进行堆积、消毒、晾晒，杀死虫卵及细菌；选地势较高，不积水，土壤疏松，透气性良好的地方栽培。

（2）日灼病　露天培养天麻种子时，育种围应选择树荫下或遮阳的地方；在天麻花茎出土前搭建好遮阴大棚，并在茎秆旁插竹竿将天麻茎秆绑在竹竿上。

（3）杂菌侵染　天麻栽培中的杂菌主要有两类，一类为霉菌，包括木霉、根霉、黄霉、青霉、绿霉、毛霉等，主要影响蜜环菌菌材的培养，危害天麻与蜜环菌共生关系的建立，导致天麻栽培的失败。

①注意培养场地及周围环境选择。选择环境中杂菌污染少的生荒地，准备填充土时要严格选择无杂菌感染的新土。②加强菌材的选择。培养菌材时应仔细检查，采用未腐朽、无杂菌的新鲜木材做菌棒，一旦发现有杂菌侵染，应剔除废弃不用。③种植天麻的穴不宜过大、过深。菌床大小必须合适，各培养穴内培养菌材的根数不宜过多，以避免损失。④适度加大蜜环菌的用量。使蜜环菌短时间内旺盛生长，成为优势生长菌，抑止其他杂菌生长。⑤控制温湿度变化。保持穴内适宜的湿度，湿度过大应减少覆盖物，使之通风，周围挖排水沟，做好排水。干旱时应及时浇水。

（4）蝼蛄　种植前清除杂草，布设黑灯光诱杀；鱼藤精拌细糠，比例为1∶1000，或用90%的敌百虫0.15千克兑水成30倍液，加5千克半熟麦麸或豆饼，拌成毒饵诱杀。

（5）蛴螬　在成虫发生期，用90%敌百虫晶体800倍液或50%辛硫磷乳油800倍液喷雾，或每平方米用90%敌百虫晶体0.3千克或50%辛硫磷乳油0.03千克，加水少量稀释后，拌细土5千克制成毒土撒施；设置黑光灯诱杀成虫；可在整地、栽草、收获天麻时，将挖出来的蛴螬逐个消灭；在播种或栽种前，用50%辛硫磷乳油500倍液喷于窖内底部和四壁，再将药液拌于填充土壤中。

（6）蚜虫　天麻现蕾开花期，用20%的速灭杀丁8000～10 000倍液喷雾，或用50%抗蚜威可湿性粉剂1000～2000倍液喷雾。

（7）鼠害　可用毒饵诱杀或物理方法捕捉，对死鼠应及时收集并深埋。

五、采收加工

1. 采收

（1）采收时间　天麻采收应在休眠期或恢复生长前采收。冬季采收的为"冬麻"，春季采收的为"春麻"，以"冬麻"质量为佳。高海拔地区，天麻生长周期短，应在11月上旬前收获；低海拔地区，天麻生长周期较长，宜在11月下旬至12月前收获，也可在翌年3月下旬前收获。

（2）采收方法　采收前，先将地上的杂草或覆盖物清除，再挖去覆盖天麻的土层，接近天麻生长层时，慢慢刨开土层，揭开菌材，将天麻从窖内小心逐个取出，严防碰伤，分别将箭麻、米麻、白麻小心放入盛装天麻的竹篓等盛装容器中。不能用装过肥料、盐、碱、酸等容器装天麻。

2. 加工

（1）分级　天麻的大小直接影响蒸制时间和干燥速率，加工前应先根据天麻大小和重量进行分级，一般分为3个等级。

一等：单个重量200克以上，形态粗壮，不弯曲，椭圆形或长椭圆形，无虫伤、碰伤，黄白色，箭芽完整。

二等：单个重量100~200克，长椭圆形，部分麻体弯曲，无虫伤、碰伤，黄白色，箭芽完整。

三等：单个重量100克以下或有部分虫伤、碰伤，黄白色或有少部分褐色，允许箭芽不完整。

（2）清洗　将分级好的天麻用清水快速洗净，不去鳞皮，不刮外皮，保持顶芽完整。洗净的天麻应及时加工以保持新鲜的色泽和质量。

（3）蒸制　将不同等级的天麻分别放在蒸笼中蒸制，待水蒸气温度高于100℃以后计时，一等麻蒸20~40分钟，二等麻蒸15~20分钟，三等麻蒸10~15分钟。蒸至无白心为度，未透或过透均不适宜。

（4）晾冷　蒸制好的天麻摊开晾冷，晾干麻体表面的水分。

（5）干燥　①晾干水汽的天麻及时运往烘房，均匀平摊于竹帘或木架上；②将烘房温度加热至40~50℃，烘烤3~4小时；再将烘房温度升至55~60℃，烘烤12~18小时，待麻体表面微皱；③将高温烘制后的天麻集中堆于回潮房，在室温条件下密封回潮12小时，待麻体表面平整；④回潮后的天麻再在45~50℃低温条件下继续烘烤24~48小时，烘至天麻块茎五六成干；⑤再按前法回潮至麻体柔软后进行人工定型；⑥重复低温烘干和回潮定型步骤，直至烘干。

六、药典标准

1. 药材性状

呈椭圆形或长条形，略扁，皱缩而稍弯曲，长3~15厘米，宽1.5~6厘米，厚0.5~2厘米。表面黄白色至黄棕色，有纵皱纹及由潜伏芽排列而成的横环纹多轮，有时可见棕褐色菌索。顶端有红棕色至深棕色鹦嘴状的芽或残留茎基；另端有圆脐形瘢痕。质坚硬，不易折断，断面较平坦，黄白色至淡棕色，角质样。气微，味甘。（图7）

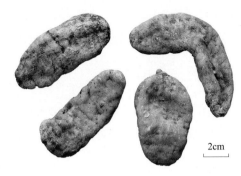

图7　天麻药材

2. 显微鉴别

（1）横切面　表皮有残留，下皮由2～3列切向延长的栓化细胞组成。皮层为10数列多角形细胞，有的含草酸钙针晶束。较老块茎皮层与下皮相接处有2～3列椭圆形厚壁细胞，木化，纹孔明显。中柱占绝大部分，有小型周韧维管束散在；薄壁细胞亦含草酸钙针晶束。

（2）粉末特征　粉末黄白色至黄棕色。厚壁细胞椭圆形或类多角形，直径70～180微米，壁厚3～8微米，木化，纹孔明显。草酸钙针晶成束或散在，长25～75（93）微米。用醋酸甘油水装片观察含糊化多糖类物的薄壁细胞无色，有的细胞可见长卵形、长椭圆形或类圆形颗粒，遇碘液显棕色或淡棕紫色。螺纹导管、网纹导管及环纹导管直径8～30微米。

3. 检查

（1）水分　不得过15%。

（2）总灰分　不得过4.5%。

（3）二氧化硫残留量　不得过400毫克/千克。

4. 浸出物

不得少于15.0%。

七、仓储运输

1. 包装

天麻烘干后应及时进行包装，包装前应先检查并清除劣质品及异物，采用内附白纸的塑料箱、盒作为包装容器，包装箱、盒应清洁、干燥、无污染，符合《中药材生产质量管理规范》的要求。每批包装药材均要建立包装记录。

2. 贮藏

贮藏库应通风、干燥、避光，必要时安装空调及除湿设备，并具有防鼠、虫的措施。控制库房温度在15℃，相对湿度在80%以下，预防虫蛀和霉变。

3. 运输

天麻运输时，不应与其他有毒、有害、易串味物质混装。运输工具应清洁、无污染、具有较好的通气性，以保持干燥，遇阴天应严密防潮。

八、药材规格等级

根据市场流通情况，按照不同基源，将天麻药材分为"乌天麻""红天麻"两大类规格；根据不同采收时期，将"乌天麻""红天麻"各项下又细分为"冬麻"和"春麻"两种规格；根据单个重量和每千克所含个数，将"冬麻"规格分为"一等""二等""三等""四等"四个等级，将"春麻"规格分为"统货"一个等级。应符合表1要求。

表1　规格等级划分

规格		等级	性状描述	
			共同点	区别点
乌天麻	冬麻	一等	椭圆形、卵形或宽卵形，略扁，且短、粗，扁宽、肥厚，俗称"酱瓜"形；长5～12厘米，宽2.5～6厘米，厚0.8～4厘米。表面灰黄色或黄白色。纵皱纹细小。"芝麻点"多且大；环节纹深切粗，切环节较密，一般为9～13节。"鹦哥嘴"呈红棕色或深棕色，较小。"肚脐眼"小巧，下凹明显。体重，质坚实，难折断，断面平坦，黄白色，无白心，一般无空心，角质样。气微，味回甜，久嚼有黏性	每千克16支以内，无空心、枯炕
		二等		每千克25支以内，无空心、枯炕
		三等		每千克50支以内，大小均匀，无枯炕
		四等		每千克50支以外，以及凡不合一、二、三等的碎块、空心、破损天麻均属此等
	春麻	统货	宽卵形、卵形，扁，且短、肩宽；长5～12厘米，宽2.5～6厘米，厚0.8～4厘米。多留有花茎残留基，表皮纵皱纹粗大，外皮多未去净，色灰褐，体轻，质松泡，易折断，断面常中空	

规格	等级	性状描述	
		共同点	区别点
红天麻	一等	长圆柱形或长条形，略扁，稍弯曲，肩部窄，不厚实。长6～15厘米，宽1.5～6厘米，厚0.5～2厘米。表面灰黄色或浅棕色，纵皱纹细小。"芝麻点"小且少，环节纹浅且较细，且环节较稀而多，一般为15～25节。"鹦哥嘴"呈红棕色，较肥大。"肚脐眼"较粗大，小凹明显。质坚硬，不易折断，断面较平坦，黄白色至淡棕色，角质样，一般无空心。气微苦，略甜	每千克16支以内，无空心、枯炕
	二等		每千克25支以内，无空心、枯炕
	三等		每千克50支以内，大小均匀，无枯炕
	四等		每千克50支以外，以及凡不合一、二、三等的碎块、空心、破损天麻均属此等
	春麻	统货	长圆柱形或长条形，扁，弯曲皱缩，肩部窄，不厚实。长6～15厘米，宽1.5～6厘米，厚0.5～2厘米。多留有花茎残留基，表皮皱缩纹粗大，外皮多未去净，色黄褐色或灰褐色，体轻，质松泡，易折断，断面常中空

注：1. 天麻药材现为栽培品，野生品已经形成不了商品。
2. 天麻栽培品根据基源品种（变型）不同（主要为原变型红天麻和乌天麻变型，绿天麻变型在乌天麻和红天麻中有少量掺杂，其他变型极少），划分为乌天麻和红天麻两大规格；乌天麻和红天麻根据采挖时期，细分为冬麻（市场商品主流）和春麻（市场商品较少）两种规格。

九、药用食用价值

1. 临床常用

（1）肝风内动，惊痫抽搐　天麻功善熄风止痉，药效平和。可用于各种病因之肝风内动，惊痫抽搐，不论寒热虚实，皆可配伍应用。用明天麻、川贝母、姜半夏、茯神各30克，胆南星、石菖蒲、全蝎、僵蚕、真琥珀各15克，陈皮、远志各21克，丹参、麦冬各60克，辰砂9克配伍组成的定痫丸，可用于治疗风痰闭阻之癫痫发作；用南星、防风、白芷、天麻、羌活、白附子等量配伍组成的玉真散，可用于治疗破伤风痉挛抽搐、角弓反张。

（2）肝阳上亢，头风痛　天麻既平肝阳，又止头痛，为治眩晕、头痛之要药。无论属虚实，随配伍不同均可应用。如用天麻9克、钩藤12克、生决明18克、山栀和黄芩各9克、川牛膝12克、杜仲9克、益母草9克、桑寄生9克、夜交藤9克、朱茯神9克配伍组成的天麻钩藤饮，可用于治疗肝阳上亢之眩晕、头痛；用半夏4.5克、天麻3克、茯苓3克、橘红3克、白术9克、甘草1.5克配伍组成的半夏白术天麻汤，可用于治疗风痰上扰之眩晕、头痛。

（3）中风不遂，风湿痹痛　天麻能祛外风，通经络，止痛。适用于中风偏瘫、手足不遂、肢体麻木等症。用秦艽7.5克、天麻5克、羌活5克、陈皮5克、当归5克、川芎5克、炙甘草5克、生姜3片、桑枝（酒炒）15克配伍组成的秦艽天麻汤，可用于治疗风湿痹痛；用防风25克，天麻25克，川芎25克，羌活25克，白芷25克，草乌头25克，白附子25克，荆芥25克，当归25克，甘草（炙）25克，白滑石100克配伍组成的天麻防风丸，可用于治疗风湿麻痹，肢体游走疼痛。

2. 食疗及保健

（1）天麻粉蒸鸭蛋　天麻粉3克，鸭蛋1个。将鸭蛋打入碗中，加入适量米酒，放入天麻粉隔水炖，蛋熟即可食用。每日2次。可用于肝阳上亢所致的头晕头痛，痰浊中阻所致的耳鸣、胸闷恶心、少食、多寐的治疗。

（2）天麻鸭　天麻片30克，老母鸭1只，将母鸭宰杀后，去内脏，洗净。将天麻放入鸭肚内，淋上少许黄酒，用白线在鸭身上绕几圈，扎牢。隔水蒸3～4小时，至鸭肉酥烂。每日2次，每次一碗，饭前吃，天麻分数次与鸭肉同时吃。2～3天吃完，不宜过量。可用于肾水不足，肝阳上亢引起的头晕眩、耳鸣、口苦等症的治疗。

（3）天麻炖猪脑　天麻片10克，猪脑1个（洗净）。加清水适量，放入盅内隔水炖熟。每日或隔日1次。可用于治疗老人晕眩眼花、头风头痛及肝虚型高血压、动脉硬化等症状的治疗，对神经衰弱和中风也有一定的治疗作用。

（4）天麻鱼头　天麻10克，川芎、茯苓各3克，鲜鲤鱼500克（1条），鲤鱼剖腹去内脏洗净，分成4块；川芎、茯苓加入适量水蒸1小时，取出汁待用。再将天麻片夹入鱼片中，放入黄酒、姜葱、兑上药汁，上笼蒸30分钟，鱼蒸好后拣去葱，姜块，把鱼连天麻一起扣入碗中，原汤倒入锅内，置火上，加入调料，烧沸后浇在鱼上即成。可用于肝风所致的眩晕、神经性偏正头痛、神经衰弱头痛、头昏、肢体麻木、失眠等症状的治疗。

（5）天麻桂圆饮　天麻片10克，桂圆30克，煎水，每日2～3次。可用于治疗气血不足引起的失眠、头晕目眩及风湿引起的肢体麻木酸痛等。

（6）天麻茶　天麻片3～5克，绿茶1克。沸水冲泡，饭后热饮。对头昏目眩、耳鸣口苦、惊恐、四肢麻木、手足不遂、肢搐等重症，有较好的防治作用，兼患高血压者尤宜。

参考文献

[1]　谢宗万. 中药材品种论述[M]. 上册. 上海：上海科学技术出版社，1990.

[2]　刘大会，黄璐琦，郭兰萍，等. T/CACM 1021.9—2018. 中药材商品规格等级 天麻[S]. 中华中医药学会，2018.

[3]　徐锦堂. 中国天麻栽培学[M]. 北京：北京医科大学中国协和医科大学联合出版社，1993.

[4]　黄柱，陈能刚. 林间天麻栽培技术[J]. 现代农业科技，2007（14）：38-38.

[5]　施金谷，杨先义，余刚国，等. 大方县天麻栽培田间管理技术[J]. 南方农业，2016，10（24）：53-54.

[6]　王丽，马聪吉，吕德芳，等. 云南昭通天麻仿野生栽培技术的规范化管理[J]. 中国现代中药，2017，19（3）：408-414.

[7]　张家琼. 昭通市昭阳区天麻仿野生种植技术[J]. 现代农业科技，2016（20）：68-69.

[8]　云南省农业科学院药用植物研究所. 一种乌蒙山区乌天麻与滇龙胆套、轮作的生态种植方法：中国，CN201310548357.9[P]. 2014-02-19.

wū　méi
乌梅

本品为蔷薇科植物梅*Prunus mume*（Sieb.）Sieb.et Zucc.的干燥成熟果实，经低温干燥而成。

一、植物特征

落叶小乔木，高可达10米。树皮呈淡灰色，枝条细长，先端刺状。单叶互生；叶柄长1.5厘米，被短柔毛；托叶早落；叶片椭圆状、宽卵形，春季先开花，有香气，1～3朵簇生于二年生侧枝叶腋。花梗短，花萼通常呈现红褐色，但有些品种花萼为绿色或绿紫色；花瓣5白色或淡红色，直径约1.5厘米，宽倒卵形；雄蕊多数。果实近球形，直径2～3厘米，黄色或绿白色，被柔毛；核椭圆形，先端有小突尖，腹面和背棱上的沟槽，表面具蜂窝状孔穴。花期春季，果期5～6月。（图1）

二、资源分布概况

全国各地均有栽培。主产四川、浙江、福建、湖南、贵州。此外，广东、湖北、云南、陕西、安徽、江苏、广西、江西、河南等地亦产。

三、生长习性

乌梅为落叶乔木，喜温暖湿润气候，怕涝，不耐酷热，特别是夏季阳光直射，易引起枝干焦化枯死；对海拔要求不高，年平均温度12～23℃，年平均降水量600～2200毫米，花期气温6～7℃；对土壤要求亦不高，在砂质壤土、黏壤土和砾质

图1　乌梅原植物

土壤中均能正常生长，但在土层深厚肥沃、通透性良好，微酸性砂质壤土中植株生长旺盛。

四、栽培技术

1. 选地与整地

宜选背风向阳、光照充足、土层深厚、肥沃、排水通气良好。pH 5～6.5的低山缓坡、平底。冬季前完成深翻整地，翻垦深度为30厘米；或先挖定植穴，栽植后结合施基肥扩穴深翻。梅园建设要充分考虑水土保持与生物多样性保护，植物群落的生态系统自我调节和修复功能，以保证地力维持和可持续经营。

山地梅园建设坡度在25°以下山体上部和山脊营建防护片林，必须修筑梯田或鱼鳞坑防止水土流失。平原梅园在四周建防风林带，梅园道路建成景观林带。梅园适度规模，并与其他林木或自然植被组成团、块状镶嵌植被群落。

2. 繁殖方法

种子、嫁接等方法繁殖。种子繁殖于6月采果后取种子秋播。或将种子沙藏越冬，翌

年2～3月春播。因种子繁殖不易保持原品种特性，所以只作砧木或育种选种用。一般以嫁接繁殖为主，采用枝接或芽接，砧木用杏、李、梅等实生苗。枝接宜于春季萌芽前进行，芽接应于8月下旬至9月上旬进行，选阴天为宜，切忌在雨天。嫁接成活后，翌年春季萌芽前出圃定植。

3. 定植

当年11月至翌年3月上旬。栽前每穴施1～2千克腐熟的饼肥加适量的磷肥和钾肥或施腐熟的厩肥10千克与土拌匀，覆土10厘米使穴墩高出地面20～25厘米后定植。适当浅栽，栽后踏实，再培土少许，梅苗接口务必露出土墩上面。

4. 田间管理

（1）中耕除草　乌梅苗定植初期，株行间距离较大，可与烤烟、瓜类、豆类或其他一二年生短期农作物间作增加经济收入。在对间作作物进行日常管理的同时开展中耕除草。秋、冬两季中耕后需培土，以防比植株倒伏或遭遇冻害。

（2）施肥追肥　控制使用化学肥料次数和用量，最好施用经无害化处理的人畜粪肥、堆肥、沤肥、沼气肥、饼肥等农家肥料。严禁使用未腐熟的人粪尿、未经处理的工业、城市垃圾等。采用环沟法施肥或穴施。追肥在株间开沟施用，后压实覆土。

乌梅生长发育对磷、钾的需求量较多，对氮需求较少，硼等微量元素也起重要作用。追肥不宜过多，一般每年追肥2～3次即可。第一次，花前每株标准施0.25千克氮肥、0.2千克硫酸钾、0.5千克腐熟饼肥；第二次，壮果肥，于4月下旬至5月初进行根外追肥，即7～10天，叶面喷0.3%的磷酸二氢钾+0.3%的尿素，连续喷2～3次；第三次，采果后每株施20%的人畜粪15千克加尿素0.15千克。11月上旬修剪后进行适当追肥，以堆肥等有机肥为主。

（3）深挖扩穴　为了有利于幼树生长，需进行深挖扩穴，以促进根的纵深生长。在种植后4年内进行扩穴，每年1次，逐年更换位置。具体做法：秋、冬两季在定植穴边缘向外挖深55厘米、宽45厘米、长110厘米的沟，并施有机复合肥15千克/株。

（4）整形修剪　幼树整形修剪，于栽植当年的秋末冬初在主枝50厘米处短截，拉枝调整分枝角度，使3～4个主枝均匀分布，与主干形成45°～50°夹角。第二年后，每年在秋末冬初进行修剪，在主枝上培育第一副主枝和第二副主枝，形成牢固骨架和丰产树形。

结果健壮树修剪，以一至二年生枝条上的短果枝结果为主。采收果实后对树冠进行重剪一次，以促使形成众多的发育充实的结果枝。对于一年生强健枝条，可保留下部的5～6个芽，剪除长枝及无效枝。

衰老树修剪，根据树体衰老程度，回缩到强枝或包满芽处，促使萌发新枝形成健壮树冠。

（5）水分管理　山地梅园应修筑防洪沟，在梯田内壁修筑竹节沟；多雨季节既及时排水防涝，高温干旱季节灌水抗旱或地面覆草又降温保湿。

（6）花果管理　栽培可授粉品种，养蜂辅助授粉增加结实率。同时也可以盛花期喷0.2%硼砂水溶液一次，促进开花。

5. 病虫害防治（表1）

（1）检疫与预报　严格执行规定的相关检疫制度，禁止运输和种植外来危险性有害生物和有检疫性病虫害载体（苗木、果实等）。并在梅园设立病虫测预报点，定期检查梅园病害、虫害发生动态，科学测算，做到及时发现及采取防治措施。

（2）物理措施　利用成虫趋光性，用黑光灯、高压汞灯等诱杀。应用诱捕器、粘虫板等诱集灭杀蚧壳虫、蚜虫等。冬季和花芽萌动前用硬毛刷、草把等刷除密集于枝干上的越冬蚧壳虫、蚜虫等。利用金龟子、象甲虫等成虫的假死性人工振落成虫捕杀。

（3）生物措施　保护利用天敌，利用食蚜蝇、草蛉、瓢虫、寄生蜂等天敌，采用人工繁殖、释放、助迁、引进等方法防治害虫。提倡使用苏云金杆菌、白僵菌、多角体病毒等天敌微生物，苦参碱、阿维菌素等植物、生物源农药防治病虫害。利用昆虫性外激素诱杀或干扰害虫交配、繁殖。

（4）化学措施　花芽萌动前，全面喷洒波美5°石硫合剂，消灭越冬病菌和虫源。农药使用按照国家行业标准GB 4285、GB 8231、GB/T 5009.33严格执行。严禁在采收前30天喷施任何药剂。

表1　乌梅主要病虫害和防治

病虫害	为害症状	防治方法
疮痂病	受害果实表皮发生黑绿色至暗褐色圆形小斑点，逐渐扩大成2～3毫米的病斑，主要分布在果蒂周围至果肩部。枝、叶受害严重时，引起早期落叶	（1）做好冬季清园修剪，剪除的病枝落叶要集中烧毁。疏去过密枝条，提高树冠内部通气透光条件（2）第一次喷药在春芽长2毫米时，第二次在谢花期。受侵染前0.3%～0.5%倍量式波尔多液75%百菌清可湿性粉剂500倍液或50%退菌特可湿性粉剂500倍液。已侵染的可喷50%托布津可湿性粉剂600～800倍液等内吸杀菌剂

病虫害	为害症状	防治方法
灰霉病	受害后雄蕊和萼片成褐色，并在其上长出灰色霉层，幼果受病菌侵染后，易引起落果，降低产量，发病较轻时，病果不易脱落，常留在树上成为僵果。长大果实受害后，初期产生黑色的小型病斑，随果实的增大，病斑呈浅褐色，稍凹陷，降低品质	（1）加强栽培管理，特别是冬季修剪，剪除病枝，集中烧毁，在开花前喷石硫合剂 （2）结果后花托未掉前用速克灵1000倍液喷雾，梅果生长期用20%惠多丰1500倍液或50%喷速净600倍液或40%施佳乐800倍液喷雾
炭疽病	潮湿梅园发病严重。果实受害后，果皮出现褐色病斑，气候潮湿时，病斑表面产生肉红色胶质小粒点，天气干燥时，逐渐干缩成僵果，挂在树上不脱落；新梢受害后，形成褐色病斑，稍凹陷，以后干枯；叶片受害后，病斑灰褐色，叶片边缘颜色较深，病组织干枯，严重时，嫩叶两缘向正面卷成筒状	（1）开沟排水和增加梅园通风透气透光及结合冬季修剪，病枝、僵果集中烧毁 （2）梅树在休眠期至花芽萌动前，气温在4℃以上时，喷3～5波美度石硫合剂一次，在开花后至果实生长期，喷50%退菌特800～1000倍液，每隔10～15天喷一次，连续2～3次。5月以后，晴天高温时喷50%退菌特1000倍液，并加等量石灰，以防药害
太谷桃仁小蜂	在青梅坐果期进行羽化、交尾，而后雄成虫将卵产于果核内，幼虫孵化后取食种仁，造成梅果发育不良，并逐渐干缩成灰黑色的僵果，大部分提前脱落，造成减产	（1）加强管理，收集落地果、树挂果集中烧毁。 （2）在成虫羽化期每隔一周用3%啶虫脒乳油1000倍液喷洒 （3）初孵幼虫防治，以5%吡虫啉乳油2000倍液或8%绿色威雷200倍液喷雾，防治时间以幼虫孵化初期为最佳
蚜虫	造成新叶皱缩卷曲，叶面不舒展，新梢停止生长	（1）结合修剪，将蚜虫栖居或虫卵潜伏过的残花、病枯枝叶，彻底清除，集中烧毁 （2）用1：4：400比例，配制洗衣粉、尿素、水的溶液喷洒
桑白蚧	以雌成虫和若虫群集固着在枝干上吸食养分，偶有在果实和叶片上为害，严重时密集重叠，使枝条表面凹凸不平，树势衰弱，引起枝条死亡甚至全株死亡	（1）若虫孵化期，喷25%敌杀死3000倍液。20%下灭菌酯2000倍液、石油乳剂15～20倍液均有效 （2）在介壳形成后，喷40%选扑杀600倍液 （3）冬季梅树休眠期加喷石硫合剂，以控制、减少翌年病虫源
刺蛾	幼虫食叶。低龄啃食叶肉，稍大食成缺刻和孔，严重时食成光秆	敲破树干树枝上的虫茧，挖除树基四周土壤中的茧，减少虫源

五、采收加工

1. 采收

加工乌梅应在黄梅期采收，宜在晴天早晨至中午以前，人工采摘。

2. 加工

产地加工，先将鲜梅装到筐内滚动，脱其绒毛，清洗干净。然后，薄摊于竹帘或竹篾架上熏烤至黑褐色、皮纹皱缩时，取出晾干即可。（图2）

按大小分开，分别炕焙，火力不宜过大，温度保持在40℃左右。当梅子焙成六成干时，需上下翻动，使其干燥均匀。焙至果肉呈黄褐色起皱皮为度，焙后再焖2～3天，待变成黑色即可。

图2　乌梅加工

六、药典标准

1. 药材性状

干果呈类球形或扁球形，直径1.5～3厘米。表面乌黑色或棕黑色，皱缩不平，基部有圆形果梗痕。果核坚硬，椭圆形，棕黄色，表面有凹点；种子扁卵形，淡黄色，气微，气极酸。

2. 鉴别

本品粉末红棕色。内果皮石细胞极多，单个散在或数个成群，几无色或淡绿黄色，类多角形、类圆形或长圆形，直径10～72微米，壁厚，孔沟细密，常内含红棕色物。非腺毛单细胞，稍弯曲或作钩状，胞腔多含黄棕色物。种皮石细胞棕黄色或棕红色，侧面观呈贝壳形、盔帽形或类长方形，底部较宽，外壁呈半月形或圆拱形，层纹细密。果皮表皮细胞淡黄棕色，表面观类多角形，壁稍厚，非腺毛或毛茸脱落后的痕迹多见。

3. 检查

（1）水分　不得过16.0%。

（2）总灰分　不得过5.0%。

4. 浸出物

不得少于24.0%。

七、仓储运输

鲜乌梅果不耐贮运，采收后3～4天即易软化腐烂。因此，应适时采收装运，及时加工。加工厂应设在产区附近，减少运输损耗。确需长途运输的，其采收成熟度要适当降低，并选用透气编织袋或塑料筐包装，采取冷链运输，以免运输途中腐烂。

八、药用食用价值

乌梅各部位药理作用不同，各部位均具有一定的药用价值。镇咳的药用部位为核壳和种仁，涩肠的药用部位为果肉，止泻的药用部位为果肉和核壳，而且单用各部位，其药理作用比全乌梅作用更强。因此，为提高乌梅临床用药的准确性和安全性，建议乌梅应分部位药用，针对不同的临床病症，使用不同的药用部位，同时也有利于乌梅药材资源的充分利用。

1. 临床常用

（1）驱虫作用　乌梅可使蛔虫活动增强且可使大部分蛔虫从引流胆管中后退，这与乌梅具有收缩胆囊作用并可增加胆汁分泌、使胆汁趋于酸性和松弛胆道口括约肌的作用有关。体外试验表明，乌梅对蛔虫不具有杀菌作用，但可轻微麻醉蛔虫，使其失去附着肠壁的能力。另外，乌梅水煎液对华枝睾吸虫也有显著的抑制作用。

（2）抑菌作用　乌梅及其制剂在体外对大肠埃希菌、痢疾杆菌、伤寒杆菌、副伤寒杆菌、霍乱杆菌、百日咳杆菌、变形杆菌、炭疽杆菌、白喉杆菌、类白喉杆菌、脑膜炎杆菌、金黄色葡萄球菌、肺炎球菌、溶血性链球菌、人型结核杆菌、铜绿假单胞菌均有抑制作用，而且对苍须癣菌等真菌也有一定的抑制作用。其中对金黄色葡萄球菌的抑制效果定量报道为：MIC_{50}为1∶320，MIC_{90}为1∶160。乌梅对肠球菌也有较好的抑制效果，MIC为1∶320。乌梅醇提取物对啤酒酵母突变性CL，和微克海姆原藻均有强烈的抑制作用。

（3）抗肿瘤作用　乌梅煎剂对小鼠肉瘤S180、艾氏腹水癌有抑制作用，体外试验对人子宫颈癌JTC-26株的抑制率在90%以上。乌梅还具有抑制人原始巨核白血病细胞和人早幼粒白血病细胞生长的作用。乌梅的抗肿瘤作用与其pH值无关，所含熊果酸具有一定作用，但非主要成分。乌梅可增强网状细胞功能，小鼠免疫特异玫瑰花结验证实，乌梅可增强机体免疫功能。

（4）抗疲劳作用　乌梅中所含柠檬酸，可将血液疲劳物质乳酸分解为排出体外，避免与肌肉蛋白结合；并可使葡萄糖效力增加约10倍，从而释放更多能量以消除疲劳。

（5）解毒作用　乌梅所含柠檬酸可使体液保持弱碱性，使血液中酸性有毒物质分解以改善血液循环。乌梅所含琥珀酸是重金属及巴比妥类药物中毒的解毒剂，枸橼酸可作为碱中毒的解毒剂。有报道，乌梅配合甘草可解颠茄碱类药物中毒。

2. 食疗及保健

乌梅性味酸、温，能敛肺止咳，涩肠止泻，和胃安蛔，固崩止血，生津止渴。适用于肺虚久咳，久泻久痢，便血，尿血，崩漏，虚热烦渴，蛔厥腹痛，呕吐等症。

现代药理分析，每100克梅实含蛋白质0.9克、脂肪0.9克、糖5克、胡萝卜素0.2毫克、研胺素0.06毫克、核黄素0.04克、维生素C 5毫克，尚含有柠檬酸、苹果酸、琥珀酸、谷菌酯等成分。水煎剂有抗菌作用。此外，乌梅还能使胆囊收缩，促进胆汁分泌。但是本品酸敛之性颇强，故外有表邪及内有实热积滞者不宜食用。

参考文献

[1] 谢洲，付亮，黄娟，等. 达州市乌梅优质高产栽培技术[J]. 现代农业科技，2017（3）：77-78.

[2] 黄芳花. 临武县乌梅优质高产栽培技术[J]. 中国农技推广，2013（11）：24-26.

[3] 陈鸿平. 乌梅质量标准规范化研究[D]. 成都：成都中医药大学，2005.

[4] 许腊英，余鹏，毛维伦，等. 中药乌梅的研究进展[J]. 湖北中医学院学报，2003，5（1）：52-57.

[5] 徐伯伦. "乌梅胶囊"治疗胆道蛔虫症102例[J]. 上海中医药杂. 1985（8）：28.

[6] 王本祥. 现代中药药理学[M]. 天津：天津科学技术出版社，1997.

[7] 《全国中草药I编》编写组. 全国中草药I编[M]. 上册. 北京：人民卫生出版社，1975.

[8] 李仲兴. 儿茶等中药对112株金葡菌的体外抗菌效果对比[J]. 中国中医药科技，1985（8）：28.

[9] 王理达，胡迎庆. 13种生药提取物及化学成分的抗真菌活性筛选[J]. 中草药，2001，32（3）：241.

[10] 季宇彬. 抗癌中药药理与应用[M]. 哈尔滨：黑龙江科学技术出版社，1999.

[11] 沈红梅，程涛，乔传单. 乌梅的体外抗肿瘤活性及免疫调节作用初探[J]. 中国中药杂志，1995，20
（6）：365.

[12] 工浴生，邓文龙，薛春生. 中药药理与应用[M]. 第2版. 北京：人民卫生出版社，1998.

[13] 龚勇. 乌梅干的药用[J]. 国外医药（植物药分册），1991，6（1）：41.

[14] 章锉荣. 乌梅甘草饮治颠茄碱类中毒[J]. 浙江中医杂志，1986，21（6）：279.

白及

本品为兰科植物白及*Bletilla striata*（Thunb.）Reichb.f.的干燥块茎。

一、植物特征

多年生草本，植株高18～60厘米。假鳞茎扁球形，上面具荸荠似的环带，富黏性。茎粗壮，劲直。叶4～6枚，狭长圆形或披针形，长8～29厘米，宽1.5～4厘米，先端渐尖，基部收狭成鞘并抱茎。花序具3～10朵花，常不分枝或极罕分枝；花序轴多或少呈"之"字状曲折；花苞片长圆状披针形，长2～2.5厘米，开花时常凋落；花大，紫红色或粉红色；萼片和花瓣近等长，狭长圆形，长25～30毫米，宽6～8毫米，先端急尖；花瓣较萼片稍宽；唇瓣较萼片和花瓣稍短，倒卵状椭圆形，长23～28毫米，白色带紫红色，具紫色脉；唇盘上面具5条纵褶片，从基部伸至中裂片近顶部，仅在中裂片上面为波状；蕊柱长18～20毫米，柱状，具狭翅，稍弓曲。蒴果圆柱形，长3～3.5厘米，具6纵肋。种子细粉状，无胚乳。花期4～5月。果期7～9月。

二、资源分布概况

白及属我国有4种，分别是白及、华白及、小白及和黄花白及，其中《中国药典》2020年版收载了白及*Bletilla striata*（Thunb.）Reichb.f.，云南地方标准收载了小白及*Bletilla* *formosana*（Hayata）Schltr.，贵州地方标准收载了黄花白及*Bletilla ochracea* Schltr.。北起江苏、河南，南至台湾，东起浙江，西至西藏东南部，均有野生白及分布，但白及野生资源已相当稀少，现以人工栽培为主，贵州、四川、云南、湖北、湖南、河南等省区为主要栽培产区，以贵州、云南、湖北产量较大，质量较好，销往全国。乌蒙山片区适合白及的栽培产区为四川叙永、雷波、古蔺，云南昭阳、巧家、威信、禄劝、武定、寻甸和贵州赤水、毕节、遵义等地。

三、生长习性

喜温暖、湿润、阴凉环境，耐阴能力强，对光适应的生态幅较窄。怕严寒，适生温度在15~27℃，冬季温度低于10℃时块茎基本不萌发，夏季高温干旱时，叶片容易枯黄。年降雨量1100毫米以上，相对湿度75%~85%的地区，生长发育良好。白及是须根系、浅根性的植物，其块茎在土中10~15厘米以上，故要求土层厚度30厘米左右，具有一定肥力，含钾和有机质较多的微酸性至中性土壤有利于块茎生长。土层瘠薄、易于板结的土壤，白及块茎生长不正常，干瘪细小，产量低。过于肥沃的稻田土或含氮量过多的土壤，会引起地上部分徒长，其块茎也小，产量也不高。

白及在一年内可以完成整个生育周期。2~3月气温回升到14~16℃时开始萌发，出苗；3月中下旬开始展开第一叶片；在雨水充足、夏季高温前地上部分生长进入高峰期，进入高温干旱季节生长缓慢；到了秋末地上部分开始枯萎落叶，进入12月后，将进入完全休眠期状态。白及第一年生植株即可开花，4~5月为盛花期，7~9月果实成熟；在一定的年限内，假鳞茎的个数和重量近成倍的增长，一般种后3~5年采挖。种子非常细小，种子千粒重约0.006~0.011克。白及虽然能产生大量的种子（每个果荚1万~3万粒），但是白及种子没有胚乳，在自然条件下萌发困难，需借助大棚和基质等设施进行播种发芽。

四、栽培技术

1. 种植材料

白及种子或带芽块茎。

2. 选地与整地

（1）选地　选择土层深厚、疏松、排水良好，富含腐殖质的砂壤土或壤土地块种植，要求栽培在阴山缓坡或山谷平地种植。

（2）整地　新垦地应在头年秋冬季翻耕过冬，使土壤熟化。耕地应在前一季作物收获后，翻耕土壤30厘米以上，每亩施入腐熟厩肥或堆肥1500～2000千克，翻入土中作基肥。在栽种前，再浅耕1次，然后整细耙平，按照宽1.2米、高25厘米做畦，畦沟宽30厘米，四周开好排水沟。选开荒地种植时宜先将砍后的树枝、落叶、杂草铺于地表，晾晒后清除，然后再翻耕作畦。

3. 繁殖方法

（1）种子繁殖

①播种时间：春播适合2～4月，秋播适合9～11月。

②选种：9月蒴果成熟，及时采收，在室内通风晾干，并用细孔筛筛分出净种子。种子在15～20℃通风干燥条件下，可储存1年。置于冰箱3～5℃冷藏可存放2年。

③育苗棚准备：种子自然条件下发芽率低下，建设育苗棚和喷灌（喷雾）保湿设施才能出苗和生长。

④育苗营养土准备：种子育苗要配置育苗土，育苗土一般采用草炭土、椰糠、树皮粉、营养土等按适当比例配制，要求pH值适中，盐分低，疏松透气、保水。育苗土配制好后要充分发酵和高温灭菌、灭草。播种前，在育苗棚地面铺设5厘米以上厚度处理好的育苗土。

⑤播种：播种前，育苗棚内要喷水，使育苗土充分吸水，稍晾半日即可播种。白及种子小，播种时一般将种子放入细孔筛子，距离充分吸水育苗土表面一定距离进行筛播，让种子均匀洒落在育苗土上，种子上不要盖土。一般每平方米播种3～6克种子。播种完后，及时喷雾浇水（呈雾状，不可过大），并把育苗棚四周薄膜放下，保持棚内湿度和温度。育苗棚上或棚内要覆盖一层遮阳网，保持棚内透光度在20%左右。

⑥苗期管理：白及种子直播成苗的关键因素之一是种子吸水膨胀后至萌发后的温湿度管护。首先要控制好土壤水分和空气湿度，白及种子在萌发过程中极易失水死亡，空气湿度控制在60%～90%，营养土湿度要控制在70%左右，温度应保持在20～30℃范围内。土壤湿度过大，容易滋生苔藓等藻类，可采用质量浓度为0.03%的硫酸铜溶液喷施育苗床。种子长出第一片真叶后可根据育苗营养土肥力及苗的生长情况喷施叶面肥。直播180

天后，苗子均长成4～5片真叶、植株个体为10～15厘米、植株根须发达、假鳞茎约1～1.5厘米，可以作为成品苗进行大田移栽。如播种密度过大，3～4片真叶时可进行间苗，在新育苗棚假植培育大苗。

⑦移栽：白及苗需在育苗棚生长半年以上，假鳞茎约1～1.5厘米才能移栽。春栽宜在3～5月，秋栽宜在9～11月。移栽采用畦栽。种植行距30厘米，株距20～25厘米，采用双株种植，定植深度2～3厘米。定植完后畦面覆盖秸秆或松树叶，保湿和防止田间杂草。

（2）鳞茎繁殖　鳞茎种植多在10月至翌年2月。在整好的地上开宽1.2米、高25厘米的厢，按行距约30厘米、窝距30厘米挖窝，窝深5厘米左右，窝底要平。将白及收获后，掰下当年生具嫩芽的块茎，每块茎需有芽1～3个，每窝栽种鳞茎2个，平摆窝底，各个茎秆靠近，芽嘴向外。栽后覆细肥土或火灰土，浇一次腐熟稀薄沼液，然后盖土与厢面齐平。种植完后，畦面覆盖秸秆或松树叶，保湿防杂草。

4. 田间管理

（1）中耕除草　一般每年3次。第一次在3～4月出苗后；第二次在6月生长旺盛时，要及时除尽杂草，避免草荒；第三次在10月左右结合收获间作的作物浅锄厢面，铲除杂草，并适当培土。每次中耕都要浅锄，以免伤芽伤根。

（2）水分管理　白及栽培地要经常保持湿润，遇天气干旱及时浇水。干旱时，早晚各浇一次水。雨季或每次大雨后及时疏沟排除多余的积水，避免烂根。

（3）间作　白及植株矮小，生长慢，栽培年限较长，在头两年可在畦两边套种两行玉米，种植间距50厘米以上，以充分利用土地，增加收益，并为白及遮阴。玉米成熟后，收获玉米棒，玉米秆继续保留，待10月玉米秆枯萎后，将玉米秆砍到覆盖在畦面，进行田间防寒抗冻保温。

（4）追肥　每年10月，结合田间玉米秸秆砍除覆盖和田间锄草工作，在畦面施用一层充分腐熟牛羊粪300～400千克或堆肥800～1000千克。

5. 病虫害防治

（1）块茎腐烂病　多发生在雨季，6月下旬至9月是病害多发时期。采用高垄或高畦种植，雨季注意排水，降低土壤；发病田可用50%多菌灵500倍，或50%甲基托布津800倍液浇灌病穴或喷雾防治。

（2）锈病　清洁田园；发病期喷20%锈特1000倍液或20%敌锈钠100倍液，10天1次，连喷2～3次，或喷波美0.2～0.3度石硫合剂，每7天1次，连喷2～3次。

（3）小地老虎　在越冬待成虫盛发期采用灯光或糖醋液诱杀成虫；为害严重的地块，可采取人工捕捉；用90%晶体敌百虫0.5千克，加水2.5～5千克，拌蔬菜叶或鲜草50千克制成毒饵，每亩用毒饵10千克进行诱杀幼虫；用80%敌百虫可湿性粉剂800倍液或50%辛硫磷乳油1000倍液灌根。

五、采收加工

1. 采收

通常于鳞茎繁殖栽种后第四年便可采挖。采收季节为秋末冬初。采挖时用平铲或小锄细心地将鳞茎连土一起挖出，摘去须根，除掉地上茎叶，抖掉泥土。

2. 初加工

将采挖的块茎，折成单个，用水洗去泥土，除去粗皮，置开水锅内煮或烫至内无白心时，取出，冷却，去掉须根，晒或烘至五六成干时，适当堆放使其里面水分逐渐析出至表面，继续晒或烘至全干。放撞笼里，撞去未尽粗皮与须根，使成光滑、洁白的半透明体，筛去灰渣即可。

六、药典标准

1. 药材性状

不规则扁圆形，多有2～3个爪状分枝，长1.5～5厘米，厚0.5～1.5厘米。表面灰白色或黄白色。有数圈同心环节和棕色点状须根痕，上面有突起的茎痕，下面有连接另一块茎的痕迹。质坚硬，不易折断，断面类白色，角质样。气微，味苦，嚼之有黏性。（图1）

1cm

图1　白及药材

2. 显微鉴别

粉末淡黄白色。表皮细胞表面观垂周壁波状弯曲，略增厚，木化，孔沟明显。草酸钙针晶束存在于大的类圆形轮液细胞中，或随处散在，针晶长18~88微米。纤维成束，直径11~30微米，壁木化，具人字形或椭圆形纹孔。梯纹导管、具缘纹孔导管及螺纹导管直径10~32微米。糊化淀粉粒团块无色。

3. 检查

（1）水分　不得过15.0%。

（2）总灰分　不得过5.0%。

（3）二氧化硫残留量浸出物　不得过400毫克/千克。

七、仓储运输

1. 仓储

仓库要通风、阴凉、避光、干燥，有条件时要安装空调与除湿设备，气温不超过20℃，相对湿度不高于65%，包装应密闭，要有防鼠、防虫措施，地面要整洁。存放的条件符合《药品经营质量管理规范（GSP）》要求。

2. 包装

所使用的包装袋要清洁、干燥，无污染，无破损，符合药材包装质量的有关要求。在每件货物上要标明品名、规格、产地、批号、包装日期等，并附有质量合格标志。

3. 运输

进行批量运输时应不与其他有毒、有害，易串味物质混装，运载容器要有较好的通气性，保持干燥，并应有防潮措施。

八、药材规格等级

根据市场流通情况，按照每千克所含个数分为"选货"和"统货"两个等级；"选货"项下再分为"一等"和"二等"两个级别。应符合表1要求。

表1　规格等级划分

等级		性状描述	
		共同点	区别点
选货	一等	本品呈不规则扁圆形，多有2～3个爪状分枝，长1.5～5厘米，厚0.5～1.5厘米。表面灰白色或黄白色，有数圈同心环节和棕色点状须根痕，上面有突起的茎痕，下面有连接另一块茎的痕迹。质坚硬，不易折断，断面类白色，角质样。气微，味苦，嚼之有黏性	每千克≤200个
	二等		每千克＞200个
统货		本品呈不规则扁圆形，多有2～3个爪状分枝，长1.5～5厘米，厚0.5～1.5厘米。不分大小。表面灰白色或黄白色，有数圈同心环节和棕色点状须根痕，上面有突起的茎痕，下面有连接另一块茎的痕迹。质坚硬，不易折断，断面类白色，角质样。气微，味苦，嚼之有黏性	

注：1. 当前市场上部分白及栽培品已出现变异，长度、爪状分支等性状与《中国药典》规定略有差别。
　　2. 市场有未去须根白及药材规格，与《中国药典》性状不符。

九、药用价值

1. 药用价值

　　白及为止血、抗杆菌、真菌、治疗咳嗽的良药。对阴虚咳嗽、肺热咳嗽、百日咳、肺结核咳嗽以及其他难治性咳嗽都有良好止咳作用，对治疗鼻窦炎也有疗效。白及富含淀粉、葡萄糖、挥发油、黏液质等，外用涂擦，可消除脸上痤疮留下的痕迹，让肌肤光滑无痕；外敷治创伤出血、痈肿、烫伤、疔疮等。

　　（1）治肺结核空洞　蜜炙百部、白及各12克，黄芩6克，黄精15克。水煎服。

　　（2）治溃疡性结肠炎　每晚睡前排便后，取白及粉20克用温开水调成稀水样，从肛门迅速灌入（其保留时间越长越好），每日1次。

　　（3）治支气管扩张咯血　白及120克，百合、蛤粉各60克，百部30克。为丸，每次6克。

　　（4）治手足皲裂　用白及末水调涂之，可以愈合。

　　注意：白及反川乌、草乌、附子类。

2. 其他价值

　　白及不仅药用价值高，而且作为兰科植物极具观赏价值，同时也是我国现代医药工业和化妆品工业的重要原材料。其胶液质黏无毒，是优良的天然高分子成膜材料。以甲壳胺和白及胶为成膜材料，按不同比例混合制备甲硝唑药膜。药膜柔软透明，有一定的强度，调整膜材料配比可改变载药膜的缓释性能。膜剂是近年来国内外研究和应用进展很快的剂型，一些膜剂尤其是鼻腔、皮肤用药膜亦可起到全身作用。

除了在医药方面的应用，白及由于其无不良反应，特别适合作为天然化妆品的功能组分，发展以中药白及为化妆品原料的天然功能组分具有很大的市场潜力。在工业方面，白及是高级卷烟烟条黏合剂，野山参断须修复剂，裱中国字画黏合剂，胃镜检查的保护剂，美容面膜等。

参考文献

[1] 张美，周先建，胡平，等. 四川省白及最佳栽培期研究[J]. 现代农业科技，2016（4）：70.

[2] 苏钛，邱斌，李云. 滇产白及类习用药材资源调查及市场利用评价[J]. 中国野生植物资源，2014，33（5）：49–52.

[3] 刘京宏，周利，钟晓红，等. 白及资源研究现状及长产业链开发策略[J]. 中国现代中药，2017，19（10）：1485–1494.

[4] 胡凤莲. 白芨的栽培管理及应用[J]. 陕西农业科学，2011，57（3）：268–269.

[5] 熊丙全，廖相建，张勇，等. 四川地区白芨优质高产栽培技术[J]. 现代农业科技，2017（21）：90–91.

[6] 韩学俭. 白芨药用及其栽培技术[J]. 农村经济与科技，2004，15（10）：31–32.

[7] 万永明，崔光教. 高山地区白芨仿野生人工栽培技术试验[J]. 特种经济动植物，2018，（2）：36–39.

[8] 许冬瑾，乐智勇，严新，等. T/CACM 1021.97—2018. 中药材商品规格等级 白及[S]. 中华中医药学会，2018.

头花蓼

tou hua liao

本品为蓼科植物头花蓼*Polygonum capitatum* Buch.–Ham. ex D.Don的干燥全草或地上部分。

一、植物特征

多年生草本。茎匍匐，丛生，基部木质化，节部生根，节间比叶片短，多分枝，疏生腺毛或近无毛，一年生枝近直立，具纵棱，疏生腺毛。叶卵形或椭圆形，长1.5～3厘米，宽1～2.5厘米，顶端尖，基部楔形，全缘，边缘具腺毛，两面疏生腺毛，上面有时具黑褐色新月形斑点；叶柄长2～3毫米，基部有时具叶耳；托叶鞘筒状，膜质，长5～8毫米，松散，具腺毛，顶端截形，有缘毛。花序头状，直径6～10毫米，单生或成对，顶生；花序梗具腺毛；苞片长卵形，膜质；花梗极短；花被5深裂，淡红色，花被片椭圆形，长2～3毫米；雄蕊8，比花被短；花柱3，中下部合生，与花被近等长；柱头头状。瘦果长卵形，具3棱，长1.5～2毫米，黑褐色，密生小点，微有光泽，包于宿存花被内。花期6～9月，果期8～10月。

二、资源分布概况

产江西、湖南、湖北、四川、贵州、广东、广西、云南及西藏。生山坡、山谷湿地，常成片生长，海拔600～3500米。贵州86个县级行政区中，各县、市（区）均有分布。其中分布较多、较集中的地县（市、区）主要为西部的盘县、水城、六枝、普安、晴隆、兴义、关岭、镇宁等和东南部的施秉、剑河、台江、雷山、丹寨等地，其他如云南（如镇雄、腾冲、师宗等）、四川（如叙永、兴文等）等地分布较广，蕴藏量较大。现乌蒙山区贵州毕节有人工栽培。

三、生长习性

头花蓼喜凉爽气候，较耐寒，适应性强；一般海拔在600～1500米都能生长，在海拔600米以下的地方能带老茎越冬，在海拔1500米以上的高山地区老茎不能越冬，或较少能越冬。对土壤要求不严，在黄壤及石灰土中均能生长，但在土壤比较肥沃、疏松、土层较深厚的砂质壤土地带生长较好，特别适宜在透气较好的向阳河谷砂质壤土，又不缺水的微酸性土地上生长。

四、栽培技术

1. 育苗

（1）苗床选择　苗床地一般选择背风向阳，水源方便，土壤较肥沃，透水、透气性较好的砂质地作头花蓼的育苗床土。凡黏性重、板结、含水量较大、地薄、地下水位高、易积水和被污染的地方不能作育苗地。

（2）育苗床土的准备　育苗一般在每年的2月底至3月初进行，但育苗地的准备工作应在上一年的11～12月做完，具体有：①肥料准备：一般指农家肥，每个标准厢（长10米，宽1米的有效育苗面积为1个标准厢）应准备200千克厩肥，用塑料薄膜覆盖进行发酵处理，压实备用。②深翻床土：将准备用作育苗床地的土壤，清除杂物后，按深20～25厘米深犁，越冬，在即将育苗前15天再翻犁1次，让土壤充分细化，不再有板结的大泥团。③其他还需准备的物资：复合肥、普钙，竹子（小凸棚育苗时用）押笺，敌克松、腐质土、地膜、农膜（小凸棚育苗时要用），头花蓼育苗种子等。

（3）播种　播种时间2月25日至3月5日，播种前将准备作苗床的地再次翻犁，弃杂质，按长10米、宽1米开厢（净厢后），厢距0.5米，起垄，垄高20～25厘米，再将准备好的腐熟厩肥按每厢200千克和复合肥1千克、普钙2千克，均匀施于厢面，与15厘米厚的土壤充分搅拌均匀，整平厢面，浇足底水后施一层0.5厘米厚的腐质土，再用2000倍液的敌克松消毒处理，再次浇足底水后播种。播种时每个标准厢先按20克的种子对细土500克搅拌均匀，后再对2000克细土均匀搅拌，分3次均匀播洒在准备好的厢面上，然后将地膜覆盖在厢面上，插上押笺及小凸棚竹片，盖上农膜压紧。

（4）管理　头花蓼播种后7～10天开始出苗（海拔较低或播种后遇到长时间高温晴天，5～7天出苗）。平时要注意观察出苗情况，特别是播种后的第7～10天，当发现有60%现苗后，要拔掉押笺，揭掉厢面的地膜，观察厢面是否缺水，如果不是十分缺水，可暂时不要浇水，一般需要过4～5天，待大部分秧苗根系固定后再浇水。否则秧苗容易被冲倒，苗根难以固定。当秧苗出齐，根系固定后，只需搞好苗床水分管理和除草工作。

2. 整地

入冬后，清除秸秆，翻犁土，改良土壤性状，消灭越冬病虫源；整地捡去田间石块，树根等杂物，每亩按2000千克腐熟农家肥和20千克复合肥均匀施入土中。按1米宽开厢，厢距45厘米，厢面打碎、整平，待移栽。

3. 移栽

移栽时间一般在4月下旬至5月上旬。根据苗的长势情况确定具体的移栽时间，一般秧苗达到6叶时，即现取苗现移栽。移栽的前1天应在苗床上浇足水，不能留过夜苗，移栽时，先在厢面中间拉一根绳子，绳下栽植一株，然后向左右两边按20厘米×20厘米的株行距延展，每厢栽5行。栽后当天及时浇上定根水，7天后注意查缺补苗。

4. 田间管理

当移栽结束后要求做好中耕、除草和病虫害的防治工作，如遇干旱和洪涝，还需注意浇水和排涝处理。

（1）田间管理　移栽、补苗后，就进入田间管理阶段，一般6月封行，在封行后每隔10天锄草1次，再浇1次1：1的沼液和每公顷施150千克复合肥。如果杂草较少，锄草的次数也可以相应减少。同时做好抗旱和排涝工作。

（2）病虫害的防治　加强病虫害防治，坚持以防为主，注意棚内通风，防止病虫害侵入，发现病害拔除病株，并用石灰进行土壤消毒；发现少量害虫用人工消除；若发现黄曲条跳甲、双斑萤叶甲大面积危害时，用4.5%的瓢甲敌乳油1500倍液均匀喷雾整个头花蓼植株及厢面。刚移栽时，小地老虎、跳甲等危害特别严重，要及时采取措施进行防治。小地老虎可采取人工捕捉，或用锌硫磷1500～2000倍液防治；跳甲可用敌敌畏1500～2000倍液进行叶面喷施。其他病虫害头花蓼发生较少。

五、采收加工

1. 采收

（1）采收时间　第1次在8月中旬至9月中旬，第2次在11月霜冻前。选无露水的晴朗天气采收。

（2）采收方法　用镰刀沿畦（厢）面割取地上部分茎叶。第1次采收时，留长10厘米左右茎枝。第2次采收时，齐地面全部割取，不留茎枝。

2. 产地初加工

（1）晒干　用无污染的运输工具转运到干燥场地，然后用铁叉将头花蓼均匀撒于干净、无污染的晒坝或晒席上，厚15厘米左右。在晾晒的过程中，每天用铁叉翻动3次，同时抖去头花蓼上的残余泥沙，晒至茎叶含水量12%以下即可。

（2）阴干 置干净、无污染、通风的干燥室内、棚内或避雨处，晾至茎叶含水量12%以下即可。

（3）烘干 置烘房内（如热风循环烘房）烘至茎叶含水量12%以下即可。

六、地方标准

1. 药材性状

本品茎呈圆柱形，红褐色，节处略膨大并着生柔毛，断面中空。叶互生，多皱缩，完整叶片展平后呈椭圆形，长1.5～5厘米，宽1～2厘米，先端钝尖，基部楔形；全缘，具红色缘毛，上表面绿色，常有人字形红晕，下表面绿色带紫红色，两面均被褐色疏柔毛。

1cm

图1 头花蓼药材

叶柄短或近无柄，基部有草质耳状片；托叶鞘筒状，膜质，头状花序顶生或腋生，花被5裂，雄蕊8。瘦果卵形，具3棱，黑色。气微，味微苦、涩。（图1）

2. 检查

水分不得过14.0%。

七、仓储运输

1. 仓储

生产用种在室温条件下的贮藏时间最好不要超过12个月，长时间保藏应放在干燥环境下。成品应符合药材贮存需求的仓库贮存。仓库应清洁卫生、干燥、通风，不得与有毒有害物品混合存放，贮存期间应定期检查和养护，防止霉变、虫害、鼠害。

2. 运输

运输工具应清洁、干燥、无异味、无污染，具有防雨、防潮、防污染设施，不得与农药等其他有毒有害的物质或易串味的物质混装。

八、药用价值

头花蓼全草可药用，味苦、微涩，性凉。消肿解毒，清热止痢，散淤止血。可治疗牲畜消化不良，痢疾，发烧，腹泻，咽喉炎，胃肠炎，崩带便血，痈疖肿毒，外伤出血等。

参考文献

[1] 孙长生，梁斌，李孟林，等. 头花蓼规范化种植技术[J]. 中国现代中药，2007，9（1）：36–39.
[2] 何显文. 头花蓼栽培技术[J]. 现代农业科技，2015（3）：94–94，97.
[3] 杨烨，王祥培，吴红梅，等. 苗药头花蓼药材的植物资源分布及品种情况研究[J]. 中国民族医药杂志，2012（7）：33–34.

ban xia

半夏

本品为天南星科植物半夏*Pinellia ternata*（Thunb.）Breit.的干燥块茎，别名麻芋头、三步跳、野芋头。在乌蒙山区贵州、云南、四川均有栽培。

一、植物特征

多年生草本植物，株高15～40厘米。地下块茎球形或扁球形，直径0.5～4.0厘米，基部着生须根，底部与下半部淡黄色，光滑，部分大块茎周边常联生数个小块状侧芽。叶1～4枚，叶出自块茎顶端，叶柄长5～25厘米，叶柄下部有一白色或棕色珠芽，直径3～8毫米，偶见叶片基部亦具一白色或棕色小珠芽，直径2～4毫米；实生苗和珠芽繁殖的幼苗叶片为全缘单叶，卵状心形，长2～4厘米，宽1.5～3厘米；成年植株叶3全裂，裂片卵状椭圆形、披针形至条形，中裂片长3～15厘米，宽1～4厘米，基部楔形，先端稍尖，全缘或稍具浅波状，圆齿，两面光滑无毛，叶脉为羽状网脉。肉穗花序顶生，花序梗常较叶柄长；佛焰苞绿色，边缘多呈紫绿色，长6～7厘米；内侧上部常有紫色斑条纹，佛焰苞合围处有一直径为1毫米的小孔，连通上下，花序末端尾状，伸出佛焰苞，绿色或绿紫色，佛焰苞下部管状不张开，上部微张开，直立，或呈"S"形弯曲；花单性，雌雄同株；花序轴下部着生雌花，无花被，有雌蕊20～70个，花柱短，雄花位于花序轴上部，白色，无被，雄蕊密集成圆筒形，与雌花间隔3～7毫米，花粉粒球形，无孔沟，电镜下可见花粉粒表面具刺状纹饰，刺基部宽，末端锐尖。浆果卵圆形，顶端尖，绿色或绿白色，成熟时红色，长4～5毫米，直径2～3毫米，内有种子1枚。种子椭圆形，两端尖，灰绿色，长2～3毫米，直径2.2毫米，不光滑，无光泽，解剖镜下观察有纵向浅沟纹，鲜种子干粒重10克左右。花期4～7月，果期8～9月。

二、资源分布概况

半夏为广布种，除内蒙古、新疆、青海、西藏未见野生外，其余各省区均有分布。主产于湖北、甘肃、四川、河南、贵州、安徽等省，其次是江苏、山东、江西、浙江、湖南、云南等省区。

半夏的人工栽培历史则较短，始于20世纪70年代的山东和江苏等地。通过40多年的不断摸索，在半夏生物学特性、生态适宜条件、遗传多样性、繁殖方式、栽培技术及有效成分等方面已开展了较为广泛的研究，并已积累了丰富的生产经验。但在新品种培育和病虫害防治的研究工作方面还有待加强。

乌蒙山片区内贵州省毕节、大方、纳雍、威宁、赫章以及云南昭阳、镇雄等地适宜半夏的人工种植。其中，赫章半夏已获国家质量技术监督局地理标志保护认证，种植规模目前已达到1.4万亩，居贵州省第一，年产量超过1500吨。

三、生长习性

1. 生长发育习性

一年生半夏为心形的单叶，第二至第三年开花结果，有2或3裂叶生出。半夏生长发育可分为出苗期、旺长期、珠芽期、倒苗期。一年内可多次出苗，在长江中下游地区，每年平均可出苗三次。第一次为3月下旬至4月上旬，第二次在6月上中旬，第三次在9月上中旬；相应每年平均有三次倒苗，分别为4月下旬至6月上旬、8月下旬、11月下旬。出苗至倒苗的日数，春季为50~60天，夏季为50~60天，秋季为45~60天。倒苗一方面是对不良环境的一种适应，更重要的是增加了珠芽数量，即进行了一次以珠芽为繁殖材料的无性繁殖。第一代珠芽萌生初期在4月初，萌生高峰期为4月中旬，成熟期为4月下旬至5月上旬。

块茎一般于8~10℃萌动生长，13℃开始出苗。随着温度升高出苗加快，并出现珠芽。15~26℃最适宜生长，30℃以上生长缓慢，超过35℃而又缺水时开始出现倒苗，秋后低于13℃以下出现枯叶。冬播或早春种植的块茎，当1~5厘米的表土地温达10~13℃时，叶开始生长，此时如遇地表气温持续数天低于2℃以下，叶柄即在土中开始横生，横生一段并可长出一代珠芽。地温、气温差持续时间越长，叶柄在土中横生越长，地下珠芽长得越大。当气温升至10~13℃时，叶直立长出土外。

半夏的块茎、珠芽、种子均无生理休眠特性。种子发芽适温为22~24℃，寿命为1年。

2. 环境要求

半夏为浅根性植物，一般对土壤要求不严，除盐碱土、砾土、重黏土以及易积水之地不宜种植外，其他土壤基本均可，但以疏松、肥沃、深厚，含水量在20%~30%、pH6~7的砂质壤土较为适宜。野生多见于山坡、溪边阴湿的草丛中或林下。喜温和、湿润气候，怕干旱，忌高温。夏季宜在半阴半阳中生长，畏强光；在阳光直射或水分不足情况下，易发生倒苗；光照强度高达90 000勒克斯，会发生严重的倒苗现象；光照长期不足3000勒克斯，植株枯黄瘦小，珠芽数量少。耐阴、耐寒，块茎能自然越冬。半夏具有明显的杂草性，具多种繁殖方式，对环境有高度的适应性。

四、栽培技术

1. 种植材料

以无性繁殖为主。自然条件下，半夏坐果率低，种子小、发芽率低，出苗缓慢，生长期长，种子萌发第一年生植株幼小，抗逆性较差，不能形成复叶，不是理想的繁殖材料。珠芽发芽率高、成熟期早，是半夏种植的主要繁殖材料。块茎则由掉落到土壤中的珠芽生长发育而来，中、小块茎大多是新生组织，生命力强，种植出苗后，生长势旺，发育迅速，同时不断抽出新叶形成新的珠芽。

（1）块茎 选直径0.5~1.5厘米、生长健壮、无病虫害的中小块茎作种茎，种前按大小分级，分别栽种。

（2）珠芽 选择生长健壮、无病虫害的半夏植株，当老叶将要枯萎，珠芽成熟时，即可采下播种。种前可将珠芽按大小分级，分别栽种。

（3）种子 以新鲜、饱满、无病虫的成熟种子作种。

2. 选地与整地

（1）选地 宜选湿润肥沃、保水保肥力较强、质地疏松、排灌良好的砂质壤土或壤土地种植，亦可选择半阴半阳的缓坡山地。黏重地、盐碱、涝洼地不宜种植。前茬选豆科、禾本科作物为宜，可与玉米、油菜、小麦、果木进行间套作。

（2）整地 10~11月深翻土地20厘米左右，除去砾石及杂草，使其熟化。半夏根系浅，一般不超20厘米，且喜肥，生长期短，基肥对其有着重要的作用。结合整地，每亩施入腐熟农家肥3000~4000千克，钙镁磷肥100千克，翻入土中作基肥。于播前，再耕翻一次，然后整细耙平。宜做成宽1.2~1.5米、高30厘米的高畦，畦沟宽40厘米，长度不宜超过20米，以利灌排。

3. 繁殖方法

（1）块茎繁殖 于当年冬季或次年春季取出贮藏的种茎栽种，以春栽为好，秋冬栽种产量低。春栽2月下旬至3月上旬，秋栽9月下旬至10月上旬，方法同春播。

①催芽：一般早春5厘米地温稳定在6~8℃时，亦可用温床或火炕进行种茎催芽，催芽温度保持在20℃左右时，15天左右芽便能萌动。2月底至3月初，雨水至惊蛰间，当5厘米地温达8~10℃时，催芽种茎的芽鞘发白时即可栽种（不催芽的也应该在这时栽种）。

②条播：在整细耙平的畦面上开横沟条播。行距12～15厘米，株距5～10厘米，沟宽10厘米，深5厘米左右，沟底要平，在每条沟内交错排列两行，芽向上摆入沟内。栽后，上面施一层农家有机肥。每亩用农家有机肥2000千克左右。然后，将沟土提上覆盖，厚5～7厘米，耧平，稍加镇压。每亩需种茎100千克左右，适当密植，生长均匀且产量高。过密，则幼苗生长纤弱，除草困难；过稀，则苗少草多，产量低。覆土也要适中。过厚，则出苗困难，将来珠芽虽大，但往往在土内形成，不易采摘；过薄，种茎则容易干缩而不能发芽。栽后遇干旱天气，要及时浇水，始终保持土壤湿润。

③苗期地膜覆盖：若进行地膜覆盖栽培，栽后立即盖上地膜。所用地膜可以是普通农用地膜（厚0.014毫米），也可以用高密度地膜（0.008毫米）。地膜宽度视畦的宽窄而定。盖膜时三人一组，先从畦的两埂外侧各开一条8厘米左右深的沟，深浅一致，一人展膜，两人同时在两侧拉紧地膜，平整后用土将膜边压在沟内，均匀用力，使膜平整紧贴畦埂上，用土压实，做到紧、平、严。

4月上旬至下旬，当气温稳定在15～18℃，出苗达10%时，应揭去地膜，以防膜内高温烤伤小苗。

采用早春催芽和苗期地膜覆盖的半夏，不仅比不覆膜露地栽培半夏早出苗20天，而且还能保持土壤整地时的疏松状态，促进根系生长，同时可增产83%左右。

（2）珠芽繁殖　夏秋间，当老叶将要枯萎时，珠芽已成熟，即可采取叶柄上成熟的珠芽进行条播。按行距10厘米，株距3厘米，条沟深3厘米播种。播后覆以厚2～3厘米的细土及草木灰，稍加压实。亦可在原地盖土繁殖，即每倒苗一批，盖土一次，以不露珠芽为度。同时施入适量的农家肥和钙镁磷肥，既可促进珠芽萌发生长，又能为母块茎增施肥料，有利增产。

（3）种子繁殖　用种子繁殖的二年生以上半夏能陆续开花结果。当佛焰苞萎黄下垂时，采收种子，夏季采收的种子可随采随播，秋末采收的种子可以沙藏至次年3月播种。此种方法出苗率较低，生产上一般不采用。

按行距10厘米开2厘米深的浅沟，将种子撒入，耧平，覆土1厘米左右，浇水湿润，并盖草保温保湿，半个月左右即可出苗。苗高6～10厘米时，即可移植。当年第一片叶为卵状心形单叶，叶柄上一般无珠芽，第二年3～4个心形叶，偶见有3小叶组成的复叶，并可见珠芽。实生苗当年可形成直径为0.3～0.6厘米的块茎，可作为第二年的种茎。

（4）组织培养　取3～4厘米长的幼叶作为外植体，自来水冲洗1小时，然后在超净工作台上用70%酒精消毒30秒，再在0.1%升汞溶液中灭菌10分钟，无菌水冲洗5～6次，自叶柄顶端剪取叶片，远轴面向下，接种在培养基表面。培养基可选用MS+0.5毫克/升

NAA+0.5毫克/升BA或者MS+0.5毫克/升 2，4D+1.0毫克/升KT，一般细胞分裂素浓度高于与之搭配的生长素浓度。每瓶接种5个叶片。培养温度为25℃±2℃左右，光照周期为12小时/天，光照强度为2000～3000微摩尔/（平方米×秒）。经过约三个月培养可得到再生植株。组培苗经过一周炼苗，在蒸煮消毒过的腐质土与细砂的等量混合基质中培养一个月。

4. 田间管理

田间管理要根据各生长阶段的不同要求及环境条件的变化进行。

（1）揭地膜　当约有10%以上的半夏长出一片叶，叶片在地膜中初展开时，即应当及时揭开地膜。揭膜后如地面板结，应当采取适当的松土措施，如用铁钩轻轻划破土面；土壤较干的，应适当浇水，以利继续出苗。地膜揭开后应当洗净整理好，以便第二年再用。坏的也应当集中处理，不能让其留在地里，污染土壤和环境。

（2）除草　半夏出苗时也是杂草生长之时，条播半夏的行间可用较窄的锄头除草，同时可为出苗后的半夏培土，而与半夏苗生长在一起的杂草则只能用手拔除；撒播的也只有采用拔草的方法。除草在半夏生长期中应当不止进行一次。要求是尽早除草，不能够让杂草影响半夏生长，应当根据杂草的生长情况具体确定除草次数和时间。除草可结合培土同时进行。

（3）浇水和排水　根据生物学特性，半夏的田间管理要注意好干旱时的浇水和多雨时的排水。干旱时最好浇湿土而不能漫灌，以免造成腐烂病的发生。有条件地块可采用喷灌和滴灌。多雨季节时应当注意及时清理畦沟，排水防渍，避免块茎因多水而发生腐烂。

（4）培土施肥　结合田间除草和清沟排水，有利于保墒和田间的排水。通过培土把生长在地面上的珠芽尽量埋起来。因叶片是陆续不断地长出的，珠芽的形成也是不断地，故培土也应当根据情况而进行。培土操作还应结合田间施用堆肥（要充分发酵并过筛）或腐熟农家肥或有机肥进行，即可起到盖埋半夏珠芽和保墒防杂草，又可补充田间养分，促进生长。堆肥一般每次亩施用量300～400千克，腐熟农家肥和有机肥一般每次亩施用量200～300千克。在培土前施用。平时还可根据田间长势，适当喷施2～3次磷酸二氢钾，喷施浓度为1000倍。

（5）间作、套作　选择与有一定光照条件的树林、果园种植套作，也可以与银杏、玉米、重楼、黄精等作物或中药材间作或套种可提高单位面积土地经济效益。

（6）防"倒苗"　适当蔽荫和喷水，可降低光照强度和地温，延迟和减少半夏倒苗。

5. 病虫害防治

（1）根腐病　①选用无病种栽，雨季及大雨后及时疏沟排水。②播种前用木霉的分生孢子悬浮液处理块茎，或以5%的草木灰溶液浸种2小时；或用50%多菌灵500倍液浸种30分钟。③发病初期，拔除病株后在穴处用5%石灰乳淋穴，防止蔓延。④及时防治地下害虫，可减轻危害。

（2）病毒性缩叶病　①选无病植株留种，避免从发病地区引种及发病地留种。②施足有机肥料，适当喷施磷、钾肥，增强抗病力；及时喷药消灭蚜虫等传毒昆虫。③出苗后在苗地喷洒1次80%敌敌畏1500倍液，每隔5～7天喷1次，连续2～3次。④发现病株，立即拔除，集中烧毁深埋，病穴用5%石灰乳浇灌，以防蔓延。⑤应用组织培养方法，培养无毒种苗。

（3）叶斑病　①在发病初期喷1：1：120波尔多液或65%代森锌或50%多菌灵800～1000倍液，或托布津1000倍液喷洒，每隔7～10天1次，连续2～3次。②将1千克大蒜碾碎后加水20～25千克，混匀后喷洒。③发现病株，立即拔除，集中烧毁深埋，病穴用5%石灰乳浇灌，以防蔓延。

（4）炭疽病　①选用抗病的优良品种。②避免种植过密或当头淋浇，经常保持通风通光。③发病初期剪除病叶，及时烧毁。④发病前喷1%波尔多液或27%高脂膜乳剂100～200倍液。⑤发病期间选用75%百菌清1000倍液，或50%炭疽福美600倍液，每隔7～10天1次，连续多次。

（5）芋双线天蛾　①结合中耕除草捕杀幼虫。②利用黑光灯诱杀成虫。③5月中旬至11月中旬幼虫发生时，或用50%的辛硫磷乳油1000～1500倍液喷雾或90%晶体敌百虫800～1000倍液喷洒，每5～7天喷1次，连续2～3次，可杀死80%～100%的幼虫。④成虫期用苏云籽菌制剂或杀螟杆菌或虫菌500～700倍液喷雾杀灭。

（6）红天蛾　参考芋双线天蛾。

（7）蚜虫　①及时翻耕晒畦，清除田间杂物和杂草，及时摘除被害叶片深埋，减少蚜虫源。②用涂有胶黏物质或机油的黄板诱蚜捕杀，也可畦沟覆盖银黑地膜进行避蚜。③蚜虫喜食碳水化合物，在栽培过程中，尽量少用化肥；利用天敌来消灭蚜虫。④蚜虫发生盛期，用10%吡虫啉可湿性粉剂1000倍液喷杀，或用快杀灵、扑虱蚜、灭蚜菌和敌百虫等。

（8）蛴螬　①施用充分腐熟的有机肥料。②灯光诱杀成虫。③幼虫期用50%辛硫磷乳油或90%敌百虫晶体1000倍液灌根，每株灌药液200毫升；或拌细土15～20千克，均匀撒在播种沟（穴）内；或每亩用50%辛硫磷乳油1千克或3%米乐尔颗粒剂2～3千克，开沟施入根际附近，并及时培土。④50%辛硫磷乳油、水、种子的比例为1：50：600拌匀，闷种3～4小时，其间翻动1～2次，种子干后即播种。⑤在成虫盛发期，喷洒90%晶体敌百虫1000倍液或2.5%敌杀死乳油3000倍液等。

五、采收加工

1. 采收

种子繁殖于第3、4年采收，块茎繁殖于当年或第2年采收。一般于夏、秋季茎叶枯萎倒苗后采收。采收过早影响产量，过晚难以去皮和晒干。

（1）块茎　采收时，从地块的一端开始，用锄头顺垄挖12～20厘米深的沟，逐一将半夏挖出。起挖时选晴天，小心挖取，避免损伤。

（2）种茎　于每年秋季倒苗后，在收获块茎的同时，选横径粗0.5～1.5厘米、生长健壮、无病虫害的当年生中、小块茎作种。

（3）种子　种子一般在6月中下旬采收，当总苞片发黄，果皮发白绿色，种子浅茶色或茶绿色，易脱落时分批摘回。

此外，每个茎叶上长有1～2珠芽，数量充足，且遇土即可生根发芽，成熟期早，也是主要的繁殖材料。大的珠芽当年就可发育成种茎或商品块茎。

2. 产地加工

块茎采收后经洗净、晒干或烘干，即为生半夏。

（1）去皮　收获后鲜半夏要及时去皮。先将鲜半夏洗净，按大、中、小分级，分别装入麻袋内，在地上轻轻摔打几下，然后倒入清水缸中，反复揉搓；或将块茎放入筐内或麻袋内，在流水中用木棒撞击或穿胶鞋用脚踩去外皮；也可用专业去皮机来除去外皮。采用以上方法，将外皮去净、洗净为止。

（2）干燥　将去皮后的半夏取出晾晒，并不断翻动，晚上收回，平摊于室内，不能堆放，不能遇露水。次日再取出，晒至全干。亦可拌入石灰，促使水分外渗，再晒干或烘干。如遇阴雨天气，采用炭火或炉火烘干，但温度不宜过高，一般应控制在35～60℃。在烘干时，要微火勤翻，力求干燥均匀，以免出现僵子，造成损失。

六、药典标准

1. 药材性状

（1）半夏　呈类球形，有的稍偏斜，直径1～1.5厘米。表面白色或浅黄色，顶端有凹陷的茎痕，周围密布麻点状根痕；下面钝圆，较光滑。质坚实，断面洁白，富粉性。气微，

味辛辣、麻舌而刺喉。（图1）

（2）法半夏　呈类球形或破碎成不规则颗粒状。表面淡黄白色、黄色或棕黄色。质较松脆或硬脆，断面黄色或淡黄色，颗粒者质稍硬脆。气微，味淡略甘、微有麻舌感。

（3）姜半夏　呈片状、不规则颗粒状或类球形。表面棕色至棕褐色。质硬脆，断面淡黄棕色，常具角质样光泽。气微香，味淡、微有麻舌感，嚼之略粘牙。

（4）清半夏　呈椭圆形、类圆形或不规则的片。切面淡灰色至灰白色，可见灰白色点状或短线状维管束迹，有的残留栓皮处下方显淡紫红色斑纹。质脆，易折断，断面略呈角质样。气微，味微涩、微有麻舌感。

1cm

图1　生半夏药材

2. 鉴别

本品粉末类白色。淀粉粒甚多，单粒类圆形、半圆形或圆多角形，直径2～20微米，脐点裂缝状、人字状或星状；复粒由2～6分粒组成。草酸钙针晶束存在于椭圆形黏液细胞中，或随处散在，针晶长20～144微米。螺纹导管直径10～24微米。

3. 检查

（1）水分　不得过13.0%。

（2）总灰分　半夏不得过4.0%；法半夏不得过9.0%；姜半夏不得过7.5%；清半夏不得过4.5%。

（3）白矾限量　白矾以含水硫酸铝钾 [$KAl(SO_4)_2 \cdot 12H_2O$] 计，姜半夏不得过8.5%；清半夏不得过10.0%。

4. 浸出物

半夏不得少于7.5%；法半夏不得少于5.0%；姜半夏不得少于10.0%；清半夏不得少于7.0%。

七、仓储运输

1. 包装

包装前应再次检查是否已充分干燥，并清除劣质品及异物。所使用的包装材料为麻袋或尼龙编织袋等，具体可根据出口或购货商要求而定。在每件包装上，应注明品名、规格、产地、批号、包装日期、生产单位，并附有质量合格的标志。

2. 仓储

（1）块茎　半夏为有毒药材，又易吸潮变色。干燥后的半夏如不马上出售，则应包装后置于室内干燥的地方贮藏。仓库应具有防虫、防鼠、防鸟的功能；要定期清理、消毒和通风换气，保持洁净卫生。忌与乌头混放，同时应有专人保管，防止非工作人员接触，并定期检查。

（2）种茎　种茎选好后，在室内摊晾2～3天，随后将其拌以干湿适中的细砂土，贮藏于通风阴凉处，于当年冬季或次年春季取出栽种。

（3）种子　采收的种子，宜随采随播，10～25天出苗，出苗率82.5%。8月以后采收的种子，要用湿沙混合贮藏，留待第二年春播种。

3. 运输

运输工具必须清洁、无污染，对半夏不会造成质量影响，运输过程中不得与其他有毒有害的物质或易串味的物质混装。运输容器应具有较好的通气性，保持通风、干燥，遇阴雨天气应防雨、防潮，避免在途中腐烂变质。

八、药材规格等级

根据市场流通情况，按照直径分为"选货"和"统货"两个等级；选货根据每500克所含块茎数，再分为"一等"和"二等"两个级别。应符合表1要求。

表1 规格等级划分

等级		性状描述	
		共同点	区别点
选货	一等	呈类球形，有的稍偏斜，直径1.2～1.5厘米，大小均匀。表面白色或浅黄色，顶端有凹陷的茎痕，周围密布麻点状根痕；下面钝圆，较平滑。质坚实，断面洁白或白色，富粉性。气微，味辛辣、麻舌而刺喉	每500克块茎数＜500粒
	二等		每500克块茎数500～1000粒
统货		呈类球形，有的稍偏斜，直径1～1.5厘米。表面白色或浅黄色，顶端有凹陷的茎痕，周围密布麻点状根痕；下面钝圆，较平滑。质坚实，断面洁白或白色，富粉性。气微，味辛辣、麻舌而刺喉	

注：1. 当前市场药材有部分直径小于1厘米，其中野生半夏大部分直径小于1厘米，不符合《中国药典》规定的直径1～1.5厘米。
2. 市场及产地调查发现，少量半夏出现扁球形，常有1～4个侧芽，这是栽培过程中的变异。

九、药用价值

（1）呕吐 半夏性温味辛，善于温中止呕，和胃降逆。临床治疗胃寒呕吐、寒饮呕吐及其他原因引起的呕吐，半夏作为主药随症加减，可获得止呕的效果。常用方剂有小半夏汤、小半夏加茯苓汤、大半夏汤、半夏泻心汤、生姜泻心汤、旋覆代赭汤等。

（2）痰症 半夏辛温而燥，可用于各种痰症，最善燥湿化痰：治湿痰用姜汁、白矾汤和之，治风痰以姜汁和之，治火痰以竹沥或荆沥和之，治寒痰以姜汁、矾汤，放入白芥子末和之。代表方是二陈汤。

（3）咳喘 半夏消痰散结，降逆和胃，临床常用于治疗痰饮壅肺之咳喘，及寒湿犯胃所致的呕吐噫气，或支饮，胸闷短气，咳逆倚息不得卧，面浮肢肿，心下痞坚等疾病。

（4）风痰眩晕 半夏燥湿化痰而降逆，天麻平息虚风而除眩，两药相配，既祛痰又熄风，临床治疗脾虚生痰，肝风内动所致的眩晕，头痛。代表方剂半夏白术天麻汤，具有显著的化痰熄风、健脾祛湿的功效。

（5）胸脘痞满 临床常用半夏配黄连、瓜蒌，加减用于治疗急慢性支气管炎、冠心病、肋间神经痛、胸膜粘连、急性胃炎、胆道系统疾患、慢性肝炎、腹膜炎、肠梗阻、渗出性腹膜炎等。

（6）失眠 临床常用半夏配秫米治疗脾胃虚弱，或胃失安和所致夜寝不安。半夏辛温，燥湿化痰而降逆和胃，能阴阳和表里，使阳入阴而令安眠；秫米甘微寒，健脾益气而升清安中，制半夏之辛烈。两药合用，一泻一补、一升一降，具有调和脾胃、舒畅气机的作用，使阴阳通，脾胃和，可入眠，为治"胃不和，卧不安"的良药。

（7）梅核气　临床上常用半夏配厚朴治疗梅核气，以辛开苦降，化痰降逆，顺气开郁，气顺则痰消。

（8）痞证　多用半夏配黄芩、黄连、干姜，寒热并用，和胃降逆，宣通阴阳。代表方半夏泻心汤，重用半夏以降逆止呕。

注意：半夏有一定的毒性，不宜生吃，如果服用过量或者误服会对人的口腔、咽喉等产生毒性。半夏不能和羊肉、羊血一起服用，不能和饴糖一起服用，不然会生痰动火。

参考文献

[1]　周涛，肖承鸿，江维克，等. T/CACM 1021.13—2017. 中药材商品规格等级 半夏[S]. 中华中医药学会，2017.

[2]　龙正权，杨辽生. 地膜半夏+豇豆/大蒜高效栽培技术[J]. 农技服务，2010，27（8）：1072–1073.

[3]　蒋庆民，林伟，蒋学杰. 半夏标准化种植技术[J]. 特种经济动植物，2017，20（11）：35–36.

[4]　王海玲，王孝华，阮培均，等. 喀斯特温和气候区半夏优化栽培模式研究[J]. 中国农学通报，2012，28（10）：271–276.

[5]　翟玉玲，刘晓燕，樊艳，等. 高海拔地区半夏栽培技术[J]. 中国种业，2015（2）：73–74.

[6]　翟玉玲，刘晓燕，樊艳，等. 高寒山区半夏高产栽培技术及其经济效益分析[J]. 现代农业科技，2015（12）：104–105.

hong　hua
红花

本品为菊科植物红花*Carthamus tinctorius* L.的干燥花，是我国传统活血化瘀类中药材。

一、植物特征

红花为一年生草本。高（30）60～100（150）厘米。主根圆柱状，直根系，上部直径达1.2厘米，向下渐窄，具多数侧根和纤维状细根。茎直立，上部具分枝，茎和枝白色或淡白色，具多数细纵棱，光滑，无毛。中下部茎叶披针形、卵状披针形或长椭圆形，长5～15厘米，宽2.5～6厘米，先端锐尖，边缘大锯齿、重锯齿、小锯齿以至无锯齿而全缘，极少有羽状深裂的，齿顶有针刺，针刺长1～1.5毫米，向上的叶渐小，披针形，边缘有锯齿，齿顶针刺较长，长达3毫米；全部叶质地坚硬，革质，两面无毛无腺点，有光泽，基部无柄，半抱茎。头状花序多数，在茎枝顶端排成伞房花序，为苞叶所围绕，苞片椭圆形或卵状披针形，包括顶端针刺长2.5～3厘米，边缘有针刺，针刺长1～3毫米，或无针刺，顶端渐长，有篦齿状针刺，针刺长2毫米。总苞卵形，直径2.5厘米；总苞片4层，外层竖琴状，中部或下部有收溢，收溢以上叶质，绿色，边缘无针刺或有篦齿状针刺，针刺长达3毫米，顶端渐尖，有长1～2毫米，收溢以下黄白色；中内层硬膜质，倒披针状椭圆形至长倒披针形，长达2.2厘米，顶端渐尖；全部苞片无毛无腺点。小花红色、桔红色，全部为两性，花冠长2.8厘米，细管部长2厘米，花冠裂片几达檐部基部。瘦果倒卵形，长5.5毫米，宽5毫米，乳白色，有4棱，棱在果顶伸出，侧生着生面。无冠毛。花果期5～8月。

红花种子为双子叶无胚乳种子，倒角卵形瘦果，果皮坚硬，果内含一枚种子。种脐位于种子腹面基部。种子外观颜色为米黄色或乳白色，部分种子的顶端存在褐色或土黄色色斑。

二、资源分布概况

中国红花资源丰富，品种繁多，栽培地域广阔，分布甚广，主要集中在我国的西北、中原和西南地区。我国红花的主产区是新疆、云南、四川、河南、河北、内蒙古、浙江等地区。乌蒙山区云南武定、禄劝、巧家、鲁甸等县适宜种植红花。

三、生长习性

红花为一年生草本植物，根系发达，能够吸收土壤深层水分，适应性较强。红花喜温暖干燥气候，耐旱、耐寒、耐盐碱、耐瘠薄，怕涝、怕高温、忌湿等生物学特性，适宜生长在气候温和、光照充足、地势高燥、土层深厚、中等肥力、排水良好、质地疏松的砂质壤土中。发芽最适温度25℃，幼苗能耐-5℃。云南秋播生育期200～250天。红花植株的生长发育会随着气候节律的变化而产生阶段性的发育变化，而且生长环境不同，其生长周期和发育习性也会有很大的差异。

四、栽培技术

1. 选地与整地

（1）选地　选择土层深厚、排水良好、中等肥力、砂质壤土或黏质壤土，土壤pH值在6.0～7.5之间。忌连作，花期忌涝。前作以豆科、禾本科作物为好。

（2）整地　一般9～10月进行整地。对红花种植地块进行整地时，通常情况下需要进行一到两次的翻犁，对翻犁操作无法进行的边缘地区可以采取人工锄挖的操作方式对其进行处理，翻耕耕作深度为25厘米。同时可以适当地提高土壤中的肥力，在其中加入堆肥并与土壤进行混合；将土壤中的杂草拔除；将土地四周的排水沟进行深挖，排出多余的水。土地整平后，按照1.8～2.5米宽做畦。种植前施入完全腐熟的堆肥或商品有机肥，每亩堆肥施肥量为1500～2000千克，每亩施入优质复合肥（15–15–15）15千克做底肥。

2. 播种

（1）选种　种子应选择纯度90%以上，净度98%以上，发芽率80%以上，颗粒饱满、无霉变和无异味。

（2）种子处理　种植前宜用40%多菌灵胶悬剂300倍液浸种15分钟。

（3）播种　于9月下旬至10月上中旬利用较好墒情播种。若在海拔较高、冬季有霜冻的地区，宜10月中下旬播种。可采用宽窄行条播、等株行距点播或打塘直播。宽窄行条播：宽行60厘米、窄行30厘米或宽行45厘米、窄行30厘米，株距5～7厘米。等株行距点播或打塘直播：塘行距25厘米×40厘米，每塘播种5～6颗。播种深度为2～4厘米。若土壤墒情不好，气候干旱，土质疏松，可适当深播；土壤黏重，温暖、湿润的地区，播种可稍浅。每亩用种量2～3千克。约经10天出苗。

3. 田间管理

（1）补苗　出苗前遇雨板结时，应及时轻耙或碾压，疏松表层土壤，确保全苗。出苗后对缺苗田块及时进行补种。

（2）适时定苗　红花播后10天左右出苗，当幼苗长出2～3片真叶时进行第一次间苗，去掉弱苗。4～6片真叶时定苗，拔去多余苗，每穴留1～2株，株距按25厘米定苗。红花分枝特性能随环境的不同而变化，密植时，每株花数减少，每株花球数目和花球种子数增加。（图1）

图1　红花田间栽培

（3）中耕除草　在红花的生育期中耕3次，第1～2次中耕结合定苗，应适当浅锄；第3次中耕在封行前进行，在不伤苗、不压苗的前提下要适当深锄。

（4）追肥　在植株郁闭、现蕾前，追施一次复合肥（15–15–15），根据苗长势追肥量10～15千克/亩。

（5）灌溉排水　红花生长前期需水较少，也较耐旱，分枝至开花期需水较多，盛花期需水量最大，终花期后停止灌溉。生育期内一般灌水3次，头水在伸长期，第二水在始花期，第三水在终花期。注意灌水后田间不能积水，积水浸泡1～2小时就会出现死苗现象；忌高温下浇灌和大水漫灌。

4. 病虫害防治

（1）锈病　锈病是红花生长过程中最严重的一种病害，它在红花的整个生长过程中均有可能发生。而锈病的高发期是每年的五六月，这时空气中的湿度过大，再加上气温升高，极易发生锈病。锈病主要危害的是红花的茎叶，从而导致植株枯死，严重影响红花的产量。锈病防治要采用综合措施，要实行2~3年以上的轮作，与禾本科作物小麦、玉米或豆类作物等轮作为宜；在整个生长期发现病株立即拔除并在田外烧毁；收获后将植株的茎、叶病残体集中进行销毁，也可以进行堆积腐烂杀灭病菌；大面积出现时，选用农药进行防治，在发病初期及时喷施杀菌剂，喷97%的敌锈钠300~400倍液，每隔10天一次，连续2~3次即可。

（2）根腐病　主要危害的是红花植株的根系，它在红花的整个生长发育过程中均有可能发生，尤其是在幼苗期和花期最为严重。发生根腐病之后，植株会慢慢地萎蔫，植株呈现淡黄色，如果没有及时防治，会导致植株死亡。发病时，要将病株拔出，并及时烧毁，同时要将田间的土壤用生石灰进行消毒，以免病菌传播。最后还可以用托布津1000倍液浇灌病株，达到预防的作用。

（3）褐斑病　一般常发于红花生长的中期和后期高温多雨的天气，它主要危害的是红花的叶子，在病发初期，叶面上回出现圆形的黄褐色斑点，慢慢地随着病情的加重，会出现白色霉层，最后叶面出现灰白色，红花收获前会出现大量的黑点，严重影响红花的质量。我们可有采用轮作的方式进行预防，同时使用代森锌可湿性粉剂或福美双可湿性粉剂进行防治，800~1000倍液，每隔7~10天喷一次，连续2~3次即可。

（4）蚜虫　红花蚜虫成虫、若虫聚集在寄主幼叶、嫩茎、花轴上吸食汁液，被害处常出现褐色小斑点，虫口密度大时可使叶片失水卷曲，影响植株正常生长发育。该虫害大量的发生，从5月初气温达到20℃开始出现，至6、7月达到高峰，在红花营养生长期，绝大多数蚜虫群聚在红花顶叶和嫩茎上，随着生长点老化，陆续转移分散到植株中、下部的叶背面。防治方法为：①物理防治：黄板诱杀蚜虫，有翅蚜初发期可用市场上出售的商品黄板，或用60厘米×40厘米长方形纸板或木板等，涂上黄色油漆，再涂一层机油，挂在行间或株间，每亩挂30块左右，当黄板粘满蚜虫时，再涂一层机油；适期早播，不定期田间查看，及时拔除中心蚜株并销毁。②生物防治：前期蚜量少时保护利用瓢虫等天敌，进行自然控制。无翅蚜发生初期，用0.3%苦参碱乳剂800~900倍液，或天然除虫菊素2000倍液，或15%茚虫威悬浮剂2500倍液等植物源农药喷雾防治。③药剂防治：用10%吡虫啉可湿性粉剂1000倍液，或3%啶虫脒乳油1500倍液，或2.5%联苯菊酯乳油3000倍液，或50%吡蚜酮2000倍液，或25%噻虫嗪5000倍液，或50%烯啶虫胺4000倍液，或其他有效药剂，交替喷雾防治。

五、采收加工

1. 采收

（1）花瓣采收　当红花生长的大田中，发现有初现花的单株或单花蕾时，则红花将进入收获期。早播，第二年的3～5月即可进行采收；播种晚，6月采收。红花采摘时间应选择在早晨日出露水未干前，苞片锐刺发软时采摘为好。采收时，用一只手的拇指、食指、中指和无名指，轻捏花蕾顶部的花序下部，向一边稍转并往上提，花序就轻松的被采下了。每一批的采摘以只采花序由黄转红时为标准，做到花序黄色不转红不采、倒（藏）在下面的花蕾不漏采。花冠全部金黄色或深黄色的不宜采收。

（2）种子收获　开完花的红花花序，随即进入了种子灌浆成熟期。待红花大部叶片发黄枯萎，即可以收获红花籽；小面积种植的，可以用镰刀割下全株，晒干，脱粒。收后的红花籽干净、无破碎、不霉变、质量好、效率高，晒干扬净，即可以出售。

2. 加工

（1）产地初加工目的　除去非药用部分、杂质及泥沙等；按要求进行加工，符合法定标准和商品规格，进行产品分级。

（2）场所和用具　红花的初加工场所应清洁、通风，具有遮阳、防雨的设施。每次加工前后要将场地打扫干净，保持现场整洁，不得留存加工完的下脚料等，做到日清日洁。

（3）初加工原则　干燥至用手握花序基本能成团，松手即全部散开。

（4）初加工方法

①除杂：人工挑除夹杂于其中的枯枝、杂草等杂质部分。

②干燥：根据种植的面积大小，采收前在地头上搭设荫棚，棚架可选用自己当地的原材料，竹木结构即可；阴棚宽1.2米，高1.8米，长度不限，在1.8米高度中，每隔30厘米做一层，层下面放置尼龙纱网；棚上部搭设水泥瓦或其他防雨防晒的材料。采收的红花花序应立即薄摊在棚架上，厚度2厘米左右，不可太厚，在空气湿度不大，风力3级左右的情况下，花序中的水分2～3天就基本挥发掉。

六、药典标准

1. 药材性状

本品为不带子房的管状花，长1～2厘米。表面红黄色或红色。花冠筒细长，先端5裂，裂片呈狭条形，长5～8毫米；雄蕊5，花药聚合成筒状，黄白色；柱头长圆柱形，顶端微分叉。质柔软。气微香，味微苦。（图2）

图2 红花药材

2. 显微鉴别

本品粉末橙黄色。花冠、花丝、柱头碎片多见，有长管状分泌细胞常位于导管旁，直径约至66微米，含黄棕色至红棕色分泌物。花冠裂片顶端表皮细胞外壁突起呈短绒毛状。柱头和花柱上部表皮细胞分化成圆锥形单细胞毛，先端尖或稍钝。花粉粒类圆形、椭圆形或橄榄形，直径约至60微米，具3个萌发孔，外壁有齿状突起。草酸钙方晶存在于薄壁细胞中，直径2～6微米。

3. 检查

（1）杂质 不得过2%。

（2）水分 不得过13.0%。

（3）总灰分 不得过15.0%。

（4）酸不溶性灰分 不得过5.0%。

4. 浸出物

不得少于30.0%。

七、仓储运输

1. 仓储

仓库应具有防虫、防鼠、防鸟的功能；要定期清理、消毒和通风换气，保持洁净卫生；不应与非绿色食品混放；不应和有毒、有害、有异味、易污染物品同库存放；在保管期间如果水分超过14%、包装袋打开、没有及时封口、包装物破碎等，导致红花吸收空气中的水分，发生返潮、结块、褐变、生虫等现象，必须采取相应的措施。

2. 运输

运输车辆的卫生合格，温度在16～20℃，湿度不高于30%，具备防暑防晒、防雨、防潮、防火等设备，符合装卸要求；进行批量运输时应不与其他有毒、有害、易串味物质混装。

八、药材规格等级

应符合表1要求。

表1　规格等级划分

规格	等级	性状描述	
		共同点	区别点
选货	—	干货。管状花皱缩弯曲，成团或散在。不带子房的管状花，长1～2厘米。花冠筒细长，先端5裂，裂片呈狭条形，长0.5～0.8厘米；雄蕊5，花药聚合成筒状，黄白色；柱头长圆柱形，顶端微分叉。质柔软。气微香，味微苦	表面鲜红色，微带淡黄色。杂质≤0.5%，水分≤11.0%
统货	—		表面暗红色或带黄色。杂质≤2.0%，水分≤13.0%

注：1. 安徽亳州药材市场红花药材在产地云南、新疆的基础上分统货和选货，两产地性状差异较小。
　　2. 安徽亳州药材市场偶见其他地区产红花，与云南、新疆主流产地红花性状差异较大。

九、药用食用价值

1. 临床常用

红花的药理作用十分广泛，具有活血通经、祛瘀止痛功效，其作用机制主要为抗凝血、抗血栓形成，增加冠脉流量，扩血管、降血压，改善心肌能量代谢，抑制ADP诱导的血小板聚集，抗衰老、抗氧化代谢，延长凝血酶原时间，拮抗Ca^{2+}内流作用，镇痛、镇静作用，兴奋子宫，这些机制与其临床功效有关。红花已经广泛应用于临床，治疗缺血性心脏病、脑血栓、高血压病、缺血性和出血性脑卒中、糖尿病并发症、类风湿关节炎，取得了良好效果。红花作为传统医学的活血化瘀类中药，应用广泛，尤其对心脑血管系统有良好的药理作用，开发前景十分乐观，具有良好的社会、经济效益。

2. 食疗及保健

除用作药材外，红花还可以食用，用做染料、油料、饲料等。红花油是世界公认的具有食用、保健、美容功用的功能性食用油。红花油在国际上被作为"绿色食品"。红花油常常用作血液胆固醇调整、动脉粥样硬化治疗剂及预防剂的原料。适用于各种类型动脉粥样硬化、高胆固醇、高血压、心肌梗死、心绞痛等，并可用作脂肪肝、肝硬化、肝功能障碍的辅助治疗。红花油还广泛用作抗氧化剂和维生素A、维生素D的稳定剂。红花油酸值低、黏度小、脂肪酸凝点低、油色浅、清亮澄明，可作为药用注射油。红花花冠不但可作为药用，还可提供天然食用的黄色素、红色素，是理想的食品添加剂，还是高档化妆品、纺织品的染色剂，且对人体有抗癌、杀菌、解毒、降压及护肤的功效。

参考文献

[1] 杨承乾. 红花的高产优质栽培技术[J]. 农技服务，2016，16（33）：29-31.

[2] 刘海涛，曹婷婷，张本刚，等. T/CACM 1021.15—2018. 中药材商品规格等级 红花[S]. 中华中医药学会，2018.

[3] 谢晓亮，杨彦杰，杨太新，等. 无公害中药材田间生产技术规程[M]. 石家庄：方圆电子音像出版社，2013.

[4] 刘旭云，杨谨. 红花栽培新技术[M]. 昆明：云南科技出版社，2011.

[5] 李隆云，张艳，黄天福，等. 药用红花栽培技术研究[J]. 西南师范大学学报：自然科学版，1997，22（4）：441-444.

[6] 姚艳丽，王健，傅玮东，等. 红花种植气候适应性初探[J]. 沙漠与绿洲气象，2002，25（5）：21-23.

灯盏花

deng zhan hua

本品为菊科植物短葶飞蓬*Erigeron breviscapus*（Vant.）Hand. -Mazz. 的干燥全草。短

葶飞蓬的花似灯盏、根似细辛，故又名灯盏细辛，亦名地顶草、地朝阳等，系云南民间常用中草药。

一、植物特征

多年生草本，根状茎木质，粗厚或扭成块状，斜升或横走，分枝或不分枝，具纤维状根，颈部常被残叶的基部（图1）。茎数个或单生，高5～50厘米，基部径1～1.5毫米，直立，或基部略弯，绿色或稀紫色，具明显的条纹，不分枝，或有时有少数（2～4个）分枝，被疏或较密的短硬毛，杂有短贴毛和头状具柄腺毛，上部毛较密。叶主要集中于基部，基部叶密集，莲座状，花期生存，倒卵状披针形或宽匙形，长1.5～11厘米，宽0.5～2.5厘米，全缘，顶端钝或圆形，具小尖头，基部渐狭或急狭成具翅的柄，具3脉，两面被密或疏，边缘被较密的短硬毛，杂有不明显的腺毛，极少近无毛；茎叶少数，2～4个，少无，无柄，狭长圆状披针形或狭披

图1　短葶飞蓬植物图

针形，长1～4厘米，宽0.5～1厘米，顶端钝或稍尖，基部半抱茎，上部叶渐小，线形。头状花序径2～2.8厘米，单生于茎或分枝的顶端，总苞半球形，长0.5～0.8厘米，宽1～1.5厘米，总苞片3层，线状披针形，长8毫米，宽约1毫米，顶端尖，长于花盘或与花盘等长，绿色，或上顶紫红色，外层较短，背面被密或疏的短硬毛，杂有较密的短贴毛和头状具柄腺毛，内层具狭膜质的边缘，近无毛。外围的雌花舌状，3层，长10～12毫米，宽0.8～1毫米，舌片开展，蓝色或粉紫色，平，管部长2～2.5毫米，上部被疏短毛，顶端全缘；中央的两性花管状，黄色，长3.5～4毫米，管部长约1.5毫米，檐部窄漏斗形，中部被疏微毛，裂片无毛；花药伸出花冠；瘦果狭长圆形，长1.5毫米，扁压，背面常具1肋，被密短毛；冠毛淡褐色，2层，刚毛状，外层极短，内层长约4毫米。花期3～10月。

二、资源分布概况

主要分布于我国云南、四川、贵州、广西、西藏、湖南等省、自治区，常见于海拔1200～3500米的中山和亚高山开阔山坡、草地或林缘。其中，云南的灯盏花资源占全国资源总量的95%以上，主要分布在滇南和滇西。

近年来，云南省通过培育灯盏花中成药大品种，促进龙头带动，提升发展灯盏花种植，保障优质供给，夯实道地药材壁垒，鼓励灯盏花系列新产品的开发，并实施重点项目的科技攻关，促进灯盏花产业发展。乌蒙山区云南禄劝、武定、寻甸、会泽、宣威等适宜发展灯盏花种植。

三、生长习性

1. 生长发育特性

灯盏花种子很小，经过初步筛选后，人工种植采收的种子在育苗圃的最终发芽率可达到50%，出苗率在30%左右。种子播种后10～12天开始出苗，15～20天时为出苗盛期，30～33天为出苗终期。从播种到成苗的苗床生育期为80～100天。幼苗在1叶至3叶期生长较缓慢，3叶期基部开始出现分枝，4叶至6叶期生长快速，7～8叶期生长再次变慢，进入成苗期。灯盏花6～8叶时可以移栽，移栽抽薹到现蕾、现蕾到开花、开花到结实分别需要经历40～42天、7～9天、5～7天和15～20天。人工栽培植株的开花数量明显高于野生植株。从播种到种子成熟，全生育期为150天左右。

2. 生态适应性

灯盏花具有广泛的生态适应性，其野生群体是云南高原草地的重要组成部分，属于喜光植物。在野生条件下，种子萌发和幼苗生长对水分要求相对较高，成苗后有较强的抗旱和耐旱能力，但水分状况对其生长有较强的调节作用。在6～25℃的温度下可保持正常生长，植株无明显的冬季休眠现象。短暂的0℃低温，对幼苗植株无大影响。

人工种植的灯盏花，种子出苗的适宜温度为15～25℃，营养生长的适宜温度在20～28℃，宜保持适当的水分和光照才有较高的产量。干旱会降低植株的生长量，因此温棚内和露地大田的灯盏花生长量有显著的差异，塑料大棚内种植的产量比露地种植显著增加。

四、栽培技术

灯盏花种子小、繁殖系数高，一般通过有性繁殖来解决生产中的种苗需求。

1. 育苗

（1）种子采收　灯盏花为异花授粉植物，为保证种子的相对一致性，应建立隔离的种子繁育圃。在瘦果成熟时，果序毛茸状半球形时及时采收。采收的种子应去除种毛和其他杂物，袋装后在阳光下暴晒1～2天，使含水量低于12%。处理后的种子可在低温下干燥保存备用，也可以立即用于育苗。

（2）苗床准备　先将大棚内土地深翻，用生石灰进行杀虫、灭菌，然后耙平整细作畦，畦面宽1.2米，沟宽0.4米，深0.2米，做到高畦低沟、畦平、土细、沟直。苗床施肥按照每亩用腐熟堆肥1500千克、钙镁磷肥100千克、尿素10千克均匀撒施在畦面上，做到肥与土壤充分混合。

（3）播种　云南地区灯盏花播种育苗一般分为春播和秋播两季。春播一般在4～5月，秋播一般在10～11月。灯盏花的种子细小，出苗率低，新采收的种子出苗率较高。播种前利用太阳光暴晒3～4小时，以减少附在种子表面的病菌孢子和虫卵，再用30～35℃的温水浸泡48小时。用细纱布滤水后混入湿细沙中拌匀待播。按1克/平方米撒播，撒种时要均匀，可分3次撒播，然后用细腐殖土覆盖0.5～0.8厘米，最后用松毛或稻草覆盖并喷水。

（4）苗圃管理　播种后常保持菌床土壤润湿，每天喷水1次。幼苗长至2～3叶时及时除草和喷水；当幼苗长至4～5叶时进行间苗，间苗时按"间密留稀，间弱留强"的原则；间苗和移栽前，各施追肥1次，每次每亩用15–15–15复合肥10～15千克兑水浇施，施肥后用清水喷洒1次，以防灼伤幼苗。

有条件地区可以采用漂浮盘进行漂浮育苗，种苗移栽成活率高。

2. 移栽

（1）整地　移栽前7～10天，选晴天及时翻挖、晒垡、平整，按1.8米起畦，畦面宽1.5米，沟宽0.3米，沟深0.2米，成高畦低沟，利于排水。畦面平整后，用腐熟堆肥1500千克/亩、钙镁磷肥100千克/亩均匀撒施后翻挖以培肥土壤。

（2）移栽　云南地区春种5～6月移栽，秋种在11～12月移栽。种植密度以每亩1.3万～1.5万株，即移栽规格为20厘米×20厘米为宜。移栽起苗时，应尽量做到取壮苗，多带土，少伤根，当天取苗，当天定植，确保定植成活率达到90%以上。定植1周后及时查苗，发现缺苗或死苗时，及时补齐，做到苗全、苗齐，确保丰收。干旱季节可以采用黑地膜覆盖栽培。（图2）

图2 灯盏花田间栽培

3. 田间管理

（1）中耕除草 中耕除草可以保持土松草净，增加土壤的透气性、提高土壤温度，有利于植株的正常生长。由于植株较小，可以考虑使用浅中耕。中耕除草时间应以田间情况而定，一般每20～30天除草一次。

（2）排水灌水 定植后要浇足定根水，使土壤和根系充分接触，确保成活，以后视田间幼苗生长发育情况，干时勤浇，雨时防涝。

（3）施肥 定植成活后，追施尿素2～3千克/亩，可兑1500千克清水喷施提苗。以后每隔20～25天追施1次尿素，浓度可逐步提高，但最多不要超过75千克/公顷。在两次追施尿素的期间，还可用0.2%的磷酸二氢钾或三元复合肥进行根外追肥，促进其健壮生长。追肥可与喷灌结合，一次完成。

4. 病虫害防治

灯盏花野生变家种历史很短，其病虫害的种类和发生规律目前研究和了解不多。目前主要病害有霜霉病、锈病、根结线虫等，虫害有黄蚂蚁、尺蛾、蚜虫等。因此，宜采用如下综合防治措施进行防治。

①严格选地，实行轮作。

②土壤处理：55%敌克松+50%多菌灵各1千克/亩，拌细土50～100千克，田间撒施消毒。

③种子处理：50%多菌灵1000倍液浸种。

④培育和选用健壮无病的种子种苗。

⑤种苗处理：移栽前用70%甲基托布津1000～2000倍液喷雾。

⑥高畦低沟、合理排灌。

⑦彻底清除病株残体及田间杂草，并用药液进行病穴浇灌。

大田期则根据发生病害的种类选用不同的药剂，具体如下。

（1）霜霉病　叶片表面呈灰白色煤层，高温高湿易发病。应保持通风透光，土壤保持较低湿度；消除病叶，集中烧毁；在7～8月气温较低，连续阴雨多雾时应抓紧用波尔多液保护，每隔15天一次，连续2～3次。在发病初期用58%甲霜灵锰锌500～600倍液、75%百菌清可湿性粉剂600～800倍液喷雾。

（2）锈病　主要侵染植株叶片，有时在茎上也有孢子堆。灯盏花各个生育时期均可能发生，其中以夏季发病较为严重。应在秋冬消除病残体，集中烧毁；前期用波尔多液保护；发病初期用50%粉锈清可湿性粉剂500～800倍液、15%粉锈宁可湿性粉剂500～800倍液喷雾；及时收割，减少锈孢子量。

（3）根结线虫　可用线虫必克在播种或移栽前做土壤处理，每亩用0.5～1.0千克拌土做畦面撒施。

5. 直播栽培

（1）选地　选择靠近水源，土壤肥力中等以上，土质疏松，地势较为高燥，便于排水的地块种植；若在红土地上种植，必须选择肥沃的蔬菜地；不能选择砂性过重容易板结的土地种植。

（2）翻地晒垡　播种前10～15天选晴天翻地晒垡。

（3）整地理畦　播种前1～3天进行碎垡、施基肥、平整，理畦宽度以1.7米开墒，1.3米净畦面为标准，基肥可用腐熟堆肥+钙镁磷肥+尿素等充分拌匀后于播种前撒在畦面上，钙镁磷肥亩用量20千克，尿素亩用量10千克，腐熟堆肥亩用量1500千克。

（4）播种准备　播种前准备好松毛、拱架（老熟竹片或藤条）、过筛细火灰土或堆肥土、薄膜、种子、土壤消毒药剂才能播种。具体要求：鲜松毛3千克/平方米或干松毛1千克/平方米；拱架2米长的老熟竹片或藤条，600片左右/亩；过筛细火灰土或堆肥土3千克/

平方米；种子按照0.5克/平方米；薄膜、土壤消毒药剂。

（5）播种　春播一般4～5月，秋播一般10～11月。一般选用无风的早、晚用过筛火灰土或堆肥土均匀拌种分次撒播。

（6）覆盖及浇水　播种后（不盖土）立即覆盖松毛，松毛要盖严盖匀，之后浇1～2次透水，按0.8～1米的间距沿畦边搭拱架，盖膜，6天之内保证每天浇一次水，出苗期间保证畦面湿润，之后视天气情况及畦面湿度情况而定。

（7）除草　适时除草，保证覆盖物（松毛）表层无杂草。

（8）防虫　播种第7天开始防虫，严禁施用甲胺磷等剧毒农药。

（9）揭松毛　分3次揭完，30天、45天、60天各揭去三分之一。

（10）防病　3～5叶期防病，农药用甲基托布津、可杀得、乙膦铝锰锌等，7～10天防治一次，连续防治3次；期间用磷酸二氢钾等叶面肥兑水喷施2～3次（施药浓度按使用说明）。

（11）收割　现蕾期至盛花期为最佳收割期，收割应注意：选择晴天早晨露水干后进行，收割高度距离地面2～3厘米；采收过程中必须除去混杂在药材中的杂草及腐叶，尽量做到不带土，采收后马上进行干燥处理，收割前1天，收割后3天内不浇水；收割前15天内，收割后7天内不能施药、施肥；以后进行正常田间管理。

（12）干燥　灯盏花干燥一般多采用晒干法（旱季）或烘干法（雨季）。干燥时需要薄薄的撒在草席或编织袋上，切不可直接放在水泥地板上晾晒，晴天一般两天就可晒干。烘干时要注意通风，以免发霉，干燥后用袋装好以防回潮并及时交售。

（13）小拱棚管理　高温时及时揭膜通风，低温时盖膜保温，操作时轻揭轻盖，以免撕破薄膜。

五、采收加工

1. 采收

在人工规范化种植中，通过只采割地上部分能使茎叶再生，多次采割，降低成本，提高产量。灯盏花植株干物质与有效成分含量在不同生育时期有差异。干物质含量在现蕾前增长迅速，以后则增长缓慢；含量在现蕾期至盛花期较高，以后逐渐下降。综合两个方面的因素，把从现蕾期到盛花期确定为灯盏花的最佳采收时期。结合灯盏花采收生育时期和生产实际，确定7～11月（夏秋季）为采收月份。

2. 加工

灯盏花采收后，用专门的运输车辆运回初加工厂进行加工。加工时摊开晾晒3～4天，至晒干为止。晾晒过程中要拣出枯黄植株和叶片，并及时翻动。如遇雨天，可在50～60℃的烘房内烘干；也可薄摊在室内通风处，防止发霉变质。

六、药典标准

1. 药材性状

本品长15～25厘米。根茎长1～3厘米，直径0.2～0.5厘米；表面凹凸不平，着生多数圆柱形细根，直径约0.1厘米，淡褐色至黄褐色。茎圆柱形，长14～22厘米，直径0.1～0.2厘米；黄绿色至淡棕色，具细纵棱线，被白色短柔毛；质脆，断面黄白色，有髓或中空。基生叶皱缩、破碎，完整者展平后呈倒卵状披针形、匙形、阔披针形或阔倒卵形，长1.5～9厘米，宽0.5～1.3厘米；黄绿色，先端钝圆，有短尖，基部渐狭，全缘；茎生叶互生，披针形，基部抱茎。头状花序顶生。瘦果扁倒卵形。气微香，味微苦。

2. 鉴别

叶的表面观：表皮细胞壁波状弯曲，有角质线纹，气孔不定式。非腺毛1～8细胞，长约180～560微米。腺毛头部1～4细胞，柄1至多细胞。

3. 检查

（1）水分　不得过12.0%。

（2）总灰分　不得过15.0%。

（3）酸不溶性灰分　不得过8.0%。

4. 浸出物

不得少于7.0%。

七、仓储运输

1. 包装

包装材料应无污染、清洁、干燥、无破损，并符合安全标准。灯盏花包装材料一般用干净的麻袋、编织袋或纸箱等，按不同等级分开包装。包装前应检查是否干燥，消除劣质品及异物。每件包装上，应注明品名、规格（等级）、产地、批号、包装日期、生产单位，并附质量合格的标志。

2. 储藏

应选择通风、干燥、避光，并具有防鼠、虫设施和防湿设施、地面整洁、无缝隙、易清洁的仓库储存。堆放时应与墙壁保持足够距离。晴天湿度低时，打开门窗，进行通风；阴雨天应关紧门窗；雨季应及时翻晒或复烘。及时检查有无虫蛀、变油、发霉，发现异常及时采取相应措施。

3. 运输

运输工具必须清洁、干燥、无异味、无污染。运输时不应与其他有毒、有害、易串味物质及可能污染其品质的货物混装。运输过程中必须有防雨、防潮、防暴晒、防污染措施。

八、药用食用价值

1. 临床常用

灯盏花味辛、微苦，性温，归心、肝经。功效为祛风散寒，活血通络止痛。主要用于风寒湿痹痛，中风瘫痪，胸痹心痛，牙痛，感冒。常见复方如下。

（1）治感冒头痛，筋骨疼痛，鼻窍不通　灯盏细辛，水煎服。

（2）治小儿疳积，蛔虫病，感冒，胁痛　灯盏花三至五钱。水煎服。

（3）治牙痛　鲜灯盏花全草，捣烂加红糖敷痛处。

（4）治疔毒，疖疮　灯盏细辛，捣烂外敷。

（5）其他　以灯盏花为主，结合其他中西医疗法，治疗高血压脑溢血、脑血栓形成、脑栓塞、多发性神经炎、慢性蛛网膜炎等后遗瘫痪症，有一定疗效。其中以脑溢血后遗瘫痪疗效较好。①灯盏花14棵（约10克）蒸鸡蛋1个，或炖猪脚服，每日1次。②灯盏花500

棵（430克左右），浸白酒（浓度不限）500毫升。每次10毫升，日服3次。③灯盏细辛注射液4～6毫升，每日或隔日穴位注射1次，每穴1毫升（相当生药0.5克）。所用穴位为一般治瘫穴，如头面部取颊车、地仓等，上肢取肩髃、曲池、养老、合谷等，下肢取环跳、足三里、新伏兔、阳陵泉等。治疗过程中，同时辅以维生素B_1或B_{12}、加兰他敏等穴位注射，以及按摩推拿等。

2. 食疗和保健作用

《滇南本草》中关于灯盏花的记载："左瘫右痪，风湿疼痛，水煎，点水酒服。"20世纪70年代，在全国上下大搞中草药群众运动的感召下，丘北县97岁的苗族中医献出了用灯盏花治疗中风偏瘫的秘方，其方内容与其他中医方和滇南本草的记载一脉相承，其中主要内容都是加水酒以提升药效，所以常喝灯盏花茶的中老年人和心脑血管病患者，不妨在灯盏花泡好后加几滴高度白酒，酒中的乙醇会溶解绝大多数灯盏花的药物成分，如果午餐和晚餐有饮酒习惯，可以买些灯盏花泡酒，每天服用，这样用作心脑血管疾病的日常治疗和保健就更方便了。

参考文献

[1]　朱媛，杨生超，祖艳群，等. 灯盏花栽培技术及有效成分积累研究进展[J]. 安徽农业科学，2009，37（10）：4499-4500.

[2]　杨淑艳，杨向红，沈祥宏，等. 灯盏花高产栽培技术[J]. 中国农技推广，2008，24（5）：24-24.

[3]　杨生超，杨忠孝，张乔芹，等. 灯盏花种植技术初探[J]. 中草药，2004，35（3）：318-321.

[4]　蔡春梅. 灯盏花的药用价值及栽培技术[J]. 农民致富之友，2017（4）：193-193.

[5]　仲艳丽. 灯盏花的利用及无公害栽培技术初探[J]. 安徽农业科学，2004，32（1）：120-121.

附子（川乌）

本品为毛茛科植物乌头*Aconitum carmichaelii* Debx.的子根的加工品。其母根即为川乌，别名乌头、草乌、铁花等。乌蒙山片区四川布拖县、普格县和昭觉县有大面积种植。

一、植物特征

乌头，多年生草本植物（图1）。块根肉质，倒圆锥形，长2～4厘米，直径1～1.6厘米。栽培品的侧根通常肥大，直径可达5厘米，外皮黑褐色。茎高60～150（～200）厘米，直立或稍倾斜，表面青绿色，中部以上疏被反曲的短柔毛，下部老茎多带紫色，茎下部光滑无毛。叶互生，薄革质或纸质；茎下部叶在花期枯萎，中部叶有长柄，叶柄长1～2.5厘米；叶片近五角形，长6～11厘米，宽9～15厘米，基部浅心形三裂达或近基部，中裂片宽菱形，有时倒卵菱形或菱形，急尖，有时近羽状分裂，二回羽裂片2对；侧裂片不等二深裂。总状花序顶生或腋生，长6～25厘米；轴及花梗多少密被反曲而紧贴的短

图1 乌头植物图

柔毛；下部苞片三裂，其他的披针形；花两性，两侧对称；萼片5，蓝紫色，花瓣状，外面被短柔毛，上萼片高盔状，高2～2.6厘米，侧萼片长1.5～2厘米；花瓣2，无毛；距长1～2.5毫米，通常拳卷；雄蕊多数；子房上位，心皮3～5。蓇葖果长圆形，长1.5～1.8厘米。种子多数，三棱形，有膜翅，黄棕色。花期9～10月，果期10～11月。

二、资源分布概况

野生乌头分布范围较广，自川藏高原东缘起向东至长江中、下游以及珠江流域上游各省区的丘陵地区，从江苏向北经过山东到达辽宁南部，均有分布。乌头传统产区主要为四川江油及陕西城固。现栽培乌头主产于四川江油市及安县、北川、城口、布拖、美姑等地，为川产道地药材之一，量大质优，畅销国内外。云南、陕西、湖北亦有种植。乌蒙山片区适宜发展附子种植业的有普格县、布拖县和昭觉县及云南禄劝县等地。

三、生长习性

1. 生长发育习性

乌头生长要经历须根生长发育期（从栽种至出苗）、叶丛期（从出苗至抽茎）、地上部分旺盛生长期（抽茎至摘尖掰芽）和块根膨大充实期（修二次根至收获）4个时期，共240天左右。在11月下旬，当温度在10℃以上时栽种附子，7天后发出新根。次年2月，当地下10厘米土壤温度在9℃以上时，从地下茎节长出基生叶5～7片。抽茎后，地上部分生长加快，尤其是3月上中旬（气温在13～13.8℃）生长最快，茎每天增高0.6～0.7厘米，叶片数也迅速增加，每4～5天可生出1片新叶，为地上部分生长旺盛期。3月上中旬以后，地下茎节生出扁平的白色根茎，不久即向下伸长而形成新的块根。特别是5月下旬至6月下旬，气温在20～25℃，是附子膨大增长时期。在9月中、下旬，气温在18.4～20.6℃时顶上总状花序开始出现小的绿色花蕾。10月上旬，日均气温为17.5℃左右，花蕾由绿变紫时开花。当主花序结果时第一侧枝才开花，以后由上至下地开放到下部侧枝。在11月上中旬（气温在11℃左右），果实成熟开裂，散出大量种子。

2. 对土壤及养分的要求

乌头喜土层深厚、疏松、肥沃、排水良好的壤土和砂壤土，黏土或低洼积水地区不宜栽种。忌连作，一般需隔3～4年再栽种，前茬作物以水稻、玉米、小麦、土豆为适宜。

3. 气候要求

乌头在气候温和、润湿的地区生长较好。在年降雨量为1000～1200毫米、年平均温度为14～18℃、无霜期大于270天、年日照时数1000小时左右的区域均可栽培。乌头在海拔500～600米的向阳平坝至2700米以上的高山地区均有广泛分布，其自然适应能力强。

四、栽培技术

1. 种植材料

附子以毛茛科乌头属植物乌头（*Aconitum carmichaelii* Debx.）的块根作种植材料。

2. 选地与整地

（1）选地　选择阳坡，地势较高，阳光充足，土层深厚、疏松、肥沃，排灌方便的地方，以中性砂壤土最为宜，但切忌连作。前茬一般为水稻、土豆和玉米地，最多连续种植两年，就要进行轮作，否则易生病害。一般以水稻田为前茬最好，在水稻收后，放干田水。

（2）整地　耕耙多次，务必使土块细碎、松软。10月下旬，每亩地施厩肥或堆肥3000～3500千克，硫酸钾20千克作底肥。按宽1.2米（包括排灌沟）作畦，厢面宽1米，将过磷酸钙50千克、菜饼50千克碎细混合撒入厢面，搅拌均匀，拉耙定距，以备下种。厢面要做成瓦背形，同时田间要开好排灌水沟，做到三沟配套，以利排水灌水。

3. 选种与处理

生产上一般均以子根做种。选种时应选择"和尚头"子根做种，"老鸦嘴"样不宜做种。以每100个块根重1.2～1.5千克为宜。在每年收获时，选择生长粗壮、根毛粗壮而长、无病虫害、未受伤、芽口新鲜饱满、个体完整的子根作种。对无根毛或根毛少而短，根毛上长有像根瘤菌样的皮皱不展、甚至已经萎蔫了的子根不能做种用。将子块根摘下，摊在室内干燥阴凉处晾3～5天即可种植。须根留1厘米，多余的剪掉。栽种前用70%甲基托布津可湿性粉剂1000倍液浸种30分钟。

4. 播种

栽种乌头的时间在"冬至"至"小雪"之间为宜。

在做好的厢面成品字形错窝栽植，株行距12厘米×18厘米，穴深10厘米，每亩栽12 000～14 000穴左右。穴打好后，将种根按大、中、小分级选好，分级移栽，中、大块根每穴栽1个，小种块根每穴可栽2个，每行可适当多栽几穴，作为补苗用。也可按照20厘米行距拉线开10厘米的深沟来种植，沟中按12厘米株距种植块根。栽种时芽苗向上，芽嘴低于窝口，随即刨土稳根，按20厘米开沟，把厢沟里的泥土放到厢面盖种，厚约7~9厘米，以盖没种芽即可。（图2）

图2　乌头田间栽培

5. 田间管理

（1）耙厢清沟及补苗　乌头栽种后，在幼苗出土前，应将厢面上的大土块用锄头耙到沟里，整细，再提到厢面上，使沟底平坦不积水。第二年早春苗出齐后，如发现病株，应拔出烧毁，利用预备苗带土移栽，及时进行补苗，并浇清水以利成活，且宜早不宜迟。

（2）中耕除草　幼苗出土前，浅锄草1次，幼苗全部出土后至开花前，中耕1次，做到田间无杂草。

（3）打尖和摘芽　为促进地下块根生长，防止倒伏，提高产量，在苗高20~25厘米、叶子10~12片时及时去掉顶芽。摘尖后腋芽生长快，当长至约4厘米时应及时摘掉，每周至少摘1次。

（4）修根　修根的目的是培养大附子，提高经济价值。乌头在生长期中一般要修根两次，第一次在4月上旬，第二次在5月上旬。方法是用小铁铲或竹制铲轻轻刨开根部土壤，均匀地保留2～3个健壮的新生附子，其余小附子全部切掉取出。注意每次修根不要损伤叶片和茎秆，割断须根，否则会影响块根生长膨大。

（5）灌溉排水　乌头生长期长，需要保持适当的土壤湿度，土壤过分干燥与潮湿，均会致附子生长不良。应根据气候情况和土壤湿度，掌握适时、适量的灌溉和排水。在幼苗出土后，若土壤干燥应及时灌水，以防春旱，以灌跑马水（即水从沟内流过不停水）为宜。以后随气温逐步升高，应掌握厢土翻白就灌。6月上旬以后，天气炎热应注意在夜晚灌溉，大雨后要及时排出田中积水，以免乌头在高温、多湿的环境下发生块根腐烂。

（6）合理施肥　乌头通常需要进行多次追肥。首先，翻地前每亩用堆肥3000～3500千克、菜饼50千克、硫酸钾20千克和过磷酸钙50千克均匀撒于地表翻入土中作底肥。在次年2月中旬，幼苗出齐，苗高约6厘米、有2～4片小叶追肥。每亩用沼液2000～2500千克、尿素4～6千克，混匀后在株旁开沟或开穴施入根际，粪水风干后盖土。

6. 病虫害防治

（1）白绢病　该病常在高温多雨季节或偏酸性土壤中发生。①首先要搞好农业防治。选无病附子作种；增施磷、钾肥，培植健壮植株，增强抗病能力；②实行轮作。在水淹条件下，有利于杀灭病菌，因此连续种植两年后改种一季水稻，可减轻病害发生；③修根时，每亩用50%多菌灵1千克与50千克干细土拌匀，施在根茎周围再覆土；④发病初期，及时清除病株，并用70%托布津可湿性粉剂800～1000倍液，或25%菌通散（三唑酮）1500倍液、10%世泽（苯醚甲环唑）5000倍液、50%多菌灵可湿性粉剂1000倍液淋灌病株附近的健壮植株。

（2）霜霉病　常在早春或晚秋低温多雨季节发病，病情迅速而严重。①及时拔除病苗，以防止蔓延；②在发病初期，可采用69%安克锰锌可湿性粉剂600～800倍液，或72%克露可湿性粉剂500～700倍液、72.2%普力克水剂800倍液、68.75%银法利600倍液等喷雾。重病田隔7天施1次药，连施2～3次。

（3）根腐病　①修根时勿伤根茎；②不过多施用碱性肥料；③多雨季节，低洼积水处易烂根，要注意排水；④修根时，每亩用70%托布津1千克与50千克干细土拌匀，施在根茎周围再覆土；⑤在发病初期，用50%多菌灵可湿性粉剂1000倍液，或95%绿亨噁霉灵4000倍液、55%敌克松800倍液淋灌病株附近的健壮植株。

（4）叶斑病　①禁连作，以水稻、玉米轮作3年以上；②发病初期用70%甲基托布津可湿性粉剂1000倍液，每10～15天喷雾1次，连续2～3次；③收获后，集中病株和病叶烧毁，彻底消灭越冬病菌。

（5）白粉病　为乌头叶上的重要病害，5～9月在乌头生长中后期发生。①发病时可用25%粉锈宁可湿性粉剂2000倍液喷雾，连续2～3次进行防治；②收获后集中烧毁病株残叶。

（6）银纹夜蛾蚜虫　防治银纹夜蛾幼虫的最佳时期为4月底，此时发现卵块或幼虫，可及时将其捏杀并摘除纱窗叶，从而减轻危害；或施用生物制剂苏得利（4.8毫升/升）和必屠尽（0.3毫升/升）对其进行防治。4月底至6月在田间放置黑光灯诱杀成虫也能明显降低卵密度和幼虫数量。

（7）蚜虫　可选用20%百福灵4000倍液，或2.5%功夫乳油2000倍液喷雾。

（8）地下害虫　如地老虎、蝼蛄、蛴螬等。可用90%敌百虫拌菜叶或麸皮炒香后拌80%敌敌畏做成毒饵，于傍晚撒施田间进行诱杀；或用5%辛硫磷颗粒剂、5%地亚农颗粒剂，每亩0.17～0.2千克处理土壤。4月底至6月在田间放置黑光灯诱杀成虫也能明显降低卵密度和幼虫数量。

五、采收加工

1. 采收

最佳采收期在8月中旬左右，也可延长至10月中旬。四川省附子生产区的收获期一般为小暑（7月上旬）至大暑（7月下旬）间，这主要是由于大暑后为高温多雨季节，块根易腐烂，容易造成产量损失。

到采收期时，刨起块根，切去地上部茎叶，除去母根（川乌）、须根及泥沙，留其子根（泥附子）。

2. 加工

选择个大、均匀的泥附子，洗净，浸入食用胆巴的水溶液中过夜，再加食盐，继续浸泡，每日取出晒晾，并逐渐延长晒晾时间，直至附于表面出现大量结晶盐粒（盐霜）、体质变硬为止，习称"盐附子"。

盐附子以个大、质坚实、灰黑色、表面光滑者为佳。

六、药典标准

1. 药材性状（图3）

（1）盐附子　呈圆锥形，长4～7厘米，直径3～5厘米，表面灰黑色，被盐霜，顶端有凹陷的芽痕，周围有瘤状突起的支根或支根痕。体重，横切面灰褐色，可见充满盐霜的小空隙及多角形形成层环纹，环纹内侧导管束排列不整齐。气微，味咸而麻，刺舌。（图4）

图3　附子药材　　　　　　　　　　　图4　盐附子药材

（2）黑顺片　为纵切片，上宽下窄，长1.7～5厘米，宽0.9～3厘米，厚0.2～0.5厘米。外皮黑褐色，切面暗黄色，油润具光泽，半透明状，并有纵向导管束。质硬而脆，断面角质样。气微，味淡。

（3）白附片　无外皮，黄白色，半透明，厚约0.3厘米。

2. 检查

水分不得过15.0%。

七、仓储运输

1. 包装

将加工分级后的附子分别装入洁净竹篓或麻袋中，并附上包装标签。包装标签应注明产品名称、等级、产地、合格证、包装日期等，然后打包成件，每件净装规格50千克。

2. 仓储

贮藏于阴凉干燥通风处。防虫、防潮。生附子系毒品，应按《医疗用毒性药品管理办法》贮藏。

3. 运输

不得与农药、化肥等其他有毒有害物质混装。运载容器应具有较好的通气性，以保持干燥，并应防雨、防潮、防尘。鲜货运输当天不能到达交货地，要在途中过夜的，必须将货卸下，摊晾于干净地面，以防发热霉变。第二天重新装运；成批量运输时，要保证附子形状质量不受包装的影响；一批附子运输结束时，及时清洁运载容器。

八、药材规格等级

附子应符合表1要求；白附子应符合表2要求。

表1　附子规格等级划分

规格		等级	性状描述	
			共同点	区别点
泥附子（鲜附子）	选货	一等	鲜品。呈圆锥形，大小均匀。表面黄褐色，顶端肥满有芽痕，周围有瘤状突起的支根或支根痕。体重。断面类白色。气微，味麻，刺舌	每千克≤16个
		二等		每千克17～24个
		三等		每千克25～40个
	统货		鲜品。呈圆锥形，不分大小。表面黄褐色，顶端有芽痕，周围有瘤状突起的支根或支根痕。体重。断面类白色。气微，味麻，刺舌	
盐附子	选货	一等	呈圆锥形，大小均匀。表面灰黑色，被盐霜，顶端有凹陷的芽痕，周围有瘤状突起的支根或支根痕。体重。断面灰褐色，可见细小结晶盐粒。气微，味咸而麻，刺舌	每千克≤16个
		二等		每千克17～24个
		三等		每千克25～40个
	统货		呈圆锥形，不分大小。表面灰黑色，被盐霜，顶端有凹陷的芽痕，周围有瘤状突起的支根或支根痕。体重。断面灰褐色，可见细小结晶盐粒。气微，味咸而麻，刺舌	

注：本标准规定了泥附子（鲜附子）、盐附子的规格等级。经过炮制加工制成的黑顺片、白附片、淡附片、炮附片、熟附片、卦附片、黄附片、生附片、蒸附片、炒附片、刨附片、炮天雄等规格，可直接用于中医临床或制剂生产使用，属于饮片范畴，未纳入本标准。

表2 白附子规格等级划分

规格	等级	性状描述	
		共同点	区别点
选货	一等	干货。呈椭圆形或卵圆形，长2～5厘米，直径1～3厘米。表面白色至黄白色，略粗糙，有环纹及须根痕，顶端有茎痕或芽痕。质坚硬，断面白色，粉性。气微，味淡、麻辣刺舌	每千克个数≤60个，破损率＜5%
	二等		60个＜每千克个数≤140个，破损率＜3%
	三等		每千克个数＞140个，破损率＜3%
统货		呈椭圆形或卵圆形，长2～5厘米，直径1～3厘米。表面白色至黄白色，略粗糙，有环纹及须根痕，顶端有茎痕或芽痕。质坚硬，断面白色，粉性。气微，味淡、麻辣刺舌	每千克破损率＜5%

注：1. 市场上有少数白附子药材没有去外皮，不符合药典规定，注意区分。
2. 少部分农户将白附子新鲜药材去皮后直接切片，以利于干燥和炮制，与药典不符，不做特殊规定。

九、药用价值

附子为我国常用的重要中药材，辛、甘，大热；有毒。归心、肾、脾经。其入药首载于《神农本草经》，被誉为"回阳救逆第一品"，能上助心阳、中温脾阳、下补肾阳。具有回阳救逆，补火助阳，散寒止痛的功能，主要用于亡阳虚脱，肢冷脉微，心阳不足，胸痹心痛，虚寒吐泻，脘腹冷痛，肾阳虚衰，阳痿宫冷，阴寒水肿，阳虚外感，寒湿痹痛等病症。生附子毒性效大，药力亦较强，古方多用于回阳救逆。熟附子经法炮制，毒性较小，多用于温阳补肾，散寒止痛。现代研究表明，附子具有强心、增强心率、对抗缓慢型心律失常、抗炎、镇痛、抗休克、降糖、抗肿瘤、抗衰老、抗心肌缺血和缺氧等多种药理活性。在现代临床中，附子常用于救治急性心肌梗死所致的休克、低血压、冠心病及风心病等，均有很好疗效。

参考文献

[1] 谢宗万. 中药材品种论述[M]. 上册. 上海：上海科学技术出版社，1990：81-85.
[2] 周海燕，赵润怀，孙鸿，等. T/CACM 1021.153-2018. 中药材商品规格等级 附子[S]. 中华中医药学会，2018.

[3] 陈随清，黄璐琦，郭兰萍，等. T/CACM 1021.141–2018.中药材商品规格等级 白附子[S]. 中华中医药学会，2018.

[4] 周海燕，周应群，羊勇，等. 附子不同产区生态因子及栽培方式的考察与评价[J]. 中国现代中药，2010，12（2）：14–18.

[5] 符华林. 我国乌头属药用植物的研究概况[J]. 中药材，2004，27（2）：149–152.

[6] 王文采. 中国植物志[M]. 第27卷. 北京：科学出版社，1986：182–315.

[7] 李勇冠. 附子生物学特性研究[D]. 咸阳：西北农林科技大学，2006.

[8] 黄勤挽，周子渝，王瑾，等. 附子道地性形成模式的梳理与考证研究[J]. 中国中药杂志，2011，36（18）：2599–2601.

杜 仲
du zhong

本品为杜仲科植物杜仲*Eucommia ulmoides* Oliv.的干燥树皮。

一、植物特征

杜仲为落叶乔木，高可达20米，胸径可达50厘米（图1）。树皮灰褐色，粗糙，内含橡胶，折断拉开有多数细丝。嫩枝有黄褐色毛，不久变秃净，老枝有明显的皮孔。芽体卵圆形，外面发亮，红褐色，有鳞片6～8片，边缘有微毛。叶椭圆形、卵形或矩圆形，薄革质，长6～15厘米，宽3.5～6.5厘米。基部圆形或阔楔形，先端渐尖；上面暗绿色，初时有褐色柔毛，不久变秃净，老叶略有皱纹，下面淡绿，初时有褐毛，以后仅在脉上有毛。侧脉6～9对，与网脉在上面下陷，在下面稍突起，边缘有锯齿，叶柄长1～2厘米，上面有槽，被散生长毛。花生于当年枝基部，雄花无花被；花梗长约3毫米，无毛；苞片倒卵状匙形，长6～8毫米，顶端圆形，边缘有睫毛，早落；雄蕊长约1厘米，无毛，花丝长约1毫米，药隔突出，花粉囊细长，无退化雌蕊。雌花单生，苞片倒卵形，花梗长8毫米，子房无毛，1室，扁而长，先端2裂，子房柄极短。翅果扁平，长椭圆形，长3～3.5厘米，宽1～1.3厘米，先端2裂，基部楔形，周围具薄翅。坚果位于中央，稍突起，子房柄长2～3毫米，与果梗相接处有关节。种子扁平，线形，长1.4～1.5厘米，宽3毫米，两端圆形。早春开花，秋后果实成熟。

图1　杜仲植物图

二、资源分布概况

　　杜仲为地质史上残留下来的子遗植物，该科只有1属1种，我国是现存杜仲资源的唯一保存地，至今在世界各地尚未发现其近缘植物，故有"活化石植物"的美称，国家已把杜仲作为珍稀树种列为国家二级保护植物。杜仲在我国主要分布在秦岭及黄河以南的广大地区，在长江中下游流域各省区比较集中，甘肃的小陇山及其以南地区、山西部分山区、河南伏牛山区、湖北鄂西山地等地亦有分布。杜仲在我国已有1000余年的栽培历史，18世纪末传入欧洲。现我国杜仲主要种植于贵州、四川、云南、陕西、湖北、湖南等省区，此外，江西、浙江、广东、广西、甘肃、河南等地亦有栽培。乌蒙山片区适宜区域为四川叙永、马边，贵州桐梓、习水等地。

三、生长习性

杜仲树生长速度初期较缓慢；速生龄在10～20年；年平均伸高40～50厘米；20～35年生树生长速度渐次下降，年平均伸高30厘米；其后生长量急剧下降。胸径生长速度最初也缓慢；速生龄在15～25年，年平均增长量8毫米；25～40年树胸径生长速度渐次下降，年平均增长量5毫米；100年后急剧下降。

杜仲适应性较强，分布区域较广，在年均温11.7～17.1℃，绝对最高温33.5～43.6℃，绝对最低温-4.1℃，年降雨量478.3～1401.5毫升的地区均能正常生长，成株杜仲甚至可耐-40℃低温。杜仲属阳性植物，宜生活在温暖湿润阳光充足的环境，耐阴性差，因此，造林密度不宜过大，但幼苗期宜稍阴环境。杜仲对土壤适应性强，pH 6～8的土壤均能生长，但以土层深厚、肥沃、湿润、排水良好的砂壤土最适宜。

四、栽培技术

1. 选地

宜选土层深厚、疏松、肥沃、酸性或微酸性，湿润、排水良好的向阳缓坡地。

2. 繁殖方法

繁殖方法有种子、扦插、嫁接、压条繁殖。生产上以种子繁殖为主。

（1）种子繁殖

①种子处理：杜仲种子寿命短，陈年种子发芽力减退，宜选新鲜、饱满、浅褐色、有光泽种子作种。杜仲果皮含胶质，种子吸水困难，冬播者即采即播任其自然慢慢腐烂吸水，翌春可正常发芽出苗。而春播前不经种子处理，则播后发芽率低。生产上一般是播前30～50天将种子与清洁湿沙（1∶1）混合进行层积处理，当大多数种子萌动，露白时即可筛出播种。或于播前将种子放入60℃的热水中浸烫，边浸烫边搅拌，当水温降至20℃时，浸泡2～3天，每天换水1～2次，待种子膨胀后取出，即可播种。

②苗圃地准备：宜选择土质疏松、透气性好，前茬最好为玉米、小麦、大豆或水稻的地块，长期种植花生、蔬菜、牡丹的地块不宜作苗圃地，重茬育苗对杜仲苗木生长影响较大。在前一年秋冬深翻25～30厘米，播种前半个月进行精细整地，结合整地每亩施入堆肥1000～2500千克，然后作1.3米宽的高畦。

③播种：冬播、春播均可。冬播在11～12月，发芽率最高，春季出苗早且整齐。春播在2～3月，当地温稳定在10℃以上时播种。多采用条播，在整好的畦面上按行距20～25厘米开沟，沟深3～4厘米，播幅6～10厘米，播种量12～15千克/亩。播后盖细土2～3厘米，盖草，保持土壤温润，以利种子萌发。

④苗田管理：温水浸种的一般播种后一月种子陆续出苗，湿沙层积处理的半月左右出苗。幼苗出土后，于阴天逐渐揭去盖草。幼苗忌烈日照射和干旱，要适当遮阴，旱季及时浇水，雨季注意防涝。出苗后需进行间苗，结合中耕除草，此时苗细弱，最好手拔，行间可浅锄，以后视杂草生长情况再中耕除草1～2次。为使幼苗生长迅速、健壮，苗期应追肥2～3次，间苗除草后施一次，后期结合中耕除草施1～2次，每次用稀释的沼液2500千克/亩，或复合肥（15–15–15）10千克/亩左右追施，施肥时切忌污染苗叶。秋季不再施肥，避免晚期生长过旺而降低抗寒性。第二年春，苗高60～70厘米以上即可移栽定植，小苗、弱苗可留在苗床内继续培养。

（2）扦插育苗　春夏之交，选幼龄、半木质化的杜仲一年生嫩枝，剪成5～6厘米长的插条，插条靠芽上部用刀片切削，并削去1/2叶片，用粗河沙作基质扦插，插入土中2～3厘米，株距7～10厘米，行距20厘米；在土温21～25℃时，15～30天即可生根。插条生根长度达3厘米以上时，炼苗5～7天，选择阴天或晴天下午4时以后移栽，移栽后遮阳5～7天。

3. 整地移栽

（1）整地　大面积栽种时，栽前应深翻，然后按（2～2.5）米×3米的株行距挖穴，深30厘米，坑径70厘米，穴内施腐熟堆肥2.5～3.0千克，过磷酸钙0.2～0.3千克作基肥，以备栽种植，也可利用房前屋后、路旁、地边零星土栽培。

（2）移栽　杜仲苗于秋季苗木落叶后至翌年春萌芽前均可移栽。以春季移栽成活率高。一般顺畦边起苗，严禁用手拔苗，起苗后选苗高60厘米以上无病虫害苗及时栽种，边起苗边栽，当天栽不完的要假植在苗床中，以防幼苗失水。在预先整好的地坑中施入堆肥，约5000千克/亩，然后垫入部分表土，每穴栽一株，根应舒展，逐层填土压紧后浇水，待水渗入后，再盖少许根土，使根基培土略高于地面。

4. 田间管理

（1）中耕除草　定植后1～4年内，每年于春、夏季各中耕除草1次，不可过深伤根，幼林荫蔽后，每隔3～4年，在夏季中耕除草一次，改善土壤通透性，杂草翻入土中，增加土壤有机质。

（2）追肥 每年春、夏各追肥一次。春季为杜仲树生长高峰期，施堆肥或厩肥1000千克/亩，株旁挖窝或环施。施后盖土，如土壤过酸，可加施石灰，约30千克/亩。每年夏季可增施一次速效磷钾肥，如用0.5%尿素和0.3%磷酸二氢钾混合液进行根外追肥，效果显著。

（3）修剪 为保证主干生长高大健壮，要适当疏剪侧枝，修剪工作多在休眠期进行。一般成树在5米以下不保留侧枝，并及时打去树干上的新枝，使主干高大，树木成材，杜仲皮质量好。如以采叶为主，则于定植第3年，离地50厘米处截干，落植成矮生木型。以后每隔3年截干一次。

（4）林木更新 杜仲萌发力强，采用根桩萌芽更新，砍伐剥皮后，加强管理，可很快培植成新林。

5. 种植模式

杜仲移栽4～5年内，树冠小，行间空隙大，可间作豆类、薯类、蔬菜等矮秆浅根作物，以短养长。但不宜种高秆或藤蔓作物。5年后林木荫蔽，可酌情间种耐阴药材，如天南星、玉竹等。杜仲可采用如下优化栽培经营模式。

（1）乔林栽培模式 这种模式可以获得皮厚、等级高的树皮及优质的树叶和木材。栽植密度（1×1）米～（3×4）米，林地荫蔽后疏伐，最终保留55～110株/亩。

（2）宽窄行带状矮林栽培模式 可以提早收益，皮、叶、材兼用。宽行1.5～4米，窄行0.5～1米，栽植1年后，靠地上2～3厘米处全部平茬，留一萌芽培养成植株，平茬当年5～7月注意将叶腋内萌芽抹去，促进主干生长；3～4年后可全部砍伐或间伐，全部砍伐后重新在伐桩上培育新的萌条，3～4年为一个经营周期。

（3）高密度丛状矮林栽培模式 以采叶为主。栽植密度1米×0.5米或1.5米×0.5米；栽植当年从地上20厘米左右截干，留萌条3～5个，以后每年将萌条从基部剪掉收获叶和枝条；经营周期为1年。

6. 病虫害防治

（1）立枯病 在苗圃中有发生，4～6月多雨多湿季节，易使出土不久的幼苗在近地面的茎基部变褐腐烂，收缩干枯，立即倒伏。选地势高燥、排水良好地作苗床；整地时，用硫酸亚铁20千克/亩进行土壤消毒；发现病株及时拔除，并用多菌灵1000倍液浇灌病穴。

（2）根腐病 病苗木根部皮层和侧根腐烂，植株枯萎，但死株站立不倒，这是与立枯病最大的区别。一般在6～8月发生。防治方法同立枯病。

（3）叶枯病　一般危害成年树。可在发病初喷1∶1∶100波尔多液，每7～10天喷1次，连喷2～3次。清洁田间，及时清除病枝，集中烧毁。

五、采收加工

1. 留种

选择散生向阳，树龄20～30年，树皮厚、光滑、无病虫害和没剥过皮的健壮雌株作采种母株。10月下旬至11月，当种子呈栗褐色，有光泽，种子饱满时，选无风晴天，先在树冠下铺采种席或布，用竹竿轻敲树枝，使种子落在席上或布上，然后收集种子薄摊于通风阴凉处晾干，忌烈日暴晒，以免降低发芽率。

2. 采收

杜仲定植15～20年后，树皮厚度才符合药典要求。剥皮时期以4～6月树木生长旺盛时期，树皮容易剥离，也易愈合再生，树皮采收方法主要有两种：一是砍伐剥皮；二是活树剥皮。活树剥皮能保护树木，充分利用资源，且能提高单株产量。（图2）

图2　杜仲采收

①砍伐剥皮：多在老树砍伐时采用。于树干基部10厘米处绕树干锯一环状切口，在其上每隔80厘米环割一刀，于两切口之间，纵割后环剥树皮，然后把树砍下，如此剥取，不合长度的可作碎皮供药用。茎干的萌芽和再生力强，采伐后的树桩上能很快长新梢，育成新树。

②活树剥皮：有部分剥皮、大面积环状剥皮两种。部分剥皮：即在树干离地面10～20厘米以上部位，交替剥落树干周围面积1/4～1/3的树皮，每年可更换部位，如此陆续局部剥皮，轮换剥皮，树木不死亡，恢复生长快。

大面积环状剥皮：当杜仲胸径达5厘米以上时进行剥皮，最佳剥皮时间为5～6月，此时昼夜温差小，树木生长旺盛，体内汁液多，树皮再生能力强，成活率高。以多云天或晴天下午4时为宜，以日均25℃左右，空气相对湿度80%时为好，如天气干旱，应在剥皮前

3～5天适当浇水，以增加树液，有利剥皮和愈伤组织的形成。先在树干分枝以下5厘米处环割一圈，深达木质部，再从地上10厘米处同样横割一圈，然后从上下两刀口之间纵割一刀，深达形成层，注意不能损伤木质部表面的幼嫩木质部的细胞，轻轻将树皮全部剥掉，喷施"杜仲增皮灵"，用地膜包扎好，上部包扎紧，下部稍松；剥皮40天后揭开薄膜。利用上述剥皮再生技术，剥皮成活率可达100%。2～3年后树皮可长成正常厚度，能继续剥皮。一般剥皮后3～4天表面出现淡黄绿色，表明已开始长新皮，若出现黑色，则预示不能生长新皮，树木将死亡。

3. 加工

将剥下的树皮用沸水烫后摊开，两张的内皮相对并压平，然后一层一层重叠平放于有稻草垫底的平地上，上盖木板，以重物压实，再覆稻草，使其发"汗"，一周后，当树皮内面已呈紫褐色时，即可取出晒干，刮去粗皮即成商品。

杜仲叶于10～11月落叶前采摘，除去叶柄和枯叶杂质，晒干即成商品。

六、药典标准

1. 药材性状

本品呈板片状或两边稍向内卷，大小不一，厚3～7毫米。外表面淡棕色或灰褐色，有明显的皱纹或纵裂槽纹，有的树皮较薄，未去粗皮，可见明显的皮孔。内表面暗紫色，光滑。质脆，易折断，断面有细密、银白色、富弹性的橡胶丝相连。气微，味稍苦。（图3、图4）

图3 杜仲药材特征—橡胶丝

1cm

图4 杜仲药材

2. 鉴别

本品粉末棕色。橡胶丝成条或扭曲成团，表面显颗粒性。石细胞甚多，大多成群，类长方形、类圆形、长条形或形状不规则，长约至180微米，直径20～80微米，壁厚，有的胞腔内含橡胶团块。木栓细胞表面观多角形，直径15～40微米，壁不均匀增厚，木化，有细小纹孔；侧面观长方形，壁三面增厚，一面薄，孔沟明显。

3. 浸出物

不得少于11.0%。

七、仓储运输

1. 包装

包装材料采用干燥、清洁、无异味以及不影响品质的材料制成，包装要牢固、密封、防潮，能保护品质，包装材料应选择易回收、易降解材料。在包装外标签上注明品名、等级、数量、收获时间、地点、合格证、验收责任人。有条件的基地注明农药残留、重金属含量分析结果和药用成分含量。

2. 储藏

包装好的商品药材，及时贮存在清洁、干燥、阴凉、通风、无异味的专用仓库中，要防止霉变、鼠害、虫害，注意定期检查。

3. 运输

运输工具必须清洁、干燥、无异味、无污染，运输中应防雨、防潮、防污染，严禁与可能污染其品质的货物混装运输。

八、药材规格等级

根据市场流通情况，按照杜仲商品的厚度、形状等指标进行等级划分。应符合表1要求。

表1 规格等级划分

等级	性状描述				
	共同点	区别点			
		形状	厚度	宽度	碎块
一等	去粗皮。外表面灰褐色，有明显的皱纹或纵裂槽纹，内表面暗紫色，光滑。质脆，易折断，断面有细密、银白色、富弹性的橡胶丝相连。气微，味稍苦	板片状	≥0.4厘米	≥30厘米	≤5%
二等		板片状	0.3～0.4厘米	不限	≤5%
统货		板片或卷形	≥0.3厘米	不限	≤10%

注：1. 杜仲以厚度为确定等级的主要指标，形状、宽度作为参考，以能区别于杜仲饮片为宜。
     2. 市场上杜仲片、杜仲块、杜仲丝交易现象普通。

九、药用食用价值

1. 临床常用

　　杜仲是中国特有的名贵药材树种，也是我国传统的出口创汇商品之一。杜仲自古便以取皮入药而著称，具有强筋骨、补肝肾、抗衰老等作用，为中药上品。杜仲生用益肝舒筋，多用于头目眩晕，阴下湿痒等症。适用于肾虚而兼夹风湿的腰痛和腰背伤痛。如用于痹证日久，肝肾两亏，气血不足所致之腰膝疼痛、肢节不利或麻木的独活寄生汤；治腰脊伤痛的杜仲汤。盐炙后引药入肾，增强补肝肾的作用。盐的寒性与杜仲的温性相配伍，从而缓和药性，有利于临床治疗。常用于肾虚腰痛，阳痿遗精，胎元不固和高血压病。如用于肾虚腰痛的青娥丸。

　　杜仲皮可制成饮片供中药配方使用，还是许多中成药的主要原料，如杜仲壮骨丸、龟苓膏、清宫长春胶囊、天麻杜仲丸等。

2. 食疗及保健

　　除传统药用价值外，杜仲还是开发多种功能食品的优质原料。杜仲含有17种游离氨基酸，其中有7种是人体必需而又不能在人体内合成的，所以具有保健功能。目前已开发出杜仲茶、杜仲酱、杜仲挂面、杜仲速溶粉、杜仲冲剂、杜仲晶、杜仲咖啡、杜仲可乐、杜仲酒等保健品和杜仲牙膏等日用品。

3. 经济价值

杜仲树皮、叶和果实中均含有一种称作杜仲胶的工业橡胶，它与天然橡胶的化学成分相同，但无弹性。利用杜仲胶制成的硬橡胶可塑性强、绝缘性好、耐磨性高、隔热，并有对酸、碱等化学试剂的稳定性。20世纪80年代中期，杜仲硫化橡胶的创制，其性能与天然橡胶相同，并能与橡胶、塑料共混使用。因此，杜仲胶的开发利用已进入系统材料工程学新阶段，使杜仲胶不仅仅局限于过去作高压输电设备、海底电缆、输油管等材料用，还可作各类轮胎、多芯电缆接头、汽车缓冲器、温控开关、机载雷达无限密封材料用。提胶后的副产品还可制作桌面、地板、多种工艺品及儿童工具等。

此外，杜仲叶可作为生产饲料添加剂的原料，杜仲是优良的园林绿化和理想的水土保持树种，其木材是制造舟车、高档家具及工艺品的优良材料。

参考文献

[1] 卢兴松，赵润怀，焦连魁，等．T/CACM 1021.25—2018．中药材商品规格等级 天麻[S]．中华中医药学会，2018．

[2] 谢宗万．中药材品种论述[M]．上册．上海：上海科学技术出版社，1990：258−260．

[3] 黄明远，周仕春，弓加文，等．黄连杜仲立体栽培试验[J]．乐山师范学院学报，2003，18（4）：37−38．

[4] 童孝茂．杜仲的栽培技术和开发利用[J]．安徽农学通报，2007，13（20）：117−118．

[5] 唐吉明，王凤杰，吕玮玮，等.杜仲栽培管理技术[J]．中国园艺文摘，2011，27（3）：108．

花 椒
hua jiao

本品为芸香科植物青椒*Zanthoxylum schinifolium* Sieb. et Zucc.或花椒*Zanthoxylum bungeanum* Maxim.的干燥成熟果皮，分为秦椒、川椒、岩椒等几十个品种。

一、植物特征

1. 青椒

通常高1～2米的灌木；茎枝有短刺，刺基部两侧压扁状，嫩枝暗紫红色。叶有小叶7～19片；小叶纸质，对生，几无柄，位于叶轴基部的常互生，其小叶柄长1～3毫米，宽卵形至披针形，或阔卵状菱形，长5～10毫米，宽4～6毫米，稀长达70毫米，宽25毫米，顶部短至渐尖，基部圆或宽楔形，两侧对称，有时一侧偏斜，油点多或不明显，叶面有在放大镜下可见的细短毛或毛状凸体，叶缘有细裂齿或近于全缘，中脉至少中段以下凹陷。花序顶生，花或多或少；萼片及花瓣均5片；花瓣淡黄白色，长约2毫米；雄花的退化雌蕊甚短。2～3浅裂；雌花有心皮3个，很少4或5个。分果瓣红褐色，干后变暗苍绿或褐黑色，径4～5毫米，顶端几无芒尖，油点小；种子径3～4毫米。花期7～9月，果期9～12月。

2. 花椒

通常高3～7米的落叶小乔木；茎秆上的刺常早落，枝有短刺，小枝上的刺基部宽而扁且劲直的长三角形，当年生枝被短柔毛（图1）。叶有小叶5～13片，叶轴常有甚狭窄的叶翼；小叶对生，无柄，卵形，椭圆形，稀披针形，位于叶轴顶部的较大，近基部的有时圆形，长2～7厘米，宽1～3.5厘米，叶缘有细裂齿，齿缝有油点。其余无或散生肉眼可见的油点，叶背基部中脉两侧有丛

图1 花椒植物图

毛或小叶两面均被柔毛，中脉在叶面微凹陷，叶背干后常有红褐色斑纹。花序顶生或生于侧枝之顶，花序轴及花梗密被短柔毛或无毛；花被片6～8片，黄绿色，形状及大小大致相同；雄花的雄蕊5枚或多至8枚；退化雌蕊顶端叉状浅裂；雌花很少有发育雄蕊，有心皮3

或2个，间有4个，花柱斜向背弯。果紫红色，单个分果瓣径4~5毫米，散生微凸起的油点，顶端有甚短的芒尖或无；种子长3.5~4.5毫米。花期4~5月，果期8~10月。

二、资源分布概况

花椒原产我国，自然分布在秦岭山区及淮河流域一带，对气候土壤要求不严。在年均温度10~20℃，年平均日照2000小时左右，≥10℃的积温3000~5000℃，年降雨量800~1500毫米的山地红黄壤及钙质土上均能生长。耐旱，喜阳光，各地多栽种。

乌蒙山区昭通是花椒原产地之一，在区内牛栏江、关河和金沙江东岸的崇山峻岭中，普遍生长着一种叫作"狗屎椒"的野生花椒，就是原生形态的花椒，是现代家种花椒的始祖，其品种有大椒和青椒两种。

三、生长习性

花椒是喜温的树种。在平均气温为10~15℃的地区栽培生长良好。在年平均气温低于10℃的地区易发生冻害。花椒是喜光性树种。花椒生长一般要求年日照时数达1800~2000小时。花椒抗旱能力较强，年降水量在500毫米以上地区基本可以满足花椒的生长发育和开花结果。但是花椒根系分布浅，难以忍耐严重干旱。土壤厚度80厘米左右可以满足花椒的生长结果。所以砂壤土和中壤土最适宜花椒的生长发育。花椒耐贫瘠，对土壤酸碱度要求不高，土壤pH 6.5~8.0的范围内都能栽植，在中性土壤中生长最好。

四、栽培技术

1. 种植材料

花椒的繁殖可采用种子、嫁接、扦插和分株四种方法。生产中以种子繁殖为主。成熟花椒果实经脱水，除去固有杂质和外来杂质后，作为商品的花椒果皮。

2. 选地与整地

（1）选地　花椒植株较小，根系分布浅，适应性强，对生长环境的要求不高，只要土壤的pH值控制在7.0~8.0范围内都能种植。花椒喜光、耐寒，但是其根部的耐水性较差，不宜在低洼地带种植。花椒的栽培应选择地势较平坦、光照充沛、排水畅达、便于施肥和浇灌的地方。高温高湿、多雨和土壤黏重的地方不适于花椒生长。

（2）整地　选定栽培地域后应精耕细作，铲除杂草。对土壤进行灌溉施肥和保墒改善土质。

3. 播种

（1）种子处理　花椒树种子皮壳坚硬，且富含油脂，防水防腐能力极强，壳内种仁难以吸水萌发，需在播种前进行催芽处理。①用1%洗衣粉溶液浸泡4小时，让种子皮壳脱油，清水洗净后，再用草木灰拌种后播种；②把种子放入加有草木灰的温水中，掺沙搓擦，直到种子皮壳发灰色无光泽脱脂后下种。

（2）播种方法　播种时节应选在春秋两季，以秋播为好。通常采用条播和撒播。条播时间距保持15～20厘米。出苗时及时定苗，待生长一年后选在雨季进行栽植。深度控制高于地面5厘米左右，后浇水定根封土。当苗生长至50厘米以上时，应及时定干，修剪留芽，同时施少量氮肥。花椒采摘后要定期追肥，施农家肥和过磷酸钙。同时每年三月萌芽期应喷0.5%的尿素水溶液；花椒树开花时雾喷磷酸二氢钾液，开始挂果时雾喷高美施倍液。按期对枝干短截，使树冠硬朗、平衡、透风透光。

4. 定植

宜栽期在春季3月上旬至4月上旬，秋季在9月下旬至10月上旬定植，按株行距1.5米×3米的密度栽培，亩植150株。定植前先挖窝施基肥，在土层较深厚的园地按60厘米×60厘米×50厘米挖窝，立地条件较差的土地按照40厘米×40厘米×40厘米挖窝，施足基肥，每窝用1～2千克过磷酸钙、腐熟堆肥2.5千克，回土拌匀填平，花椒苗木较小，栽植不宜过深，栽植时轻挖一锄，扶正踩实灌水回土即可，注意不要伤苗。栽植灌水后用60厘米×60厘米地膜覆盖。（图2）

5. 田间管理

（1）肥水管理　花椒根系发达，保持水土能力强，因此在干旱地区应有保墒措施，辅以必要的基肥和少量叶面肥即可满足花椒对肥水需要。一般在秋后和春耕时，各施1次圈肥、堆肥等有机肥。施肥量依树龄和结实量多少而定，一般株施2千克以上。追肥一般应在萌芽前和5月结合灌水进行土壤追肥，每株每次追施尿素约100克；6～7月实行叶面喷肥2～3次，喷施的肥料为0.5%的尿素液等；9～10月叶面喷施磷酸二氢钾，每隔10～15天喷1次连续3次，喷施浓度为0.3%。

图2　花椒田间栽培

（2）保花保果　花椒一般在3月下旬萌芽，4月中旬现蕾，5月上旬盛开，5月中旬开始凋谢。若在这期间管理跟不上，会发生大量的落花落果现象。可以采用下列措施保花保果：①盛花期、中花期喷0.3%磷酸二氧钾加0.5%尿素水溶液；②落花后每隔10天喷0.3%磷酸二氢钾加0.7%尿素水溶液。

（3）整形修剪　花椒树喜光、发枝力很强，容易造成树冠稠密，内膛光照不良，合理整形修剪可使树体骨架牢固，层次分明，枝条健壮光照充足。①修剪时间：果实采收后翌年春季发芽前均可；幼树和盛果树以秋天修剪为宜，弱树和老树进入休眠期修剪为好。②树形：采用自然开心形、丛状形、圆形等三种。自然开心形光照好，高产优质，为丰产树形，最为常用。③修剪方法：幼龄树掌握整形和结果并重的原则，栽后第一年按距地面50～70厘米高度剪截，第2年在发芽前除去树干基部30～50厘米处的枝条，并均匀保留主枝5～7个进行短截，疏除密挤枝、竞争枝、幼弱枝、病虫枝等。

6. 病虫害防治

（1）褐斑病　在发病初期喷洒波尔多液、多菌灵等防治。

（2）干腐病　加强肥水管理，合理修剪以增强树势，可减轻该病的发生。发病后用灭菌刀切割树皮至木质部，涂抹波尔多液或甲基托布津可有效防止病斑蔓延。

（3）蚜虫　可喷施10%吡虫啉，或50%吡蚜酮等进行防治。

（4）花椒凤蝶　冬、春季人工摘除越冬蛹，可减少来年虫口密度。发生危害时，可喷施敌百虫、敌敌畏防治。

（5）天牛　天牛的成虫有午间静息于枝条的习性，可震落捕杀；也可用铁丝钩杀幼虫；也可用敌敌畏、敌百虫喷雾防治。

（6）防冻害　①越冬可采用塑料薄膜等覆盖物防护，或是把生石灰、硫黄、食盐和水以10∶1∶4∶40的比例混合，涂抹树干；②在春寒来临前，喷施果树防冻剂；也可于春寒来临的当晚，在花椒园内堆放枯草、麦糠等，点燃发烟形成烟幕以改善花椒园内小气候来预防花芽受冻害。

五、采收加工

1. 采收

花椒多在立秋前后成熟，成熟后应及时采摘。选择晴天或露水干后采收花椒，否则会降低品质、香味淡，采摘过后应置于缸中保存。

2. 加工

在烘干方面可以采用暖炕烘干的方法，主要在采果后遇到连续阴雨天气时使用，将采收的鲜椒果置放在热风烘房中，保持温度在40～70℃，保证在24小时降水15%～25%，再持续加温8～9小时，干燥至含水率≤10.0%，形成干花椒。若采用鲜椒食用时，应在摘后1～2小时内真空保存，以保证花椒鲜香味。干椒应装在严密的塑料袋内，袋口要扎紧，以防花椒味流失。封装时应将果皮、种子和叶片分离。这样有利于保持果皮的味道和颜色。

六、药典标准

1. 药材性状（图4）

（1）青椒　多为2～3个上部离生的小蓇葖果，集生于小果梗上，蓇葖果球形，沿腹缝线开裂，直径3～4毫米。外表面灰绿色或暗绿色，散有多数油点和细密的网状隆起皱纹；

内表面类白色，光滑。内果皮常由基部与外果皮分离残存种子呈卵形，长3～4毫米，直径2～3毫米，表面黑色，有光泽。气香，味微甜而辛。

（2）花椒　蓇葖果多单生，直径4～5毫米。外表面紫红色或棕红色，散有多数疣状突起的油点，直径0.5～1毫米，对光观察半透明；内表面淡黄色。香气浓，味麻辣而持久。

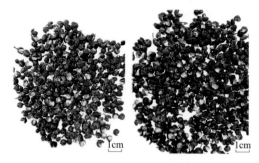

图4　花椒药材（左：青花椒；右：红花椒）

2. 鉴别

（1）青椒　粉末暗棕色。外果皮表皮细胞表面观类多角形，垂周壁平直，外平周壁具细密的角质纹理，细胞内含橙皮苷结晶。内果皮细胞多呈长条形或类长方形，壁增厚，孔沟明显，镶嵌排列或上下交错排列。草酸钙簇晶偶见，直径15～28微米。

（2）花椒　粉末黄棕色。外果皮表皮细胞垂周壁连珠状增厚。草酸钙簇晶较多见，直径10～40微米。

七、仓储运输

1. 仓储

包装材料应符合食品卫生要求。内包装应用聚乙烯薄膜袋（厚度0.18毫米）密封包装，外包装可用编织袋、麻袋、纸箱（盒）、塑料袋或盒等。所有包装应封口严实、牢固、完好、洁净。花椒应在–5～–3℃下冷藏。冷库应干燥、洁净，不得与有毒、有异味的物品混放。干花椒、花椒粉常温贮存，库房应通风、防潮，垛高不超过3米，严禁与有毒害、有异味的物品混放。

2. 运输

运输途中应防止日晒雨淋，严禁与有毒害、有异味的物品混运；严禁使用受污染的运输工具装载。花椒在运输途中应保持在25℃下。

八、药用食用价值

1. 临床常用

花椒用作中药，有温中行气、逐寒、止痛、杀虫等功效。治胃腹冷痛、呕吐、泄泻、血吸虫、蛔虫等症。又作表皮麻醉剂。药用以色红者为佳，果皮名椒红。常见药用如下。

（1）老人衰弱，病后脾肾阳虚，腰冷脚弱，齿牙浮动　椒红、小茴香等份，微炒后研细末，炼蜜为丸，每服3～6克，一日2次。

（2）肋节风痹，关节肿病，肌肉瘦削，四肢不遂　椒红500克，炒研末，嫩松叶、嫩柏枝各250克，微炒后研末，酒泛为丸，食后服，每服3克，一日2～3次。

（3）慢性萎缩性胃炎，肥厚性胃炎，消化不良，胀闷　椒红（微炒）、干姜、橘皮、甘草等分，研末（或为丸），食后服，每服3～6克，一日2次。

（4）蛔虫腹病，或胆道蛔虫，呕吐腹病　川椒6克（微炒），乌梅9克，水煎，一日2～3次分服。

（5）蛀牙病　川椒9克，烧酒30克，浸泡10天，滤过去渣，用棉球蘸药酒，塞蛀孔内可止痛。

（6）断奶回乳　取花椒6克，加水400毫升，浸泡后煎水煮浓缩成200毫升，再加红糖30～60克，于断乳当天趁热一次饮下，每日1次，约1～3天可回乳。

（7）痛经　用花椒10克，胡椒3克，二味共研细粉，用白酒调成糊状，敷于脐眼，外用伤湿止痛膏封闭，每日1次，此法最适宜于寒凝气滞之痛经。

（8）秃顶　适量的花椒浸泡在酒精度数较高的白酒中，1周后使用时，用干净的软布蘸此浸液搽抹头皮，每天数次，若再配以姜汁洗头，效果更好。

（9）痔疮　花椒1把，装入小布袋中，扎口，用开水沏于盆中，患者先是用热气熏洗患处，待水温降到不烫，再行坐浴。全过程约20分钟，每天早晚各1次。

（10）膝盖痛　花椒50克压碎，鲜姜10片，葱白6棵切碎，三种混在一起，装在包布内，将药袋上放一热水袋，热敷30～40分钟，每日2次。

2. 保健及经济价值

随着科学技术的进步，科研领域的高端技术也应用于花椒的研究当中，使花椒资源向纵深领域不断得到开发和利用，比如花椒精油的提取，花椒油树脂微胶囊的制备，天然香辛味精的研制等；在作为调味品方面，袋装花椒、花椒粉、花椒精油、花椒麻香油等加工工艺已经广泛应用于工业生产中，如由花椒制作用的香辛料精油已经成为我国重要的出口产品，在农副产品加工工艺中具有十分重要的作用。花椒精油可以制成花椒醑、花椒注射液、花椒挥发油液等多种制剂，已在临床应用。花椒精油还可作调香原料，可调制馥奇型香精，用于化妆品及皂类加工，亦可作食品防霉剂，精油精制加工等。

参考文献

[1] 廖洪维. 花椒高产栽培与病虫害防治技术应用研究[J]. 农家科技（下旬刊），2017（10）：148.

[2] 陈万才，龙惠，吴富雨，等. 泸定县花椒丰产栽培技术[J]. 四川林业科技，2017，38（6）：97-100.

[3] 陈吉堂，郑国金. 川南地区青花椒丰产栽培技术[J]. 农业与技术，2018，38（8）：148.

jin qiao mai
金荞麦

本品为蓼科植物金荞麦*Fagopyrum dibotrys*（D.Don）Hara的干燥根茎。

一、植物特征

多年生草本。根状茎木质化，黑褐色。茎直立，高50～100厘米，分枝，具纵棱，无毛。有时一侧沿棱被柔毛。叶三角形，长4～12厘米，宽3～11厘米，顶端渐尖，基部近戟形，边缘全缘，两面具乳头状突起或被柔毛；叶柄长可达10厘米；托叶鞘筒状，膜质，褐色，长5～10毫米，偏斜，顶端截形，无缘毛。花序伞房状，顶生或腋生；苞片卵状披针形，顶端尖，边缘膜质，长约3毫米，每苞内具2～4花；花梗中部具关节，与苞片近等长；花被5深裂，白色，花被片长椭圆形，长约2.5毫米，雄蕊8，比花被短，花柱3，柱头头状。瘦果宽卵形，具3锐棱，长6～8毫米，黑褐色，无光泽，超出宿存花被2～3倍。花期7～9月，果期8～10月。
（图1）

二、资源分布概况

产陕西、华东、华中、华南及西南。生山谷湿地、山坡灌丛，海拔250～3200米。

金荞麦在云南分布几遍全省。在河南、江苏、安徽、浙江、江西、湖北、湖南、广东、广西、陕西、甘肃、四川、贵州、西藏等省区也有分布。目前金荞麦多为野生资源，人工栽培较少，造成了对野生金荞麦资源的大量采挖，再加上生态环境的破坏，金荞麦的野生资源已大量减少，加强发展金荞麦人工栽培将是保护和开发金荞麦资源的主要途径。

图1　金荞麦植物图

三、生长习性

1. 生长环境条件

金荞麦分布于北纬21°～32°、东经97°～129°区域的陕西、浙江、江西、河南、湖北、湖南、广西、广东、四川、云南等省、自治区，海拔500～2300米的地区，都可以生长金荞麦，温暖平坝、浅、半山区、山区最适宜金荞麦生长，金荞麦主要分布于亚热带气候带内，年均温大多在13～18℃，无霜期一般240～280天，年降雨量900～1100毫米，温暖湿润的气候条件，气温偏凉，更适宜金荞麦的生长。

金荞麦既可在质地黏重、紧密的冲积红壤中生长，也可在疏松的黑色石灰土及砂页岩风化而成的黄红壤中生长。金荞麦分布的地域广阔，各种成土母质形成的土壤都能生长，对成土母质要求不严。红壤、红棕壤、黄棕壤、棕壤、黄壤、紫色土、冲积土中都可以种植金荞麦，有机质、氮、磷、钾含量丰富，土壤越肥沃，对金荞麦的生长越有利。

2. 生长发育规律

金荞麦属多年生植物,可采用种子和块茎繁殖。金荞麦种子繁殖,3月下旬播种,金荞麦种子必须吸收其体重40%左右的水分才能萌发。在8～35℃的温度范围内均可萌发,适宜温度为12～25℃,温度低于8℃或高于35℃萌发均受到抑制。根据重庆地区金荞麦的生长观察,一般播种20天后出苗,出苗率为41.6%～80.0%。出苗5天后子叶展开,34～36天出现真叶。用块茎、茎节(苓子)、休眠芽无性繁殖,与用种子繁殖同期,每个芽长出2～3片真叶。叶片数随着气温上升而不断增加,块根同时长出大量须根。当苗高22～27厘米时,随着叶面积的增加,块茎也开始陆续膨大。6月开始地上部分进入生长盛期,抽茎至现蕾期地上部分生长最快,株高可达2米。从孕蕾至种子成熟是根茎和全草干物质积累的高峰期,应注意施肥。当8月进入蕾期时,地上部分停止生长,地下块茎增长进入盛期,如遇水分和营养不良时,叶开始枯黄脱落。从现蕾至开花需15～18天,开花至种子成熟需30天;由于总状花序的花陆续开放,所以种子也是陆续成熟的,从初花至花末长达2个多月。10月下旬至12月中旬开始倒苗,块茎生出休眠芽,整个生育期为180天。据调查,在云南省,金荞麦在霜降后逐渐枯萎,老根埋于土中,次年春季又发芽。分布在不同气候带内的金荞麦,其枯萎时间不同。如滇东北昭通、宣威一带,冬季寒冷,金荞麦在12月枯萎;昆明一带冬季温暖些,金荞麦1月枯萎。而滇南红河、元江一带,气温更高,金荞麦地上茎叶则不枯萎,大叶落掉,长出小叶,过冬后,来年春季又萌发出新枝叶茂盛生长。茎节可着地生根,1个茎节有形成1个完整植株的能力,一个茎节生长1年后,新生块茎鲜重可达75.2～90克。一般情况是芽数越多块茎鲜重越重。

四、栽培技术

1. 选地与整地

根据金荞麦的生长习性选择排水良好的砂壤土。一般在春季进行整地,以不翻出生土为原则,耕探30～60厘米,连续耕翻1～2次。并结合耕翻,每亩施厩肥或堆肥2500～3500千克,接着耙细、整平,做成宽1.5米的畦,长随各地地形而定,一般情况下为8～10米。(图2)

2. 繁殖方法

种子繁殖、根茎或扦插繁殖均可。

图2　金荞麦田间栽培

（1）种子繁殖　春、秋播都行，以春播为好。春播在4月下旬，条播按45厘米开沟，沟深3厘米，均匀播入种子，覆土耙平，稍加镇压，播后土壤要保持湿润，在气温10～18℃的条件下，15～20天出苗；秋播要晚一点，10月下旬或11月下种，播后畦面覆草，种子在土中越冬，第二年4月出苗，出苗率可达60%～80%。也可进行育苗移栽：在北京地区，3月上中旬可在温室或阳畦育苗，在整好的阳畦内，浇透水，完全下渗后，按行距5～8厘米条播，覆土2厘米，畦面可加盖塑料薄膜，晚上加盖铺草，7～10天出苗，出现2～3片真叶时按株行距30厘米×45厘米进行移栽。

（2）根茎繁殖　春季植物萌发前，将根茎挖出，选取健康根茎切成小段，按行距45厘米开沟，沟深10～15厘米然后按株距30厘米把根茎栽入沟中，覆土压实。一般选根茎的幼嫩部分及根茎芽苞作繁材，出苗成活率及产量均高。

（3）扦播繁殖　剪取组织充实的枝条，长15～20厘米，有2～3个节，以河沙作苗床，插条深2/3，株行距9厘米×12厘米。保持苗床湿润，夏天扦插约20天后生根，成活率高达90%以上。

3. 田间管理

（1）除草　苗期勤除杂草，松土2～3次。

（2）追肥　在苗高50～60厘米时进行1次追肥，也可在开花前追施，每亩用复合肥（15–15–15）15～20千克。

（3）排、灌水　应注意雨季要及时排水，旱时可依据墒情适当浇水。

4. 病虫害防治

（1）病毒病　为害叶片，被害叶片呈花叶状或卷曲皱缩。

①选择无病株留种，也可对种子播前进行处理钝化病毒；②防治介体，拔除病枝、清除田间杂草等以减少田间侵染来源。

（2）蚜虫　其若虫吸食金荞麦茎叶汁液。

①冬季清园，将枯枝落叶深埋或烧毁，以消灭越冬虫；②在发生期用10%吡虫啉1000倍液或80%敌敌畏乳剂1500倍液进行喷杀。

五、采收加工

1. 采收

适时的采收和正确的加工干燥方法对金荞麦显得尤为重要，正确的采收加工可获高产且质优。一般在秋冬季节地上茎叶枯萎时采挖，收时割去茎叶，将根刨出，去净泥土及泥沙，将部分健壮、无病害的根茎取出作种用，其他干燥加工入药，一般每亩产量可达250～400千克；地上部，包括茎、叶、花产量达500～900千克，也可药用。

2. 加工

将清理干净的金荞麦根晒干或趁鲜切片后晒干即可。干燥方法：晒干、阴干、50℃内烘干都可以，但需注意干燥时温度不宜过高，最好不要超过50℃，若超过这一温度，药材质量就会明显下降。金荞麦以个大、质坚硬者为佳。

六、药典标准

1. 药材性状

本品呈不规则团块或圆柱状，常有瘤状分枝，顶端有的有茎残基，长3～15厘米，直径1～4厘米。表面棕褐色，有横向环节和纵皱纹，密布点状皮孔，并有凹陷的圆形根痕和

残存须根。质坚硬，不易折断，断面淡黄白色或淡棕红色，有放射状纹理，中央髓部色较深。气微，味微涩。（图3）

图3　金荞麦药材

2. 显微鉴别

本品粉末淡棕色。淀粉粒甚多，单粒类球形、椭圆形或卵圆形，直径5～48微米，脐点点状、星状、裂缝状或飞鸟状，位于中央或偏于一端，大粒可见层纹；复粒由2～4分粒组成；半复粒可见。木纤维成束，直径10～38微米，具单斜纹孔或十字形纹孔。草酸钙簇晶直径10～62微米。木薄壁细胞类方形或椭圆形，直径28～37微米，长约至100微米，壁稍厚，可见稀疏的纹孔。具缘纹孔导管和网纹导管直径21～83微米。

3. 检查

（1）水分　不得过15.0%。

（2）总灰分　不得过5.0%。

4. 浸出物

不得少于14.0%。

七、仓储运输

1. 包装

包装材料采用干燥、清洁、无异味以及不影响品质的材料制成，包装要牢固、密封、防潮，能保护品质，包装材料应易回收、易降解。在包装外标签上注明品名、等级、数量、收获时间、地点、合格证、验收责任人。有条件的基地注明农药残留、重金属含量分析结果和药用成分含量。

2. 仓储

经加工完成后，装入统一规格的纸箱或编织袋中，放入通风干燥的库房内保存，应避免淋雨，发生霉变，定期检查贮藏情况。待市场价格恰当时，进行商品交易。

3. 运输

运输车辆的卫生合格，温度在16～20℃，湿度不高于30%，具备防暑防晒、防雨、防潮、防火等设备，符合装卸要求；进行批量运输时应不与其他有毒、有害、易串味物质混装。

八、药材规格等级

应符合表1要求。

表1　规格等级划分

规格	性状描述	
	共同点	区别点
选货	干货。本品呈不规则团块或圆柱状，常有瘤状分枝，顶端有的有茎残基。表面棕褐色，有横向环节和纵皱纹，密布点状皮孔，并有凹陷的圆形根痕和残存须根。质坚硬，不易折断，断面淡黄白色或淡棕红色，有放射状纹理，中央髓部色较深。气微，味微涩	每千克根茎数≤45个，大小较均匀一致，杂质<2%
统货		每千克根茎数>45个，大小不均匀，杂质<3%

注：目前市场上所售金荞麦多为切片，与《中国药典》性状描述不同，本标准不制定此切片规格。

九、药用价值

1. 药理作用

（1）抗癌作用　金荞麦根水煎剂20克（生药）/（千克×天）和13.3克（生药）/（千克×天）灌胃，连续10天，对小鼠Lewis肺癌和宫颈癌U14均有显著的抑制作用，雌性小鼠的疗效较雄性小鼠为好。

金荞麦具有抗癌的作用，归功于其具有的清热解毒，活血化瘀的功效。现代医学研究发现，金荞麦的抗癌药理作用是明显抑制癌细胞内的核酸代谢起到抑制癌细胞生长增殖的作用，并杀灭癌细胞，有效的抑制癌肿的发展。金荞麦对于肺癌、宫颈癌、肾癌、鼻咽癌、胃癌等恶性肿瘤的治疗，具有广谱抗癌的作用。

（2）抑菌作用　金荞麦对金黄色葡萄球菌、肺炎链球菌、大肠埃希菌、铜绿假单胞菌均有抑制作用，醇剂作用大于水剂，可用于化脓性疾病、肺炎、肠炎、腹泻等治疗。另有报道，金荞麦及其各分离部分无体外抗菌作用，于感染前的不同时期腹腔注射金荞麦浸膏83毫克/千克，对腹腔感染金黄色葡萄球菌小鼠有明显的保护作用，但在感染同时或感染后用药则无保护作用。

（3）增强免疫力　金荞麦具有增强细胞免疫的作用，对于巨噬细胞有增强吞噬功能的作用，可提高免疫细胞对于致病菌进行清除，抑制外界侵害，起到抵御疾病发生和辅助治疗疾病的作用。

（4）活血化瘀　金荞麦的活血化瘀功效对于缓解气滞血瘀导致的疼痛也有不错的作用。而且金荞麦的该功效对于气滞血瘀导致的妇科疾病也有治疗作用，如乳腺增生、子宫肌瘤、卵巢囊肿等疾病，对于缓解疼痛、消除肿块有不错的效果。

（5）其他作用　金荞麦浸膏83毫克/千克腹腔注射，能增强小鼠腹腔巨噬细胞的吞噬功能，但巨噬细胞总数未见增多。三联菌苗致热家兔口服金荞麦浸膏有解热作用，给小鼠口服金荞麦浸膏有轻微的镇咳作用。

2. 临床常用

（1）肺痈，肺热咳嗽　本品辛凉，既可清热解毒，又善排脓祛瘀，并能清肺化痰，故以治疗肺痈咯痰浓稠腥臭或咳吐脓血为其所长，可单用，或与鱼腥草、金银花、芦根等配伍应用；若治肺热咳嗽，可与天花粉、矮地茶、射干等同用。

（2）瘰疬疮疖，咽喉肿痛　本品凉以清热，辛以散结，有解毒、消痈、利咽、消肿之效，若与何首乌等药配伍，可用治瘰疬痰核；若配蒲公英、紫花地丁等药，可用治疮痈疖肿或毒蛇咬伤；若与射干、山豆根同用，可用治咽喉肿痛。

此外，本品尚有健脾消食之功，与茯苓、麦芽等同用，可用治腹胀食少、疳积消瘦等症。常见附方如下。

①治喉癌：野荞麦、七叶一枝花、蛇莓各15克，灯笼草9克，龙葵、蜀羊泉各30克，水煎服，日1剂。能使呼吸困难，咽下疼痛等缓解，颈部肿块及淋巴结核逐渐消失。

②消肿敛血，用于肿痛出血。关节肿胀：野荞麦60克，水煎3次，饭后服。子宫流血：野荞麦250克，加水1250毫升，置陶器中密封，隔水蒸煮3小时，得净汁约1000毫升。每服40毫升，日3次。

③治声带癌：野荞麦、石见穿、蛇莓各15克，黄毛耳草、麦冬各12克，龙葵、白英各30克，水煎2次，早、晚分服。能使癌肿消失，失音恢复。

④治脱肛：鲜天荞麦、苦参各300克。水煎，趁热熏患处。方中金荞麦清热解毒，活血，为君药。

⑤治闭经：野荞麦鲜叶90克（干叶30克），捣烂，调鸡蛋4个，用茶油煎熟，加米酒共煮，内服。方中金荞麦，活血，为君药。

⑥治鼻咽癌：鲜野荞麦、鲜汉防己、鲜土牛膝各30克，水煎服。另取灯心草捣碎口含，同时用垂盆草适量捣敷鼻部。继续用药2个月，能使脓血分泌物减少，癌肿逐渐消减。

金荞麦治咽喉肿痛，常配伍灯笼草、筋骨草等同用；金荞麦用治肺热咳嗽，或肺痈，可单用本品一两，隔水炖汁服，金荞麦也可配合鱼腥草等药同用。金荞麦治疗手足关节不利，风湿筋骨酸痛等症，常配合桑枝、络石藤、苍术等药同用；用治痛经及产后瘀血阻滞腹痛等症，可单用金荞麦一两，加红糖煎服。

野荞麦在上海地区中药店称为开金锁，系由形状而得名。此药过去在临床上应用不多，近年来发现本品有清热解毒作用，用治肺脓疡（肺痈）疗效很好，但必须隔水炖汁煎服；如加水煎汁服，则疗效不显。经体会，本品隔水炖出的汁，味很涩，微苦，用治急性支气管炎引起的咳嗽痰多，也有疗效，可使痰液分泌检减少，咳嗽逐渐减轻。

参考文献

[1] 朱兆云. 云南重要天然药物[M]. 续一. 昆明：云南科技出版社，2011.

[2] 王安虎，夏明忠，蔡光泽，等. 金荞麦的栽培产量及其有效成分含量研究[J]. 西昌学院学报（自然科学版），2011，25（2）：1–3.

[3] 秦银. 金荞麦高产栽培技术[J]. 现代农业科技，2015（14）：72–73.

[4] 邓蓉，向清华，王安娜，等. 黔金荞麦栽培驯化试验[J]. 种子，2013，32（11）：60–62.

[5] 焦连魁，曾燕，赵润怀，等. 金荞麦资源研究进展[J]. 中国现代中药，2016（4）：519–525.

[6] 周涛，肖承鸿，江维克，等. T/CACM 1021.136—2018. 中药材商品规格等级 金荞麦[S]. 中华中医药学会，2018.

金铁锁

本品为石竹科植物金铁锁*Psammosilene tunicoides* W. C. Wu et C. Y. Wu的干燥根。别名有独钉子、小霸王、昆明沙参、金丝矮陀陀、土人参、对叶七、麻参等。

一、植物特征

金铁锁为多年生宿根草本植物（图1）。根单生，肉质，粗壮，长圆锥形，长20～30厘米，外皮棕黄色。茎铺散，平卧，呈圆柱形，中空，二叉或三叉状分枝，长30～35厘米，紫绿色，中、上部节间较长，具细毛，茎柔弱易折断。单叶对生，几无柄，长1.3～2厘米，宽0.8～1.2厘米，先端渐尖，基部宽楔形至圆形，稍带肉质，全缘，上部疏生细柔

图1　金铁锁植物图

毛，下部叶渐小，沿中脉有柔毛。花为聚伞花序，着生于枝顶，花小近于无柄；萼片狭漏斗形，具15条棱线及头状腺毛；花冠筒状钟形，紫堇色，花瓣五片，狭匙形，顶截形至圆形，花丝近圆形；子房上位，倒披针形；花柱线形，二枚，柱头点状，不明显。蒴果，长棍棒形，长约7毫米，内有种子1粒，呈长倒卵形，长3毫米，种皮褐色，种子扁平。花期6～9月，果期7～10月。

二、资源分布概况

金铁锁产于四川、云南、贵州、西藏。生于金沙江和雅鲁藏布江沿岸，海拔2000～3800

米的砾石山坡或石灰质岩石缝中。金铁锁为稀缺中药材，由于长期以来完全靠野生采挖，其药材蕴藏量有限，加之资源严重被破坏，因此金铁锁野生资源急剧减少。为了满足市场需求，实现资源的可待续利用，现金铁锁已进行人工栽培。乌山蒙片区适宜种植区域有云南禄劝、寻甸、会泽、宣威，四川布拖、金阳、昭觉、美姑等地。

三、生长习性

金铁锁为喜阳植物，耐旱、耐贫瘠，忌积水，水分过多易引起根腐烂。其主根特别发达，有很强的钻透能力，在土中可钻深入土中40～50厘米，在岩石缝隙中也能钻深达20厘米。4月开始萌芽，从芦头上萌发出许多幼苗，平卧地面，苗长35厘米左右，茎节紫堇色。6～9月陆续开花，花紫色，最早开花为6月上旬，花期较为集中时间为7～8月，停止开花时间为10月。从花开到花谢后，种子成熟需30天左右，10月开的花所形成的种子不饱满，多数不成熟，7～10月果实陆续成熟，为蒴果，由绿色转变成黄色，成熟后自然脱落。长棍棒形，内有1粒种子；种子为长倒卵形、扁平、褐色，长3毫米。10月后地上部分茎叶干枯，进入休眠期，受气候影响，植株可提前1～2月干枯，即8月中旬干枯。

四、栽培技术

1. 种植材料

本属仅一种。近年来开展野生金铁锁人工驯化栽培取得成功。

2. 选地与整地

（1）选地　选地是金铁锁种植是否成功的基础，一定不能忽视。建议选择海拔2200～3400米地区，土壤为黄砂壤的向阳缓坡地种植。

（2）整地　地块选好后深翻30厘米，每亩均匀施入腐熟堆肥2000～3000千克、氯化钾18千克（注意金铁锁不宜施用氮肥和磷肥），弄碎土块，然后按80厘米标准开沟起垄，沟宽30厘米，沟深20厘米，垄宽50厘米，并保持垄面土壤下粗上细，待种。

3. 播种

一般采用直播种植。种子直播在4～5月，分穴播和条播。播种前厢面先浇透水，使土壤充分湿润。播种前种子应脱去外壳。播种时在做好的厢面上按行距15厘米开小沟条播或按20厘米穴距三顶角开平底浅穴穴播。条播的按株距5厘米×8厘米播种，穴播的每穴播入5～6粒种子。播后覆盖0.5厘米的细土。覆土后厢面上均匀覆盖薄层松毛，厚度以不露出土为宜。直播每亩用种量150～200克。出苗后逐步将盖草移去，当苗高10厘米时进行间苗和定苗。条播的按株距6～8厘米进行定苗，穴播的每穴留苗3株。间除的幼苗可用于补苗，也可移栽。（图2）

图2　金铁锁田间栽培

4. 田间管理

（1）灌溉排水　种子播种后要保持土壤湿润直至出苗。金铁锁忌涝，成苗后及移栽成活后土壤湿度在30%左右即可，只要植株不萎蔫，就不要灌水，雨季注意排水防涝，以免积水烂根。

（2）除草　幼苗期宜见草就拔，避免草大拔除时把幼苗带出土而造成死苗。成苗期也要适时进行除草。

（3）施肥　金铁锁耐贫瘠，但适当的施肥能促进其生长。施肥以施入有机肥为主。播种当年施足底肥堆肥或有机肥后，每年于9～10月每亩施腐熟牛羊粪300千克。

（4）盖草越冬　冬天倒苗后清除杂草，在厢面上盖一层草或松毛，可以起到保温、保湿的作用，有利于植株安全越冬，到第2年春天出苗时揭去盖草。

5. 病虫害防治

病害主要有立枯病、叶斑病和根腐病，虫害主要是地老虎。

（1）立枯病　发病初期用50%多菌灵可湿性粉剂500～800倍液喷雾防治。

（2）叶斑病　发病初期用50%多菌灵800～1000倍液或50%甲基托布津1000倍液喷雾防治，连喷2～3次，每隔7～10天喷1次。

（3）根腐病　发病初期用噁霉灵喷雾或用敌百松800～1000倍液浇灌发病区。

（4）地老虎　为害根茎，用90%晶体敌百虫每亩180～200克，拌炒香的米糠或麦麸8～10千克，撒于田间进行诱杀。

五、采收加工

1. 采收（图3）

（1）采收时间　播种第二年的10～11月金铁锁地上茎枯萎后采挖。

（2）采收方法　选择晴天采挖，将直根逐一挖出。采挖时尽量避免损伤根茎。

2. 加工

挖取后，去净泥土和茎叶，并刮去外皮，晒干，即可作为商品药材出售。

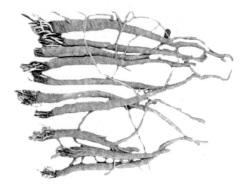

图3　金铁锁药材采收

六、药典标准

1. 药材性状

本品呈长圆锥形，有的略扭曲，长8～25厘米，直径0.6～2厘米。表面黄白色，有多数纵皱纹和褐色横孔纹。质硬，易折断，断面不平坦，粉性，皮部白色，木部黄色，有放射状纹理。气微，味辛、麻，有刺喉感。

2. 鉴别

本品粉末类白色。网纹导管多见，偶有螺纹导管或具缘纹孔导管，直径16～20微米。

3. 检查

（1）水分　不得过12.0%。

（2）总灰分　不得过6.0%。

4. 浸出物

不得少于18.0%。

七、仓储运输

1. 包装

包装材料采用干燥、清洁、无异味以及不影响品质的材料制成，包装要牢固、密封、防潮，能保护品质，包装材料应易回收、易降解。在包装外标签上注明品名、等级、数量、收获时间、地点、合格证、验收责任人。有条件的基地注明农药残留、重金属含量分析结果和药用成分含量。

2. 仓储

包装好的商品药材，及时贮存在清洁、干燥、阴凉、通风、无异味的专用仓库中，要防止霉变、鼠害、虫害，注意定期检查。

3. 运输

运输工具必须清洁、干燥、无异味、无污染，运输中应防雨、防潮、防污染，严禁与可能污染其品质的货物混装运输。

八、药用价值

金铁锁除风湿，定痛，止血，祛瘀。用于风湿痹痛，胃痛，创伤出血，跌打损伤。现代医学研究证明，金铁锁根部主要含皂苷，有镇痛、抗炎、止血、免疫调节等多种药效作用，是多种知名中成药的主要成分之一。如云南白药系列、百宝丹系列、云南红药胶囊、贵州金骨莲胶囊、福建痛血康胶囊等。常用配方如下。

（1）治跌打损伤、风湿疼痛　金铁锁根0.9～1.5克，水煎服或泡酒服；另取适量外敷患处。

（2）治蛔虫病　先服半个油煎鸡蛋，半小时后，服金铁锁根粉末0.6克和剩余的半个鸡蛋。

（3）治胃痛　独定子、大青木香各等量研末，每次吞服1克。

（4）治蛇咬伤　独定子1克，雄黄2克，研末外包。

参考文献

[1] 谢宗万. 中药材品种论述[M]. 上册. 上海：上海科学技术出版社，1990.

[2] 陈翠，袁理春，杨丽云，等. 金铁锁驯化栽培技术[J]. 中国野生植物资源，2006，25（6）：66–67.

[3] 汤王外，徐中志，陈翠，等. 濒危药用植物金铁锁驯化栽培技术研究[J]. 中国园艺文摘，2011，27（3）：177–179.

[4] 王周立，朱家通，李朴科，等. 金铁锁驯化栽培技术探讨[J]. 云南农业，2014（5）：36–37.

[5] 李章取，王丰明，蔡国宪，等. 濒危药用植物金铁锁野生驯化中病虫害防治[J]. 企业导报，2014（19）：169–169.

chong lou

重楼

本品为百合科植物云南重楼*Paris polyphglla* Smith var. *yunnanensis*（Franch.）Hand. -Mazz.或七叶一枝花*Paris polyphylla* Smith var. *chinensis*（Franch.）Hara的干燥根茎。云南重楼又被称为滇重楼。

一、植物特征

云南重楼和七叶一枝花均为多叶重楼的变种。多叶重楼的特征如下：根状茎粗壮，长达11厘米，粗1～3厘米，茎高25～84厘米，无毛，叶5～11枚，绿色，长圆形、倒卵状长圆形、倒披针形至长椭圆形，膜质至纸质，先端锐尖至渐尖，基部圆形、近心形，宽楔形极稀，狭楔形，长7～17厘米，宽2.2～6厘米，长为宽的2.6～5.7倍，同一植株的叶常等长而不等宽，叶柄长0.1～3.3厘米。花梗长1.8～3.5厘米。显然，在果期明显伸长；花基数3～7，雄蕊2轮，偶有偏离；萼片绿色，披针形，长2.5～8厘米，有时具短爪，宽0.1～0.3毫米，黄绿色，有时茎部黄绿色，上部紫色，雄蕊2轮，偶有多1枚或少1枚的偏差，长9～18毫米；花丝长3～7毫米；花药长5～10毫米，药隔突出部分不明显，或长0.5～2毫米；子房紫色，光滑或有瘤，具棱或翅，1室；胎座3～7，平坦或向室腔隆起；花柱基紫色，增厚，常角盘状；花柱紫色，长0～2毫米；柱头紫色，长4～10毫米，花时直立，果期外卷。果近球形，绿色，不规则开裂，径可达4厘米。种子多数，卵球形，有鲜红色的外种皮。花期4～6月，果10～11月开裂。

其中云南重楼与多叶重楼原变种的区别是：雄蕊除2轮的外，有不少为3轮的，罕有4轮的，药凸较明显，长1～2毫米，花瓣通常较宽，上部常扩大为宽2～5毫米的狭匙形；叶一般宽，质地较厚，不为膜质，倒卵状长圆形、倒卵状椭圆形，基部楔形至圆形，长4～9.5厘米，宽1.7～4.5厘米，常具1对明显的基出脉，叶柄长0～2厘米。

七叶一枝花与云南重楼的主要区别为：花瓣狭线形，明显短于萼片，常反折，长为萼片的1/3～2/3，上部不扩宽，叶片一般较狭长，长圆形、长椭圆形、披针形、倒披针形，基部通常楔形，稀圆形，长8～27厘米，宽2.2～10厘米。

二、资源分布概况

云南重楼产云南、广西、四川和贵州。生于海拔（1400～）2000～3600米的林下或路边。七叶一枝花分布较广，分布于四川盆地以及长江以南的云南、贵州、四川、重庆、湖南、湖北、浙江、福建、安徽、陕西等地海拔300～3700米的常绿阔叶林、竹林、灌丛中。乌蒙山区四川雷波、沐川、马边、屏山，云南禄劝、寻甸、会泽、宣威、昭阳、鲁甸、巧家、盐津、武定等地均可进行重楼药材的推广种植。

三、生长习性

滇重楼属多年生宿根草本植物。每年立春后随着气温的升高，开始萌发、出苗；夏秋是生长发育旺盛时期，茎叶繁茂并开花结果；立冬以后随着气温下降，茎叶开始枯萎，果实成熟，根茎大量贮蓄营养，停止生长进入休眠越冬。如此周而复始，根茎增长缓慢。重楼从种子萌发起，营养生长发育5～6年后，才进入生殖生长期，开始开花、结果；此时的滇重楼地上茎增高、加粗，叶数增多，花、果出现，当年的根茎段也显著增粗。这个时期是重楼生长发育的旺盛期。从种子发芽到生长成可采收药材，一般需8～10年。重楼的叶片数目，通常随根茎年龄的增加而增加，到开花年龄，叶片数趋于稳定。第一至第二年生的是1片心形叶，第三年的叶片有3片和4片的，第四年有4～5片叶，第五年有4～6片叶，第六年后，植株达到开花年龄，叶片数目开始固定下来。（图1）

重楼生长在常绿阔叶林、云南松、竹林、灌丛、草坡背阴处或阴湿山谷中。有"宜阴畏晒，喜温忌燥"的习性，喜湿润、荫蔽的环境，在地势平坦、灌溉方便、排水良好、含腐殖质多、有机质含量较高的疏松肥沃的砂质壤土中生长良好。重楼花梗的生长期一般为1个月，云南重楼为花、叶同放型，七叶一枝花为先叶后花型。重楼种子具有"二次休眠"的生理特性，在自然条件下重楼种子从成熟到萌发出苗需要约2年。重楼在种子萌发和

图1　重楼四年生种子苗

幼苗阶段，需要进行遮阴，建造的荫棚遮阴度在60%～70%，散射光能有效促进重楼的生长，以后每年逐步降低遮阴度和适当地减少遮阴时间，增加光照，促进干物质和有效成分累积。重楼种子萌发、根生长，以及顶芽萌发等，18～20℃为最适宜的温度，出苗温度则控制在20℃左右；地上部植株生长温度控制在16～20℃，地下部根茎生长温度控制在14～18℃。在生长过程中，云南重楼需要较高的空气湿度和荫蔽度，在降雨量集中的地区生长良好，尤喜河边、沟边和背阴山坡地，相对七叶一枝花而言云南重楼更耐旱。

四、栽培技术

1. 种植材料

　　重楼的种植方法主要分为种子繁殖和根茎切块繁殖两种，种子繁殖主要是用种子育苗后进行移栽，根茎切块繁殖则是选择有芽的块茎进行移植定栽。在种植重楼的过程中，需要选择优良的云南重楼和七叶一枝花的种子或根茎作为栽培种源。

2. 整地

　　（1）地块选择　选择地势平坦、灌溉方便、排水良好、含腐殖质较多、有机质含量较高的疏松肥沃的砂质壤土，在这样的地块中种植重楼产量高、品质好，切忌在贫瘠易板结的土壤和黏重的土壤中种植。

（2）土地整理及土壤处理　选好种植地后要进行土地清理，收获前茬作物后认真清除杂质、残渣，防止或减少来年病虫害的发生。清洁土地后，将充分腐熟的堆肥均匀地撒在地面上，每亩施用3000～4000千克，同时可选用敌百虫等农药拌"毒土"撒施（施药量以使用说明书为准），再耕深翻30厘米以上一次，彻底杀灭土壤中现存的害虫及虫卵，暴晒一个月，以消灭虫卵、病菌。最后一次整地时可选用"百菌清""代森锌""多抗霉素"等杀菌剂进行土壤消毒（施药量以使用说明书为准），确保土壤无病菌。对过度偏酸的土壤还可撒生石灰（约50～100千克/亩）灭菌的同时可调节酸碱度，然后细碎耙平土壤。

（3）平地作畦　土壤翻耕耙平后开畦。根据地块的坡向山势作畦，以利于雨季排水。为了便于管理，畦面不宜太宽，按宽1.2米、高25厘米作畦，畦沟和围沟宽30厘米，使沟沟相通，并有出水口。

3. 搭建荫棚

重楼属喜阴植物，忌强光直射，应在播种或移栽前搭建好遮阴棚。按4米×4米打穴栽桩，可用木桩或水泥桩，桩的长度为2.2米，直径为10～12厘米，桩栽入土中的深度为40厘米，桩与桩的顶部用铁丝固定，边缘的桩子都要用铁丝拴牢，并将铁丝的另一端拴在小木桩上斜拉打入土中固定。在拉好铁丝的桩子上，铺盖遮阴度为70%的遮阳网，在固定遮阳网时应考虑以后易收拢和展开。在冬季风大和下雪的地区种植重楼，待植株倒苗后（10月中旬），应及时将遮阳网收拢，第二年3～4月出苗前，再把遮阳网展开盖好。经济条件较好的，可采用钢架大棚盖遮阴网。如是采用林下种植，可以不用搭建荫棚。（图2）

4. 繁殖技术

（1）种子繁殖　重楼种子具有明显的后熟作用，胚需要休眠完成后熟才能萌发（图3）。在自然情况下经过两个冬天才能出土成苗，且出苗率较低。重楼的种子大多在9、10月成熟，为增进种子萌发力，待蒴果开裂后种皮变成酱红色时进行采收。把采收的果实洗去果肉，稍晾水分，用湿砂或土层积催芽。具体方法是：种子与砂（土）的比例为1∶5，再施用种子重量的1%的多菌灵可湿性粉剂并拌匀，装催苗框中，置于室内，催芽温度保持在18～22℃，每15天检查一次，保持砂子的湿度在30%～40%（用手抓一把砂子紧握能成团，松开后即散开为宜）。第二年3～4月有超过10%的种子胚根萌发时便可播种。将处理好的种子按5厘米×5厘米的株行距播于做好的苗床上，苗床宽1.2米，高25厘米，沟宽30厘米。种子播后覆盖1∶1的腐殖土和草木灰，覆土厚约1.5厘米，再在厢面上盖一层松针或碎草，厚度以不露土为宜，浇透水，保持湿润。当年的8月有少部分出苗，

图2　重楼种苗遮阴棚

大部分苗要到第三年4、5月后才能长出。种子繁育出来的种苗生长缓慢，2～3年后，重楼苗形成明显地下根茎时方可进行移栽。

（2）根茎切块繁殖　根茎切块繁殖分为带顶芽切块和不带顶芽切块两种方法，在生产实践中，调查得出切块时带顶芽部分成活率为100%，不带顶芽部分成活率为80%；带顶芽切段根茎的生长量是不带顶芽切段的1.5～2.5倍。目前在生产上主要以带顶芽切块繁殖为主。带顶芽切块繁殖的方法为：重楼倒苗后，取重楼根茎，按垂直于根茎主轴方向，以带顶芽部分节长3～4厘米处切割，伤口蘸草木灰，随后按照大田种植

图3　重楼种子

的标准栽培，第二年春季便可出苗，其余部分可晒干作商品出售。

5. 移栽定植

（1）移栽时间　10月中旬至12月上旬。此时移栽的重楼根系生长较快，花、叶等器官在芽鞘内发育完全，出苗后生长旺盛。

（2）种植密度　按株行距15厘米×25厘米进行移栽，每亩种植1.5万～1.7万株。

（3）种植方法　在畦面横向开沟，沟深4～6厘米，根据种植规格放置种苗，一定要将顶芽芽尖向上放置，用开第二沟的土覆盖前一沟，如此类推。播完后，用松针或稻草覆盖畦面，厚度以不露土为宜，起到保温、保湿和防杂草的作用。栽后浇透一次定根水，以后根据土壤墒情浇水，保持土壤湿润。

6. 田间管理

（1）合理灌溉　重楼移栽后应及时浇水，使土壤水分保持在30%～40%。出苗后，有条件的地方可采用喷灌，以增加空气湿度，促进重楼的生长。多雨季节要注意排水，切忌畦面积水。遭水涝的滇重楼根茎易腐烂，导致植株死亡，产量减少。

（2）中耕除草　移栽后，应抓紧时机，见草就除。先用手拔除重楼植株周围杂草，再用专用小锄轻轻除去其他杂草。锄草时不能伤及重楼的地上部分与须根。一般是中耕除草和松土结合进行。

（3）追肥　重楼为多年生，施肥以有机肥为主，辅以少量复合肥和各种微量元素肥料。有机肥宜选择发酵好优质羊粪、牛粪、油枯、草木灰和作物秸秆等。追肥每亩每次1500千克，于5月中旬、12月中下旬各追施1次。7月根据田间重楼长势，追施一遍优质复合肥（10–10–15–20），施用量每亩5～10千克，采用撒施或兑水浇施，施肥后应浇一次水或在下雨前追施。

7. 病虫害防治

重楼常见病害有猝倒病、根腐病、茎腐病、叶斑病、褐斑病、灰霉病等；常见虫害有地下害虫类、夜蛾类、蓟马、红蜘蛛、斑潜蝇等，因此在种植重楼时一定要掌握相应的病虫害防治措施。

（1）病害

①猝倒病：该病为幼苗期病害，一般4～5月低温多雨时发病严重。发病的症状为从茎基部感病，初发病为水渍状，很快向地上部扩展，有时子叶或叶片仍为绿色时即突然倒伏。

精选无病种子或种苗；苗床用50%多菌灵可湿性粉剂600倍液+58%甲霜灵锰锌可湿性粉剂600倍液混合后浇淋；选用58%甲霜灵锰锌可湿性粉剂600倍液、68.75%银法利（氟菌·霜霉威）悬浮剂2000倍液浇淋植株及根部土壤。

②根腐病：危害地下根茎部分，病菌侵染后，根系逐渐呈黄褐色腐烂，地上部叶片边缘变黄焦枯，导致整株死亡，叶片干枯。

选择避风向阳的坡地栽培；播种或移栽时用草木灰拌种苗，初发病时选用75%百菌清600倍液、25%甲霜灵锰锌600倍液、70%代森锰锌600倍液、64%杀毒矾600倍液、80%多菌灵500倍液等其中一种药液浇根；当发现地下虫害时，用50%辛硫磷乳油800倍液浇淋根部防治。

③叶茎腐病：危害植株叶、茎部，初侵染产生水渍状小斑，导致根茎部组织腐烂、倒苗。

冬春季要清除枯枝、病叶集中烧毁，减少病源的越冬基数；发病初期选用58%瑞毒霉500倍液、72%甲霜灵锰锌600倍液、75%百菌清600倍液、80%代森锰锌500倍液、68.75%银法利（氟菌·霜霉威）2000倍液等其中一种药液喷施防治。

④叶斑病：主要是叶片受害，低洼积水处，通风不良，光照不足，肥水不当等容易发病。

及时清除严重病叶集中处理；移栽前选用50%多菌灵、30%特富灵（氟菌唑）1000倍液浸种消毒10分钟；发病初选用75%百菌清100倍液、40%福星（氟硅唑）3000倍液、10%世高（噁醚唑）水分散颗粒剂、30%特富灵（氟菌唑）可湿粉1000倍液等其中一种药剂喷施叶片防治。

⑤褐斑病：发病初期，病部呈水渍状，接着失绿变黄，慢慢病斑扩大或随病情发展，病斑相融合，叶片边缘枯卷。

及时清除、销毁病残体；增施有机肥，提高滇重楼抗病力；发病初期选用药剂防控，可参照叶斑病药剂进行控病。

⑥灰霉病：主要侵染叶片、茎秆和花蕾，发病初期水渍状斑块，病部逐渐扩大，后期病部产生灰色霉层。

及时清除、销毁病残体；注意排水和降低湿度；增施有机肥，提高滇重楼抗病力；发病初期选用40%明迪（氟啶胺+异菌脲）3000倍液、40%嘧霉胺1000倍液、50%啶酰菌胺1200倍液、50%速克灵2000倍液等其中一种药液喷施、喷淋植株。

（2）虫害

①地下害虫类：地下害虫有蛴螬、地老虎、金针虫等，主要危害根部和嫩苗茎基

部等。

秋冬季深翻土壤；施用腐熟有机肥，防止成虫产卵；在成虫大量发生初期选用50%辛硫磷乳油1000倍液、10%吡虫啉1500倍液喷施防治。

②潜叶蝇类：幼虫钻入寄主叶片组织中潜食叶肉，造成叶片枯萎早落，产量下降。

播种前翻耕土壤，清除杂草和摘除有虫叶烧掉或深埋；成虫盛发期用黄色粘虫卡或3%的红糖液加少量敌百虫晶体喷洒诱杀成虫；叶片零星虫道时选用1.8%阿维菌素乳油2000倍液、40%速扑杀1000倍液、1.8%爱福丁乳油1500倍液等其中一种药剂喷施。

③红蜘蛛：叶片出现黄色针尖样斑点，引起植株长势衰弱。

收获后彻底清除田枯叶及周围杂草；发生初期用75%倍乐霸可湿性粉1500倍液、10%吡虫啉1500倍液或4%杀螨威乳2000倍液等其中一种叶片正、反面喷雾防治。

④蓟马类：蓟马种类主要有花蓟马、瓜蓟马、稻蓟马、葱蓟马等，不但危害叶片、花蕾，还传播病毒，导致植株生长缓慢，严重影响生长和产量。

清除田间杂草和枯枝残叶，集中烧毁或深埋；利用蓝板诱杀成虫；零星发生选用10%吡虫啉1500倍、5%啶虫脒2000倍、20%毒·啶乳油1500倍、4.5%高氯乳油1000倍、5%溴虫氰菊酯1000倍等其中一种药剂进行叶片正、反面喷施防治。（图4）

⑤蚜虫：以成虫、若虫吮吸嫩叶的汁液，使叶片变黄，植株生长受阻。

注意搞好喷水抗旱；作好冬季的除草和翻地，清洁田间；选用吡虫啉、啶虫脒和苦参

图4　（重楼）防虫板防治蚜虫、蓟马

碱等其中一种按使用说明书用量防控。

⑥蜗牛：主要为害嫩芽、叶片。

雨后人工捕捉或在排水沟内堆放青草诱杀；零星发生选用90%敌百虫晶体1000倍液、50%辛硫磷1000倍液、48%地蛆灵200倍液等药剂喷施防治。

⑦蛞蝓：白天潜伏，夜间啃食植物的叶片，直接影响重楼的生长。

保持干燥环境，清除田园、秋季耕翻破坏其栖息环境；施用充分腐熟的有机肥；选用48%地蛆灵乳油或6%蜗牛净颗粒剂配成含有效成分4%左右的豆饼粉或玉米粉毒饵，在傍晚撒于田间垄上诱杀。

五、采收加工

1. 采收

图5　重楼采收

秋季倒苗前后至春季3月以前均可对重楼进行采收。如果是种子繁育种苗的，通常情况下，在移栽后第6～7年进行相应的采收；若是带顶芽根茎的种苗则在移栽后第4～5年进行采收。采收选晴天进行，先割除茎叶，然后用锄头从侧面由浅入深地采挖，采挖时尽量避免损伤根茎，保持根茎的完好，挖出根茎后及时运送到室内进行摊开，同时拣去其中的泥块、石块、杂草等杂物，将须根除去，然后洗净进行滤干处理。（图5）

2. 加工

在采收回来的重楼中，把带顶芽部分切下留作种苗，其余部分可整块晾晒干，然后装袋贮藏或销售。

六、药典标准

1. 药材性状

结节状扁圆柱形，略弯曲，长5～12厘米，直径1.0～4.5厘米。表面黄棕色或灰棕色，外皮脱落处呈白色；密具层状突起的粗环纹，一面结节明显，结节上具椭圆形凹陷茎痕，另一面有疏生的须根或疣状须根痕。顶端具鳞叶及茎的残基。质坚实，断面平坦，白色至浅棕色，粉性或角质。气微，味微苦、麻。（图6）

图6　重楼药材

2. 鉴别

本品粉末白色。淀粉粒甚多，类圆形、长椭圆形或肾形，直径3～18微米。草酸钙针晶成束或散在，长80～250微米。梯纹及网纹导管直径10～25微米。

3. 检查

（1）水分　不得过12.0%。

（2）总灰分　不得过6.0%。

（3）酸不溶性灰分　不得过3.0%。

七、仓储运输

1. 包装

包装材料应无污染、清洁、干燥、无破损，并符合安全标准。滇重楼包装材料一般用干净的麻袋、编织袋等。按不同等级分开包装，包装前应检查滇重楼是否干燥，清除劣质品及异物。每件包装上，应注明品名、规格（等级）、产地、批号、包装日期、生产单位，并附质量合格的标志。

2. 仓储

应选择通风、干燥、避光，并具有防鼠、虫设施和防湿设施、地面整洁、无缝隙、易清洁的仓库储存。堆放时应与墙壁保持足够距离。晴天湿度低时，打开门窗，进行通风，阴雨天应关紧门窗。雨季应及时翻晒或复烘。及时检查有无虫蛀、变油、发霉，发现异常及时采取相应措施。

3. 运输

运输工具必须清洁、干燥、无异味、无污染。运输过程中必须有防雨、防潮、防暴晒、防污染措施。运输时不应与其他有毒、有害、易串味物质及可能污染其品质的货物混装。

八、药材规格等级

根据市场流通情况，将重楼药材分为"选货"和"统货"两个等级；"选货"项下按直径、单个重量、每千克个数等进行等级划分。应符合表1要求。

表1　规格等级划分

等级		性状描述	
		共同点	区别点
选货	一等	结节状扁圆柱形，略弯曲。表面黄棕色或灰棕色，密具层状突起的粗环纹，结节上具椭圆形凹陷茎痕，另一面有疣状须根痕，顶端具鳞叶和茎的残基。质坚实，断面平坦，白色或浅棕色，粉性或角质。气微，味微苦，麻	个体较长，直径≥3.5厘米，单个重量≥50克，每千克个数≤20，大小均匀
	二等		个体较长，直径≥2.5厘米，单个重量≥25克，每千克个数≤40，大小均匀
	三等		个体较短，直径≥2.0厘米，单个重量≥10克，每千克个数≤100，大小均匀
统货		结节状扁圆柱形或长条形。断面黄白色或棕黄色，表面黄棕色或灰棕色，粗环纹明显，结节上具椭圆形凹陷茎痕，有须根或疣状须根痕，顶端具鳞叶和茎的残基。质坚实，粉性或角质。气微，味微苦，麻。大小不等	

注：1. 粉质重楼和角质重楼可根据市场需求分开定级。重楼同属近缘物种较多，仅采用外观性状难以鉴定准确的物种，建议采用现代理化、分子方法加以鉴别。此外尚有进口品，基原不明。
　　2. 同一级别中，粉质重楼优于角质重楼。
　　3. 角质重楼在市场上常被称为胶质重楼。

九、药用价值

重楼的药用价值是其栽培产业发展的基础。其功效为清热解毒、消肿止痛、凉肝定惊。用于疗疮痈肿，咽喉肿痛，蛇虫咬伤，跌扑伤痛，惊风抽搐。目前国内市场以重楼药材为组方的中成药品种有近70种，生产厂家达130多个。从药品功能方面看，以止血为主要功能的中成药如宫血宁胶囊、云南白药创可贴、云南红药散、三七血伤宁散等；以消肿和治疗癌症为主要功能的中成药有金复康口服液、楼连胶囊、肝复乐片、草仙乙肝胶囊等；以治疗跌打损伤和风湿为主要功能的中成药包括云南白药气雾剂、云南白药膏、神农镇痛膏、长春红药片、百宝丹胶囊等；其他中成药还有治疗毒虫毒蛇咬伤的，抗病毒和治疗呼吸道疾病的等。常见验方如下。

（1）治妇人奶结，乳汁不通，或小儿吹乳　重楼15克。水煎，点水酒服。

（2）治耳内生疮热痛　蚤休适量。醋磨涂患处。

（3）治喉痹　七叶一枝花根茎1克。研粉吞服。

（4）治小儿胎风，手足搐搦　蚤休为末。每服25克，冷水下。

（5）治肺痨久咳及哮喘　蚤休25克。加水适量，同鸡肉或猪肺煲服。

（6）治新旧跌打内伤，止痛散瘀　七叶一枝花，童便浸四、五十天，洗净晒干研末。每服三分，酒或开水送下。

（7）治蛇咬伤　七叶一枝花根10克，研末开水送服，每日二至三次；另以七叶一枝花鲜根捣烂，或加甜酒酿捣烂敷患处。

（8）痈肿疔毒　鲜七叶一枝花根6～10克，冷开水半碗擂汁，白糖调服，每日一次；另用七叶一枝花根适量，研末，加面粉适量，用陈醋调效，每日换药一次。

（9）跌打损伤　七叶一枝花根3～10克，水煎服；药渣同酒糟捣烂外敷。

（10）宫颈炎引起的血性白带，月经过多　党参15克，七叶一枝花15克，翻白草30克，仙鹤草30克水煎服，一日一剂，连服2～20剂。

参考文献

[1]　李恒. 重楼属植物[M]. 北京：科学出版社，1998.

[2]　周芳宇. 浅析滇重楼林下种植技术及效益分析[J]. 中小企业管理与科技（上旬刊），2014（3）：158-160.

[3]　杨斌，李绍平，王馨，等. 滇重楼的栽培与合理利用[J]. 中国野生植物资源，2008，27（6）：70-73.

[4]　李绍平，杨丽英，杨斌，等. 滇重楼高效繁育和高产栽培研究[J]. 西南农业学报，2008，21（4）：956-959.

[5]　庄立，李燕. 普洱滇重楼人工林下种植技术初探[J]. 农村实用技术，2016（11）：21-23.

[6]　张丽霞，祁建军，李海涛，等. 西双版纳野生重楼资源的分布概况[J]. 中国中药杂志，2010，35（13）：1684-1686.

[7] 刘涛，谢世清，赵银河，等. 滇重楼林下规范化种植生产标准操作规程（SOP）[J]. 现代中药研究与实践，2014，28（2）：3–6.

[8] 张金渝，杨美权，杨天梅，等. T/CACM 1021.114—2018. 中药材商品规格等级 重楼[S]. 中华中医药学会，2018.

dang shen

党参

本品为桔梗科植物党参*Codonopsis pilosula*（Franch.）Nannf.、素花党参*Codonopsis pilosula* Nannf. var.*modesta*（Nannf.）L T. Shen或川党参*Codonopsis tangshen* Oliv.的干燥根。其别名有上党人参、防风党参、黄参、防党参、上党参、狮头参、中灵草等。

一、植物特征

党参为多年生缠绕性柔弱草本。根长圆柱形，直径1～1.7厘米，顶端有一膨大的根头，具多数瘤状的茎痕，外皮乳黄色至淡灰棕色，有纵横皱纹。茎缠绕，长而多分枝，下部疏被白粗糙硬毛；上部光滑或近光滑。叶对生、互生或假轮生；叶柄长0.5～2.5厘米；叶片卵形广卵形，长1～7厘米，宽0.8～5.5厘米，先端钝或尖，基部截形或浅心形，全缘或微波状，上面绿色，被粗伏毛，下面粉绿色，被疏柔毛。花单生，花梗细；花萼绿色，裂片5，长圆状披针形，长1～2厘米，先端钝，光滑或稍被茸毛；花冠阔钟形，直径2～2.5厘米，淡黄绿，有淡紫堇色斑点，先端5裂，裂片三角形至广三角形，直立；雄蕊5，花丝中部以下扩大；子房下位，3室，花柱短，柱头3，极阔，呈漏斗状。蒴果圆锥形，有宿存萼。种子小，卵形，褐色有光泽。花期8～9月，果期9～10月。

其他两种基原植物中，素花党参与党参的主要区别在于：全体近于光滑无毛；花萼裂片较小，长约1厘米。而川党参与素花党参的区别在于，其茎下部的叶基部楔形或较圆钝，仅偶尔呈心脏形；花萼仅紧贴生于子房最下部，子房对花萼而言几乎为全上位。

二、资源分布概况

药用党参资源丰富，全国分布广泛，适宜多样的生态环境，主要生长在山地、林缘、灌丛中。党参由于大量栽培，在历史上形成了以山西潞党和台党、甘肃纹党、四川晶党、陕西凤党、湖北板党、贵州道真等为主的道地药材。

党参主要分布于华北、东北及西北部分地区，以栽培为主，少量为野生，在山西长治、甘肃渭源等地大量栽培。素花党参主要分布于甘肃、陕西、青海及四川西北部，其中甘肃文县、四川平武、陕西凤县等地有栽培。川党参主要分布于四川、贵州、湖南、湖北、陕西等省区，在湖北恩施、贵州道真等地栽培种植。在乌蒙山区的贵州毕节市、织金县、威宁县，云南昭阳区、巧家县等地区有种植。

三、生长习性

党参适应性较强，喜温和凉爽气候。不同的生长时期对水分、温度、阳光的要求有所不同，种子萌发的适宜温度为18～20℃，幼苗喜阴，成株喜光，能耐受33℃的高温，也可在−30℃条件下安全越冬。党参是深根系植物，适宜生长在土层深厚、疏松、排水良好、富含腐殖质的砂质壤土和黄棉土中，土壤酸碱度以中性或偏酸性为宜。党参忌连作，一般应隔3～4年再种植，前茬以豆科、禾本科作物为好。党参以3年生植株所结的种子发芽率高，一般为90%以上，室温下贮存1年发芽率降低，贮存期间受烟熏或接触食盐，种子将丧失活力。

四、栽培技术

1. 种植材料

选择党参、川党参等品种。

2. 选地与整地

（1）选地　选择土质疏松肥沃，pH 6.5～7的微酸性至中性的壤土或砂质壤土，地形向阳，坡度在15°～20°的缓坡地或平地。土层深厚肥沃的生荒地也可选用。育苗地应选择地形半阴半阳，土壤较湿润，土质疏松肥沃，地势平坦，靠近水源，排灌方便的地块。

忌选连作地，轮作期大于3年。

（2）整地　前茬作物收获后每亩撒施腐熟的厩肥或堆肥2000～3000千克，然后耕深25～30厘米，耙细整平做畦，畦宽120～150厘米，育苗畦不宜太长，太长坡降较大，影响浇灌。根据地势做成平畦或15～25厘米的高畦。作业道宽30厘米。南北或东西向均可。也可垄作，打成垄底50厘米的小垄，或垄底60厘米的宽垄。打垄后用木磙镇压破碎土块。

3. 繁殖方法

（1）直播

①播种时间：3月下旬至4月上中旬，或9月中下旬至10月上旬。

②选种：选择3年生以上植株采种。9～10月果实呈黄白色、种子呈浅褐色或黑褐色时，将果实连茎蔓割下，置通风干燥处晾干，脱粒，除去杂质即可。在室温下可储存1年。

③种子处理：播种前将种子放入40～50℃温水中浸泡，并不停地搅动，直至水温降至不烫手为止。再用清水清洗数次，捞出沥干，再与湿度适中的3倍种子的清洁细河沙混拌均匀，置于木箱或瓦缸内，放入前将木箱或瓦缸底部先铺上5厘米未拌种子湿河沙，然后将已拌好的种子放入中间，四周围仍用未拌种子的湿河沙培上，上面再覆5～10厘米的湿河沙，放在遮光处。约7～10天，种子萌发露白湿播种。

④播种方法：条播：畦作，先留出10～15厘米的畦头，再按行距20～25厘米横畦开2～3厘米深的浅沟，沟底用脚轻轻踩平，将种子均匀播于沟内，覆土厚0.5～1厘米。再用木板稍作镇压。播种后，在畦面土盖一层稻草或玉米秸等，并适当浇水，保持土壤湿润。垄作，先将垄面用耙子搂平，顺垄开宽10厘米左右的宽沟，踩好底格子，底格子要平直，然后将种子均匀地撒播于播种沟内，覆土厚0.5～1厘米。播种后用无壁犁将垄趟直，用木磙镇压1次。撒播：先将畦面的干土层搂掉，用刮板刮平畦面，将种子均匀地撒播于畦面，用扫帚在畦面上轻扫几遍，将种子拌入土表，用筛子再覆盖一薄层土，再用扫帚轻扫一遍，使覆土均匀，用木板轻拍镇压。播种后覆盖稻草或草帘子保湿。党参种子太小，为使播种均匀，可将种子与适量细沙混匀后再播。播种量为条播每亩1千克，撒播每亩1～1.5千克。

（2）育苗移栽

①育苗时间：春播，解冻后即可播种，于3月下旬至4月上中旬播种。秋播，在9月中下旬至10月上旬前播完。

②育苗畦的准备：育苗地应选半阴半阳，土质疏松肥沃的砂质壤土，并要靠近水源。苗畦要深翻30厘米以上，并施足基肥，根据土壤肥力情况，每平方米可施腐熟的厩肥

2～5千克。畦的方向以东西走向或南北走向为宜。畦宽120～150厘米，地势较低的地块可做成15～25厘米的高畦，地势较高的地块可做成平畦。畦长10～25米，畦面要平，坡差不得大于3～5厘米。

③育苗方法：条播：横畦条播，行距10～15厘米，播幅宽为10～12厘米。开沟2～3厘米深，踩好底格子后，将拌入适量细沙的种子均匀地播在播幅内，覆土厚1厘米左右。撒播：将畦面刮平，稍加镇压，将拌入适量细沙的种子均匀播撒在畦面上。然后，用细筛筛细土覆盖，厚1厘米左右，为使覆土均匀，覆土后，可用钉耙稍微耧一下，再用大扫帚拍打畦面，使种子与土壤紧密结合。播后，畦面上覆盖落叶、稻草厚草帘等保持土壤湿润。

④苗畦管理：播种后搭设简易遮阴棚遮光保湿，遮光度以能遮住阳光即可，苗高3～5厘米时逐渐掀掉盖草。当苗高到7～10厘米时，按株距3～5厘米定苗并掀掉遮阴棚。

⑤移栽：党参苗需在畦内生长1周年以上才能移栽。播种当年10月上中旬至11月上中旬或第二年3月中下旬至4月上旬。移栽有垄栽和畦栽两种方式。垄栽：垄底50厘米的小垄栽1行，垄底60厘米的大垄栽2行。株距5～7厘米，覆土厚5厘米；畦栽：行距20厘米，株距5～7厘米。在栽后稍加镇压。

4．田间管理

（1）间苗与定苗　直播在苗高5厘米左右时进行第一次间苗，每隔3厘米左右留育苗1株。苗高达7～10厘米时按株距5～7厘米进行定苗。

（2）中耕除草　每个生育期需除草3～4次。秋末地上部枯萎后，可结合培土浅锄一次，浅锄时注意不要伤根。入冬前，垄作的可用犁浅耕1次，同时往垄上覆一些土并用木磙镇压一下；畦作的可结合清理作业道路贴好畦帮，包好畦头，同时往畦面上覆一层薄土。

（3）追肥　育苗一般不追肥，移栽后每年返青前进行第一次追肥，每亩追施腐熟厩肥或商品有机肥700～1000千克；生长期5～6月第二次追肥，每亩追施复合肥10～20千克。

（4）水分管理　苗期和移栽后需适当浇水，保持土壤湿润，浇水时不要浇太多，应勤浇少浇。定苗和移栽成活后需水量较少，要做到少浇水或不浇水。雨季要注意排水防涝。

（5）搭架　茎蔓高达30厘米左右时搭设支架，可用竹竿或树木枝杈，搭成像栽培四季豆那样的"人"字形架，在畦面上即可起到棚架的作用。

（6）秋末管理　秋季地上部分枯萎时，将支架拔下来，把没有枯死的杂草除掉，同干枯的茎叶一起清除田外。畦作的，往畦面上覆一层细土，厚1～2厘米，或覆2～3厘米厚的腐熟农家肥；垄作的，可用无壁犁培土，培土后要镇压1次使覆土深浅一致，一般覆土厚2厘米左右即可。

5. 病虫害防治

（1）根腐病　忌连作，高垄或高畦种植，雨季注意排水；亩用1千克50%的多菌灵处理土壤；发现病株及时拔除，病穴用石灰粉消毒；发病田用50%多菌灵500倍，或50%甲基托布津800倍液浇灌病穴。

（2）锈病　清洁田园；拔除发病中心病株，并集中烧毁；发病期喷12.5%烯唑醇3000～4000倍液或粉锈清800～1000倍液，10天1次，连喷2～3次，或喷波美0.2～0.3度石硫合剂，每7天1次，连喷2～3次。

（3）霜霉病　清除病株枯叶，并集中烧毁；发病期喷20%百菌清1000倍液，或40%霜霉灵300倍液。

（4）虫害　①蚜虫：发生期用敌敌畏乳油1000倍液或10%吡虫啉粉剂3000倍液或50%辟蚜雾超微可湿性粉剂2000倍液或20%灭多威乳油1500倍液或50%蚜松乳油1000～1500倍液或50%辛硫磷乳油2000倍液喷杀。②鼠害：人工捕杀。

五、采收加工

1. 采收

直播，3～5年后收获；育苗移栽，2～3年收获。白露前后半个月内收获。收获时，先撤掉支架，清除田间枯枝落叶，挖取根部。

2. 加工

将挖出的参根去掉残茎，洗净泥土，按大小分级，头尾理齐，横行排列，置阳光下晒，晒至发软时，理顺根条，放在木板上，用手反复揉搓后再晒，揉搓3～4次，每次搓参后，必须摊晒，不能堆放，直至晒干，按根大小分开。最后将头尾整理顺直，扎成重0.5～1千克的小把。也可将党参头部用线穿起来，每串长40～80厘米，卷成把状用绳绑好。每把，长的参根为75～85条，中等的为65～75条，短的为55～65条。每把重0.5千克左右。

六、药典标准

1. 药材性状

（1）党参　呈长圆柱形，稍弯曲，长10～35厘米，直径0.4～2厘米。表面灰黄色、黄棕色至灰棕色，根头部有多数疣状突起的茎痕及芽，每个茎痕的顶端呈凹下的圆点状；根头下有致密的环状横纹，向下渐稀疏，有的达全长的一半，栽培品环状横纹少或无；全体有纵皱纹和散在的横长皮孔样突起，支根断落处常有黑褐色胶状物。质稍柔软或稍硬而略带韧性，断面稍平坦，有裂隙或放射状纹理，皮部淡棕黄色至黄棕色，木部淡黄色至黄色。有特殊香气，味微甜。（图1）

图1　党参药材

（2）素花党参（西党参）　长10～35厘米，直径0.5～2.5厘米。表面黄白色至灰黄色，根头下致密的环状横纹常达全长的一半以上。断面裂隙较多，皮部灰白色至淡棕色。

（3）川党参　长10～45厘米，直径0.5～2厘米。表面灰黄色至黄棕色，有明显不规则的纵沟。质较软而结实，断面裂隙较少，皮部黄白色。

2. 鉴别

木栓细胞数列至10数列，外侧有石细胞，单个或成群。栓内层窄。韧皮部宽广，外侧常现裂隙，散有淡黄色乳管群，并常与筛管群交互排列。形成层成环。木质部导管单个散在或数个相聚，呈放射状排列。薄壁细胞含菊糖。

3. 检查

（1）水分　不得过16.0%。

（2）总灰分　不得过5.0%。

（3）二氧化硫残留量　不得过400毫升/千克。

4. 浸出物

不得少于55.0%。

注意：按国家农业部绿色食品标准，农药六六六、DDT残留量均不得超过0.05毫克/

千克；重金属As、Pb、Cd、Hg的含量分别不得超过0.2毫克/千克、1.5毫克/千克、0.05毫克/千克、0.01毫克/千克。

七、仓储运输

1. 包装

包装材料采用干燥、清洁、无异味以及不影响品质的材料制成，包装要牢固、密封、防潮，能保护品质，包装材料应易回收、易降解。在包装外标签上注明品名、等级、数量、收获时间、地点、合格证、验收责任人。有条件的基地注明农药残留、重金属含量分析结果和药用成分含量。

2. 储藏

包装好的商品药材，及时贮存在清洁、干燥、阴凉、通风、无异味的专用仓库中，要防止霉变、鼠害、虫害，注意定期检查。

3. 运输

运输工具必须清洁、干燥、无异味、无污染，运输中应防雨、防潮、防污染，严禁与可能污染其品质的货物混装运输。

八、药材规格等级

根据芦头下直径划分"选货"和"统货"，"选货"再分一等、二等、三等三个等级。应符合表1要求。

表1　党参规格等级划分

等级		性状描述	
		共同点	区别点
选货	一等	呈圆锥形。表面灰黄色至黄棕色，有"狮子盘头"。质稍柔软或稍硬而略带韧性。断面稍平坦，裂隙较少，有放射状纹理，皮部黄白色。有特殊香气，味微甜	芦头下直径≥1.0厘米

等级		性状描述	
		共同点	区别点
选货	二等	呈圆锥形。表面灰黄色至黄棕色，有"狮子盘头"。质稍柔软或稍硬而略带韧性。断面稍平坦，裂隙较少，有放射状纹理，皮部黄白色。有特殊香气，味微甜	芦头下直径0.7～1.0厘米
	三等		芦头下直径0.5～0.7厘米
	统货		大小不等

九、药用食用价值

1. 临床常用

（1）健脾胃　脾胃之气不足，可出现四肢困倦、短气乏力、食欲不振、大便溏软等症。本品能增强脾胃功能而益气，可配合白术、茯苓、甘草、陈皮（五味异功散）或白术、山药、扁豆、芡实、莲肉、薏米、茯苓（参苓白术散）等同用。

（2）益气补血　气血两虚的证候（气短、懒倦、面白、舌淡、甚或虚胖、脉细弱等），可用本品配合白术、茯苓、甘草、当归、熟地黄、白芍、川芎等同用（如八珍汤），以达气血双补的作用。再者，前人经验认为益气可以促进补血，健脾可以帮助生血，所以在治疗血虚证时，也常配用党参益气、健脾而帮助补血。例如配白术、茯苓、甘草、当归、熟地黄、白芍、远志、五味子、陈皮等为人参养荣汤（党参代人参），配黄芪、白术、当归、白芍、陈皮、龙眼肉、木香、远志等为归脾汤，都是常用的益气补血的方剂。据近代实验证明，本品能通过脾脏刺激增加血红蛋白和红细胞。近些年来常以本品配合当归、白芍、生地黄、熟地黄等，治疗各种贫血。

（3）治疗气虚咳喘　肺为气之主，肺虚则气无所主而发生短气喘促、语言无力、咳声低弱、自汗怕风、易患感冒等症。对气虚咳喘常以本品配合麦冬、五味子、黄芪、干姜、贝母、甘草等同用。

（4）代替独参汤　急救虚脱时，一般多用人参（独参汤），如一时找不到人参，可用党参一至三两，加附子二三钱，生白术五钱至一两，急煎服，能代替独参汤使用。

但气滞、肝火盛者禁用；邪盛而正不虚者不宜用。

2. 食疗及保健

（1）清肺金，补元气，开声音，助筋力　党参500克（软甜者，切片），沙参250克（切片），桂圆肉200克。水煎浓汁，滴水成珠，用瓷器盛贮。每用一酒杯，空心滚水冲服，冲入煎药亦可。

（2）治泻痢与产育气虚脱肛　党参（去芦，米炒）二钱，炙黄芪、白术（净炒）、肉蔻霜、茯苓各一钱五分，怀山药（炒）二钱，升麻（蜜炙）六分，炙甘草七分。加生姜二片煎。或加制附子五分。

（3）治服寒凉峻剂，以致损伤脾胃，口舌生疮　党参（焙）、黄芪（炙）各二钱，茯苓一钱，甘草（生）五分，白芍七分。白水煎，温服。

（4）治小儿口疮　党参一两，黄柏五钱。共为细末，吹撒患处。

（5）抑制或杀灭麻风杆菌　党参、重楼（蚤休）、刺包头根皮（楤木根皮）各等量。将党参、重楼研成细粉；再将刺包头根皮加水适量煎煮三次，将三次煎液浓缩成一定量（能浸湿党参、重楼细粉）的药液，加蜂蜜适量，再将重楼、党参细粉倒入捣匀作丸，每丸三钱重；亦可做成膏剂。日服三次，每次一丸，开水送服。

此外党参作为中医传统的补虚药广泛应用于药食同源的保健食品，如参芪补酒、乳酸菌发酵型泡菜、新型参杞枣茶、芦荟、党参、麦冬和苹果复合保健饮料、养发虫草饮料、疲劳安胶囊、元生宝营养口服液、麦芽饮料、红枣参苓膏、功能性益肺营养液、舒筋活络保健酒、芦荟中药复合保健饮料等。

参考文献

[1]　谢宗万. 中药材品种论述[M]. 上册. 上海：上海科学技术出版社，1990.

[2]　周海燕，赵润怀，李成义，等. T/CACM 1021.8—2018. 中药材商品规格等级　党参[S]. 中华中医药学会，2018.

[3]　董国玺. 积石山南部高寒阴湿区党参栽培技术[J]. 甘肃农业科技，2007（10）：70–71.

[4]　董莉，赵宏，葛勇. 党参的栽培技术[J]. 农民科技培训，2009（7）：31–32.

[5]　何春雨，张延红. 党参栽培技术研究进展[J]. 中国农学通报，2005（12）：295–298.

赶黄草

本品为虎耳草科植物扯根菜*Penthorum chinense* Pursh的干燥全草。在四川又被称为干黄草、水杨柳，是古蔺特色药材。

一、植物特征

多年生草本，高40～65（～90）厘米。根状茎分枝。茎不分枝，稀基部分枝，具多数叶，中下部无毛，上部疏生黑褐色腺毛。叶互生，无柄或近无柄，披针形至狭披针形，长4～10厘米，宽0.4～1.2厘米，先端渐尖，边缘具细重锯齿，无毛。聚伞花序具多花，长1.5～4厘米；花序分枝与花梗均被褐色腺毛；苞片小，卵形至狭卵形；花梗长1～2.2毫米；花小型，黄

图1 赶黄草植物图

白色；萼片5，革质，三角形，长约1.5毫米，宽约1.1毫米，无毛，单脉；无花瓣；雄蕊10，长约2.5毫米；雌蕊长约3.1毫米，心皮5（～6），下部合生；子房5（～6）室，胚珠多数，花柱5（～6），较粗。蒴果红紫色，直径4～5毫米；种子多数，卵状长圆形，表面具小丘状突起。花果期7～10月。（图1）

二、资源分布概况

产黑龙江、吉林、辽宁、河北、陕西、甘肃、江苏、安徽、浙江、江西、河南、湖北、湖南、广东、广西、四川、贵州、云南等省区。生长于海拔800～2200米的林下、灌丛草甸及水边。其中乌蒙山区四川古蔺县为赶黄草种植的主产区之一。

三、生长习性

赶黄草喜温暖潮湿环境，忌干旱，较耐寒。赶黄草适宜在海拔800米以上，水源有保证，光照条件较好，土壤肥沃的中性水稻田中生长。

古蔺县地处川滇黔三省交界，境内为温暖带和亚热带交替地带，属亚热带季风气候，境内山大沟深，坡谷纵横，海拔300～1843米，海拔落差大，立体气候明显。年均气温17.6℃，年降水量700～800毫米，无霜期300天以上，是赶黄草生长所需的较佳环境。

四、栽培技术

1. 种植材料

在选种上，需筛选植株健壮、无病变、长势良好的赶黄草作为留种植株。留种植株收获时间一般要比正常收获赶黄草时间迟20～30天，这样种子才能完全成熟。一般在当年11月中旬收获，收获后将赶黄草晒干，切忌烘炕。赶黄草种子比较细小，将赶黄草放在地膜上轻拍，种子就可完全脱落在地膜上。然后，除去杂质，晒干，用布袋装好，存放在干燥处即可。

2. 选地与整地（图2）

（1）选地　选择地势平坦，背风向阳，排灌方便，便于管理，靠近移栽田块，且土质松软，通透性良好，杂草少、肥力中等的冬闲田作苗床。

（2）整地　前作收后翻耕。耕作不宜太深。以15～20厘米为宜，采取浅耕细耙，耙平、耙透、耙细，做到精细平整。苗床田施肥，以有机肥为主，并充分腐熟，一般每亩施1000～2000千克有机肥。做到匀施、浅施，使其在苗期能正常发挥肥效。

3. 育苗

因赶黄草种子比较细小，前期长势比较慢。为了保证按时移栽和收获，应提前育苗，一般育苗时间应在2月下旬为宜。

（1）种子处理　每亩赶黄草需种子25克。育苗前先将种子放在太阳光下晒1～2天，清洗干净后用清水泡种6～8小时。风干后与10倍细沙反复多次拌种，拌匀待播种。

（2）苗床　每亩赶黄草需10平方米苗床。选择背风向阳、地势平坦、肥沃、排水方便

图2 赶黄草田间栽培

的冬水田作苗床。将冬水田犁耙、整平，按1.8米开畦，做成净畦面1.4米，沟宽40厘米、沟深20厘米的苗床，畦沟相通，畦面上无积水。畦面整平后，10平方米苗床用50千克猪粪、5千克磷肥混匀施在厢面，晾3～5天即可播种。

（3）播种　将拌匀的种子，均匀的播在厢面上，然后用竹片起拱盖膜。

4. 移栽

（1）整地　耕层深度20～30厘米，土壤松软，渗漏适宜。经过耕地、耙地、平地3道工序，并结合整地将腐熟的有机肥耙入田里。

（2）移栽　赶黄草从出苗到长至5厘米期间，由于早春温度低及其生长特点和发育规律，生长较慢，待长至10厘米一般需要50天左右。4月初才陆续进入移栽期。苗高8～15厘米是最佳移栽期。栽插时要做到"浅、稳、匀、直"。"浅"是指插苗深度不超过3.5厘米，田间水层深度在1厘米左右；"稳"是指秧苗不漂不倒；"匀"是指行、株距均匀，秧苗大小、高度一致；"直"是指要栽正，不插斜苗或烟斗苗。移栽时按株距20厘米、行距20～23.3厘米进行，确保每公顷植22.5万株左右。并在每块田中预留施肥、除草的管理操作道。

5. 苗床管理

（1）温度　播后至出苗10天加盖地膜保温，温度控制在15℃以内。一般在2叶时特别注意，温度过高，要揭膜降温；4叶左右通风炼苗，膜内温度控制在20℃以内。

（2）水分　播种至出苗，一般不浇水，但需保持沟内有水，水不上厢，勤检查。当发现秧苗卷叶时，将畦沟水关深，让水在畦面上跑一次，但畦面上不能长期积水。

（3）追肥　4叶时，选择阴天或晴天下午5点以后，10平方米用沼液50千克、尿素25克混匀撒在苗床上，施肥后不能立即盖膜，防止烧苗。

6. 田间管理

（1）补苗匀苗　栽后3~5天及时查苗补苗，保证苗全、苗匀。在整个生长期都要保持栽插时的浅水状态。当健壮秧苗进入4叶时，进行一次匀苗。把弱苗和密度大的苗匀掉。

（2）追肥　种子繁殖移栽田：移栽后15天左右，每亩用尿素5千克提苗；7月上旬每亩施用尿素15千克、过磷酸钙30千克、硫酸钾10千克。宿根繁殖田：3月初结合中耕除草追肥，每亩施尿素15千克、过磷酸钙30千克、硫酸钾10千克；第一茬收获后每亩施尿素5千克，7月中旬每亩施尿素15千克、过磷酸钙30千克、硫酸钾10千克。

7. 病虫害防治

目前人工种植的赶黄草田间病虫害较少，也无明显症状表现，暂不需要进行防治。主要病害有白粉病；虫害主要有螨类、蚜虫和卷叶螟，以危害叶、芽为主。白粉病用世高1000~1500倍药液防治；每公顷用20%甲氰菊酯300~450毫升防治叶螨；用啶虫脒、福戈等常用高效低毒农药按安全使用剂量防治蚜虫和卷叶螟。

五、采收加工

1. 采收

（1）收割前的准备　进入8月以后，人工种植的赶黄草便可以根据市场需要或在赶黄草长到100~150厘米高度时进行收割。收割前10~15天排水晒田。如气候条件许可，晒到田面干裂、露白、人在田面能自由走动而不陷泥的程度，更利于收晒。

（2）收割　选晴天（有连晴5天以上、温度在30℃左右的天气更好），于露水干后用镰刀贴地平割。边收割边铺晒。铺晒时，尽力做到薄晒、匀晒。（图3）

2. 加工

一般收割后在田间铺晒2～3天后，搬运至阴凉通风处阴干或低温烘干，待全干后（折断茎秆有清脆声），即可用竹篾或其他绳带进行打捆收储。打捆时，对较长的赶黄草应采用双捆扎，以利于储藏和运输。

图3　赶黄草采收

六、地方标准

1. 药材性状

茎呈圆形，全株长达100厘米，直径0.2～0.8厘米。表面黄红色或绿色，较光滑，叶痕两侧有两条微隆起向下延伸的纵向褐色条纹。易折断，断面纤维性，黄白色，中空。单叶互生，常卷曲易碎，完整叶片展开后呈披针形，长3～10厘米，宽约0.8厘米，两面无毛，上表面黄红色或暗绿色，下表面红黄色或灰绿色。花黄色。蒴果黄红色，直径约6毫米；种子细小。气微，味微苦。

2. 鉴别

（1）茎的横切面　表皮细胞一列，含棕黄色块状物。表皮下方由多列厚角细胞组成，气室约3列，被单列厚角细胞隔开。韧皮部较窄，形成层可见。木质部由导管、纤维组成，射线平直由1～2列细胞组成。髓部细胞类圆形。厚角细胞和韧皮薄壁细胞均含草酸钙簇晶，簇晶直径20～50微米。

（2）叶粉末　黄绿色。上表皮细胞多角形，垂周壁略呈连珠状增厚，部分细胞含有棕黄色物质，气孔长圆形或类圆形，突出于叶表面，副卫细胞4～6个，不定式；下表皮细胞呈不规则形，垂周壁波状弯曲，有些细胞含有棕黄色物质，气孔较密集，副卫细胞4～6个，不定式；纤维多成束或单个散在，细长，直径20～40微米，壁厚5～9微米，部分纤维外侧细胞含有草酸钙簇晶，含晶细胞类圆形，壁稍厚，散列或3～7个沿纤维方向成列形成晶鞘纤维，草酸钙簇晶晶角短钝，直径20～50微米；螺纹导管直径25～50微米，螺纹紧密。

3. 检查

（1）水分　不得过13.0%。

（2）总灰分　不得过9.0%。

4. 浸出物

不得少于14.0%。

七、仓储运输

1. 仓储

储藏应选择在干燥、通风、避雨的场地或房屋内，进行竖立存（堆）放。在未销售前，注意检查有无霉变情况。如有霉变，应迅速进行二次翻（晾）晒。

2. 运输

运输车辆应卫生合格，温度在16～20℃，湿度不高于30%，具备防暑防晒、防雨、防潮、防火等设备，符合装卸要求；进行批量运输时应不与其他有毒、有害、易串味物质混装。

八、药用食用价值

1. 临床常用

赶黄草全草入药；性味甘，平。归肝经。利水除湿，活血散瘀，止血，解毒。用于水肿，小便不利，黄疸，带下，痢疾，闭经，跌打损伤，尿血，崩漏，疮痈肿毒，毒蛇咬伤，以及各型肝炎、胆囊炎、脂肪肝，被苗族人尊为传统祛黄病药物。嫩苗可供蔬食。

在临床医学中常常被用为治疗酒精肝、脂肪肝、压力肝、甲乙肝病毒、胆囊炎等肝脏类病症。由于其成分中含有没食子酸和槲皮素等有效成分，对于乙肝病毒有着非常好的治疗疗效，并且可以起到养肝护肝的作用，以此对肝脏引起的皮肤斑，视力下降干涩都有很好的调理效果。常见附方如下。

（1）小便不利　赶黄草五钱，车前草四钱，水煎服。

（2）伤暑口渴　赶黄草五钱，泡开水代茶饮。

（3）水湿黄肿　赶黄草、岩豆藤根、尿珠子根，山胡椒根各一两，炖肉服。

2. 食疗及保健

赶黄草在民间历来作为药食两用植物，具有解酒保肝作用。现代研究表明，赶黄草内含多种有效成分，对肝脏具有保护作用，能减低饮酒及药物对肝脏的损害。利用赶黄草开发的保健品，如赶黄草袋泡茶等也越来越多。

参考文献

[1]　四川省食品药品监督管理局. 四川省中药材标准[M]. 2010年版. 成都：四川科学技术出版社，2011.

[2]　罗力. 古蔺赶黄草人工栽培技术[J]. 四川农业科技，2010（1）：40–41.

[3]　牛曼思，朱烨，罗力，等. 赶黄草的GAP种植技术[J]. 时珍国医国药，2018，29（1）：204–205.

[4]　税丕先，罗力. 赶黄草规范化栽培技术[J]. 中国种业，2009（12）：78–79.

[5]　曾华兰，何炼，叶鹏盛，等. 赶黄草病虫害的发生特点及防治对策[J]. 江西农业学报，2010，22（5）：80–82.

雪上一枝蒿
xue shang yi zhi hao

本品为毛茛科植物短柄乌头*Aconitum brachypodum* Diels、铁棒锤*A.pendulum* Busch 或宣威乌头*A. nagarum* var. *lasiandrum* W. T. Wang 的干燥块根。

一、植物特征

1. 短柄乌头

块根胡萝卜形，长5.5～7厘米，粗5～6.5毫米。茎高40～80厘米，疏被反曲而紧贴的短柔毛，密生叶，不分枝或分枝。茎下部叶在开花时枯萎，中部叶有短柄；叶片卵形或三角状宽卵形，长3.5～5.8厘米，宽3.6～8厘米，三全裂，中央全裂片宽菱形，基部突变狭成长柄，二回近羽状细裂，小裂片线形，宽（1～）1.5～3毫米，边缘干时稍反卷，侧全裂片斜菱形，不等二裂至基部，两面无毛或背面沿脉疏被短毛；叶柄长0.8～3.2厘米。总状花序有7至多朵密集的花；轴和花梗密被弯曲而紧贴的短柔毛；苞片叶状；花梗近直展，下部的长达1.5厘米，中部以上的长约1厘米；小苞片生花梗中部或上部，二或三浅裂，有时不分裂，宽线形长5～9毫米，宽1.5～3.5毫米；萼片紫蓝色，外面被短柔毛，上萼片盔形或盔状船形，具爪，高2～3厘米，下缘向斜上方伸展，喙短，侧萼片长1.5～1.8厘米；花瓣无毛，上部弯曲，瓣片长约7毫米，距短，向后弯曲；花丝疏被短毛，全缘或有2小齿；心皮5，子房密被斜展的黄色长柔毛。9～10月开花。近缩梗乌头*A. sessiliflorum*，但小苞片与花分开，上萼片船状盔形，可以区别。

2. 铁棒锤

块根倒圆锥形。茎高26～100厘米，无毛，只在上部疏被短柔毛，中部以上密生叶（间或叶较疏生），不分枝或分枝。茎下部在开花时枯萎，中部叶有短柄；叶片形状似伏毛铁棒锤，宽卵形，长3.4～5.5厘米，宽4.5～5.5厘米，小裂片线形，宽1～2.2毫米，两面无毛；叶柄长约4～5毫米。顶生总状花序长约为茎长度的1/4～1/5，有8～35朵花；轴和花梗密被伸展的黄色短柔毛；下部苞片叶状，或三裂，上部苞片线形；花梗短而粗，长2～6毫米；小苞片生花梗上部，披针状线形，长4～5毫米，疏被短柔毛；萼片黄色，常带绿色，有时蓝色，外面被近伸展的短柔毛，上萼片船状镰刀形或镰刀形，具爪，下缘长1.6～2厘米，弧状弯曲，外缘斜，侧萼片圆倒卵形，长1.2～1.6厘米，下萼片斜长圆形；花瓣无毛或有疏毛，瓣片长约8毫米，唇长1.5～4毫米，距长不到1毫米，向后弯曲；花丝全缘，无毛或疏被短毛；心皮5，无毛或子房被伸展的短柔毛。蓇葖长1.1～1.4厘米；种子倒卵状三棱形，长约3毫米，光滑，沿棱具不明显的狭翅。7～9月开花。与伏毛铁棒锤*A. flavum*近缘，区别点在于花序的毛开展，上萼片比较窄，常呈镰刀形。

3. 宣威乌头

块根狭倒圆锥形或胡萝卜形，长3.5～6.5厘米，粗约1.2厘米。茎高60～150厘米，粗4～10毫米，下部无毛，上部有反曲的短柔毛，有少数短分枝或不分枝。茎下部叶在开花时枯萎。中部叶有稍长柄；叶片宽五角形，长约7厘米，宽约9.5厘米，三深裂至距基部5～8毫米处，中央深裂片菱形，急尖，三裂，二回裂片有缺刻状三角形小裂片，侧深裂片斜扇形，不等二深裂，两面有稀疏短伏毛。总状花序长6.5～30厘米，有6～28花；轴和花梗都密被开展的淡黄色柔毛和短腺毛；下部花梗长2.5～6.5厘米，上部花梗长约2厘米；小苞片生花梗下部或上部，叶状；萼片灰蓝紫色，外面稍密被短柔毛，上萼片船形，对称，自基部至喙长1.8～2.4厘米，中部宽1～1.2厘米，侧萼片长1.5～1.7厘米，下萼片长约1厘米；花瓣有疏柔毛，唇长约4毫米，微凹，距长约1.5毫米，稍向后弯曲；雄蕊无毛；心皮5，子房有密柔毛。8～9月开花。本种近雅江乌头A. yachiangense，但上萼片船形，有极短的喙。也稍近波密乌头A. pomeense，但花梗密被柔毛，萼片外面、花瓣和子房均有毛，花瓣的爪不膝状弯曲，可以区别。

二、资源分布概况

短柄乌头产我国云南西北部（丽江）及四川西南部，生海拔2800～3700米的山地草坡，有时生多石砾处，模式标本采自云南丽江。铁棒锤分布于西藏、云南西北部、四川西部、青海、甘肃南部、陕西南部及河南西部，生海拔2800～4500米的山地草坡或林边，模式标本采自甘肃。宣威乌头产我国西藏南部（聂拉木），生海拔3400～3900米的山坡林边或灌丛中。

雪上一枝蒿野生资源主要分布在云南东北部和西北部，如东川、会泽到宁蒗一线，以及大理、丽江等地的高海拔地带，资源稀缺。但是由于雪上一枝蒿药材天然资源较少，经营的品种规模小，分布区域狭窄，在各地多有将其同属植物作为雪上一枝蒿应用。从区域上来看，中国西南地区作雪上一枝蒿药用的植物来源最多，除正品外，其余基本没有临床应用价值。

蓝花品种历史上主产于地处乌蒙山主峰牯牛寨、会泽大海草山周围。2800～3800米海拔区域的独特气候、土壤和地理环境，使该地雪上一枝蒿的药理成分优于其他产地，使云南成为雪上一枝蒿优质主产区。近5年来，雪上一枝蒿种植逐步扩张到四川的阿坝、甘孜，青海和甘肃南部高海拔地区，其中阿坝州的小金和金川成为品质佳、规模较大的核心产区。

三、生长习性

雪上一枝蒿作为喜冷凉环境及耐寒植物，最适宜生长在海拔2800米以上高寒地带，而人工栽培种植雪上一枝蒿，必须选择在海拔3000米以上，高寒地区的砂壤土、灰汤土，最适宜于荒草坡草地开生荒种植，有利于保持其药性成分稳定。例如短柄乌头主要分布在西南省份海拔3000～4000米的高山横断地貌，具有阴冷潮湿、水分充足、土壤含腐殖质较多且偏酸性等特征，是雪上一枝蒿良好生长的特定区域。

四、栽培技术

1. 选地整地

以肥沃疏松的黑色腐殖质土壤栽培为佳。

2. 繁殖技术

（1）种子处理　雪上一枝蒿育苗一般选用种植第2年植株的饱满种子，种子采收后进行晾晒，然后放入0～4℃的冰箱放置3～4个月，拿出后用40℃温水浸泡24小时后，用比例为1∶3的湿沙进行催芽处理30天。

（2）播种方法　翌年4月下旬至5月上旬将处理好的种子均匀撒到苗床上，播种量为30～45千克/公顷，撒种后覆盖厚度2厘米左右过筛腐殖土将其均匀盖住，最后在苗床上覆盖1厘米厚的松毛，浇透水，每隔1天需浇水1次，以保证出苗所需水分。

（3）苗期管理　由于雪上一枝蒿育苗期为7～8个月，苗期管理尤为关键。待种苗出苗达到30%左右后喷施根腐灵600倍液1次，预防苗期的立枯病和猝倒病，待种苗基本出齐后再次喷施根腐灵400倍液1次；出现4～5片真叶后喷施0.2%尿素和0.5%磷酸二氢钾混合溶液，每隔5～7天喷施1次，连续喷施3～4次；整个育苗期需人工除草4～5次。

（4）大田种植

①选地：选择地势为阳坡生荒坡地或非连作耕地进行种植，要求坡度10°～20°，海拔2800～3000米，土壤质地为棕壤土或砂壤土。

②整地：一是深耕细耙，秋末冬初深翻，次年4月初第2次深翻，深度40厘米左右；二是施用基肥，移栽前5～7天，施入腐熟农家肥2000～3000千克/亩、复合肥或过磷酸钙30千克/亩作底肥，同时加入多菌灵2.5～3.0千克/亩进行消毒。在开沟理墒前撒施、翻

挖，与表土拌匀。

③理厢：厢面做成宽1米，沟宽25厘米，厢高20厘米，厢长可根据实际地块情况适当调整，同时厢面方向要求与地块坡向保持一致，以防雨季积水。

④种苗准备：采用种子直播育苗的一年实生苗，于年底育苗地的种苗叶子枯黄倒苗后采挖，移栽前用多菌灵500倍液进行泡根。

⑤移栽定植：种苗移栽时间为育苗后第2年的1～2月。定植方法：在备好的移栽地上开深7～10厘米的沟，按株行距15厘米×20厘米种植，将芽眼向上摆放，之后盖5厘米厚的腐熟农家肥30吨/公顷左右，再覆土扒平。

3. 田间管理

（1）中耕除草　全生育期中耕3～4次，第1次在3～4月齐苗后，第2次在6月生长旺盛期，第3～4次在7～10月。

（2）追肥　生长中后期共追肥2次，在畦内株距间或距离植株15厘米左右处开浅沟，施入复合肥30～40千克/亩。

（3）灌溉与排水　雪上一枝蒿生长前期为了保持合适的土壤湿度，需适当浇水，而在生长中后期，应严格注意排涝防积水。

（4）打花瓣芽　当雪上一枝蒿苗高40厘米左右（6月初），有10片叶子（不包括干黄的脚芽）以上时，按先高后矮的顺序短尖掐掉花苞。短尖后每隔5～7天瓣1次芽，有芽即瓣，直到收挖时，以免消耗肥力，散失营养。

4. 病虫害防治

（1）病害防治　人工栽培雪上一枝蒿主要病害有根腐病、白粉病和叶斑病。做好种植区排水工作，排出积水，特别是雨季。

①根腐病：发病后用噁霉灵1200～1500倍液或甲霜噁霉灵1500～2000倍液灌根1～2次进行防治。

②白粉病：发病后可用50%甲基硫菌灵与50%福美双（1∶1）混合药剂600～700倍液喷洒，每隔7～10天喷1次，喷药时先叶后枝干，连喷3～4次，可有效地控制病害发生。

③叶斑病：发病期（4月中旬及6月中旬），每隔3～5天检查1次，发现病情时，用65%代森锰锌500倍液喷施叶片，每隔7天喷施1次，连续喷2次。

（2）虫害防治　红蚜虫发生季在4～6月，其以针状口器刺入嫩茎、叶、花、果上吸取汁液，用70%灭蚜松喷杀。

五、采收加工

1. 采收

（1）采收时间 于秋末冬初雪上一枝蒿植株枯黄但未倒苗时采收。

（2）采收方法 采挖雪上一枝蒿时将根挖出，去净苗叶、泥土和须根，晒干，拣去杂质。

2. 加工

用清水浸漂7日，每日换水2次，待中心软透后切片，置蒸笼内蒸2～3小时，取出晒干。再用热猪油拌和炒透入药，或将湿纸包裹，置炭火旁煨透，去纸，浸童便中一昼夜，取出，漂净晒干。

六、地方标准

1. 药材性状

（1）短柄乌头 本品块根呈短圆柱形或圆锥形，长2.5～7.5厘米，直径0.5～1.5厘米；子根表面灰棕色，光滑或有浅皱纹及侧根痕；质脆，易折断，断面白色，粉性，有黑棕色环。母根表面棕色，有纵皱沟及侧根残基；折断面不平坦，中央裂隙较多。气微，味苦麻。

（2）铁棒锤 母根呈纺锤状圆柱形，长5～10厘米，直径0.5厘米；表面具细纵皱纹，顶端留有茎的残基及子根痕。子根呈圆锥形，长2～5厘米，直径0.5～1.5厘米；表面暗棕色或黑棕色；多数平滑或稍有纵皱纹，有侧根痕；质硬，断面白色，粉性，少数呈角质样黄色。

（3）宣威乌头 块根呈纺锤状圆柱形，有分支。长5～7厘米，直径1～1.5厘米，表面棕色至深棕色或因表皮脱落而呈浅色花纹，有细纵皱纹及少数侧根痕。质较脆，易折断，折断面平坦，可见圆形浅棕色形成层环。

2. 鉴别

本品粉末灰棕色。淀粉粒甚多，单粒类圆形、卵圆形或半圆形，直径3～34微米，脐点点状、人字状或裂缝状，大粒层纹隐约可见；复粒由2～6分粒组成。网纹导管直径17～48微米。

3. 检查

水分不得过15.0%。

七、仓储运输

1. 包装

包装材料采用干燥、清洁、无异味以及不影响品质的材料制成，包装要牢固、密封、防潮，能保护品质，包装材料应易回收、易降解。在包装外标签上注明品名、等级、数量、收获时间、地点、合格证、验收责任人。有条件的基地注明农药残留、重金属含量分析结果和药用成分含量。

2. 仓储

储藏应选择在干燥、通风、避雨的场地或房屋内，进行竖立存（堆）放。在未销售前，注意检查有无霉变情况。如有霉变，应迅速进行二次翻（晾）晒。

3. 运输

运输车辆的卫生合格，温度应在16～20℃，湿度不高于30%，具备防暑防晒、防雨、防潮、防火等设备，符合装卸要求；进行批量运输时应不与其他有毒、有害、易串味物质混装。

八、药用价值

雪上一枝蒿源于云南，是四川民间广为流传和使用的跌打、疗伤的止痛药。其对跌扑肿痛、风湿红肿有很好的效果，特别是各种内外伤疼痛，内服外搽具有立竿见影的奇特疗效，但毒性很大，用之得当治病，用之失当致命，民间因误服或服用过量而导致中毒死亡的现象时有发生。现代医药学临床研究认为雪上一枝蒿性温，味苦、辛，有剧毒。用于风湿骨痛，跌打损伤，肢体疼痛，牙痛，疮痈肿毒，癌性疼痛等疾病的治疗。

雪上一枝蒿能祛风除湿，消炎镇痛。块根可用于神经痛、风湿痛、跌打损伤及牙痛、术后疼痛、晚期肿瘤疼痛等，疗效显著。并规定多为外用药，内服慎用。宜在医师指导或监视下服用；一般内服为日服一次，用量为25～50毫克，极量为70毫克。常用白酒浸泡内服或局部涂布，或直接将块根研粉内服；口服每月总量不得超过150毫克。常见附方如下。

（1）治跌打损伤，风湿骨痛，牙痛　雪上一枝蒿0.25分（如米粒大）吞服。（《云南中草药选》）

（2）治跌打损伤，风湿骨痛，疮疡肿毒，毒虫及毒蛇咬伤，蜂叮　雪上一枝蒿五钱，泡酒一斤，十天后外擦，禁内服。（《云南中草药选》）

（3）治牙髓炎（无痛去髓）　用雪上一枝蒿酒精提取物（制法：取雪上一枝蒿块根研粉，浸于无水酒精中，24小时后过滤，将滤液蒸去酒精，得棕褐色胶状物）1克，雪上一枝蒿粉0.5克，蟾酥细粉1克，羊毛脂0.8克，共置于乳钵内充分调匀，研成软膏状，即为牙髓失活剂。在原有的穿髓孔处封入米粒大的药剂，1～2天后观察牙髓失活效果，行无痛去髓术。（《全展选编·口腔疾病》）

雪上一枝蒿甲、乙、丙、丁素均有镇痛作用，伏毛铁棒锤总生物碱的镇痛作用较强；3-乙酰乌头碱是一种不成瘾镇痛剂，对炎性肿胀、渗出及棉球肉芽增生等均有明显的抑制作用；伏毛铁棒锤总碱具有较强的局部麻醉作用；雪上一枝蒿对蛙心有近似洋地黄样作用，其所致心功能障碍，可被阿托品拮抗；一枝蒿甲、乙素对心脏呈乌头碱样作用；宣威乌头有抗肿瘤作用；准噶尔乌头碱和欧乌头碱具有抗生育活性；铁棒锤可引起心律失常和血压下降。

该品在1974年才正式收入《云南省药品标准》，1977年收入《中华人民共和国药典》。因其毒性剧烈，治疗剂量与中毒剂量相近，已列为国家特殊管理药品。

参考文献

[1] 郭承刚，汤王外，和寿星，等. 雪上一枝蒿高产栽培技术[J]. 现代农业科技，2017（7）：94-95.

[2] 陈彩英，邓翀，赵雁翎，等. 野菊花的本草源流考证[J]. 湖南中医药大学学报，2015，35（5）：69-72.

[3] 杨涛，杨少华，陈翠，等. 雪上一枝蒿规范化生产标准操作规程（SOP）草案研究[J]. 云南农业科技，2013（5）：38-41.

[4] 一种雪上一枝蒿种子育苗技术[J]. 农村实用技术，2012（12）：38.

[5] 李培清. 云南会泽野生濒危药材雪上一枝蒿栽培技术及要求[J]. 中国民族民间医药杂志，2004（1）：45-46.

[6] 李培清. 云南会泽野生独特濒危中药材雪上一枝蒿栽培技术及关键要点[J]. 云南中医中药杂志，2003（4）：40.

[7] 范玉义，徐步成. 雪上一枝蒿中毒13例[J]. 山东中医杂志，1997（6）：39.

银杏

本品为银杏科植物银杏*Ginkgo biloba L.*的干燥叶。乌蒙山区云南宣威等地有栽培。

一、植物特征

乔木，高达40米，胸径可达4米；幼树树皮浅纵裂，大树之皮呈灰褐色，深纵裂，粗糙；幼年及壮年树冠圆锥形，老则广卵形；枝近轮生，斜上伸展（雌株的大枝常较雄株开展）；一年生的长枝淡褐黄色，二年生以上变为灰色，并有细纵裂纹；短枝密被叶痕，黑灰色，短枝上亦可长出长枝；冬芽黄褐色，常为卵圆形，先端钝尖。叶扇形，有长柄，淡绿色，无毛，有多数叉状并列细脉，顶端宽5～8厘米，在短枝上常具波状缺刻，在长枝上常2裂，基部宽楔形，柄长3～10（多为5～8）厘米，幼树及萌生枝上的叶较大而深裂（叶片长达13厘米，宽15厘米），有时裂片再分裂，叶在一年生长枝上螺旋状散生，在短枝上3～8叶呈簇生状，秋季落叶前变为黄色。球花雌雄异株，单性花，生于短枝顶端的鳞片状叶的腋内，呈簇生状；雄球花葇荑花序状，下垂，雄蕊排列疏松，具短梗，花药常2个，长椭圆形，药室纵裂，药隔不发；雌球花具长梗，梗端常分两叉，稀3～5叉或不分叉，每叉顶生一盘状珠座，胚珠着生其上，通常仅一个叉端的胚珠发育成种子，内媒传粉。种子具长梗，下垂，常为椭圆形、长倒卵形、卵圆形或近圆球形，长2.5～3.5厘米，径为2厘米，外种皮肉质，熟时黄色或橙黄色，外被白粉，有臭叶；中处皮白色，骨质，具2～3条纵脊；内种皮膜质，淡红褐色；胚乳肉质，味甘略苦；子叶2枚，稀3枚，发芽时不出土，初生叶2～5片，宽条形，长约5毫米，宽约2毫米，先端微凹，第4或第5片起之后生叶扇形，先端具一深裂及不规则的波状缺刻，叶柄长0.9～2.5厘米；有主根。花期3～4月，种子9～10月成熟。

二、资源分布概况

银杏为中生代孑遗的稀有树种，系我国特产。中国的银杏主要分布温带和亚热带气候区内，边缘分布"北达辽宁省沈阳，南至广东省的广州，东南至台湾省的南投，西抵西藏自治区的昌都，东到浙江省的舟山普陀岛”，跨越北纬21°30′～41°46′，东经97°～125°，遍及22个省（自治区）和3个直辖市。中国的银杏资源主要分布在山东、浙江、云南、安徽、福建、江西、河北、河南、湖北、江苏、湖南、四川、贵州、广西、广东等省的60多个县市。银杏一身都是宝，银杏果是干果珍品，种仁含有丰富的营养物质，既可食用又可药用，叶片可提取总黄酮和银杏萜类内酯两大类活性成分，其果、叶、皮、根皆能入药，具有很高的食用、药用和观赏价值。其中银杏叶总黄酮包括槲皮素、山柰素以及异鼠李素，萜类内酯包括白果内酯、银杏内酯A、银杏内酯B以及银杏内酯C。银杏叶总黄酮具有独特的药理作用、临床治疗价值和保健价值，使银杏叶提取物及其制剂成为国内外研究开发的热点产品之一。近几年来，由于银杏叶的开发利用，我国不少省区均已开始大面积种植银杏。康恩贝集团现在云南曲靖等地建有10万余亩的银杏种植基地。

三、生长习性

1. 生长环境条件

银杏生于酸性（pH5～5.5）黄壤、排水良好的天然林中，常与柳杉、榧树等针阔叶树种混生，生长旺盛。银杏为喜光树种，深根性，对气候、土壤的适应性较宽，能在高温多雨及雨量稀少、冬季寒冷的地区生长，但生长缓慢或不良；能生于酸性土壤（pH4.5）、石灰性土壤（pH8）及中性土壤上，但不耐盐碱土及过湿的土壤。以生于海拔1000（云南1500～2000）米以下，气候温暖湿润，年降水量700～1500毫米，土层深厚、肥沃湿润、排水良好的地区生长最好，在土壤瘠薄干燥、多石，山坡过度潮湿的地方均不易成活或生长不良。

2. 生长发育规律

银杏是生长缓慢、接种迟、寿命长的落叶果树，雌雄异株，常形成干性强、层行明显的高大树冠。实生树树冠多呈塔形、圆锥形或卵圆形，嫁接树在缺中心干或中心干生产受阻的情况下，树冠在生长后期可开始为半圆形或开心形。冠内枝条明显分成长枝和短缩枝两类。长枝由枝条先端数芽向上、向外延伸形成，是构成树冠的基础。

短缩枝是由枝条中、下部的芽先形成叶丛枝，以后每年微弱延伸叠加而成，节间极端，也称“鳞枝”或“奶枝”。在一定条件下，短缩枝也能抽发出长枝。10年生以下的幼树，长枝抽发的比例较高，可占总发枝量的70%左右。50年以上的大树。长枝抽发量锐减，短缩枝的比例显著增加，可占总发枝量的80%以上，故成年大树树冠常较稀疏。有时老树或大枝的隐芽也可直接萌生形成短缩枝。

银杏的长枝萌芽率极高，初顶端数芽抽生长枝外，其余各节上的腋芽均可抽生短枝，并形成花芽开花结实，从而极易形成大小年。但同一基枝上的短缩枝间有时有交替结实的现象。雄株短缩枝叶腋间着生雄花序，每一短缩枝上可着生4～6个。

四、栽培技术

1. 选地与整地

银杏喜光，不耐荫蔽，较耐旱怕涝，应选择阳光充足，通风良好，地下水位1米以下，能灌能排的地段建园。银杏对土壤要求不严，但叶用银杏宜选土层深厚、肥沃、pH 6.5～7.5的砂壤土。栽植地应选择在地势高、阳光足、土壤肥厚、排水较好的地方，土壤选择黄壤、砂质壤土。若地形为黏重土和渗水排水不良，需先进行浇灌种植穴，待水下渗后再移植。在移栽前一个季节，应采用挖种植沟或挖穴等方式进行土壤改良。穴深以50厘米较为适宜，栽植深度过大，会产生地温上升慢、土壤透气性下降、湿度增大等一系列不利于根系伤口愈合和发新根的问题。

育苗地于秋末冬初对选好的地块进行全面深翻，如果是土壤深厚的砂壤土，可在施农家肥1000千克/亩、过磷酸钙100千克/亩、复合肥50千克/亩作底肥后全面深耕，如果是壤土，按南北走向做高床，长度视地形而定，床宽100～120厘米，床高10～20厘米，床间距30厘米左右。播种前，结合整地，对土壤进行杀虫灭菌工作。同时要搞好排灌工程设施，做到旱能浇、涝能排。

种植地整地是指深翻改土，按确定的行距挖沟深、宽各70～80厘米，底土与表土分开放。回土时先回表土，后回底土，并分层施入农家肥3000～5000千克/亩，过磷酸钙50～100千克/亩。园地要深耕整平，并搞好道路及排灌设施。

2. 播种育苗

银杏园种苗的密度应该控制为3万～3.5万株/亩。育苗所需的银杏种子其大小为400～520粒/千克，一般银杏种子的出芽率都在80%左右，相当于银杏种子出苗320～420株/千克，需要银杏种子100～125千克/亩。播种多选择在春季播种，一般为3月中旬，株行距控制为10厘米×20厘米，覆土厚度为种子直径的2～3倍。播时将发芽芽位向下或将种子平放。银杏园育苗当年秋冬至第2年春发芽前，隔1株去1株，移出的银杏苗自己栽植或出售，留苗1.7万株/亩。

3. 田间定植

定植苗木要选用地径 1.5 厘米以上、根系好、树势旺、芽眼饱满的二至三年生实生壮苗，栽后2～3年即可成形。秋季在10～11月栽植，春季在2月下旬至3月上旬栽植。栽前挖宽、深各20～30 厘米的栽植沟，栽时视苗木根系大小将沟内土面调整合适。苗木根系用多菌灵等进行处理并蘸泥浆。将已经用泥浆浸泡过根系的银杏苗按株距放在沟内，将苗木扶正，使根系舒展，一人手持树苗对齐横竖位置，另一人用锹慢慢将细土覆盖根系并踏实，并浇足定根水。最后用1米宽的塑料薄膜覆盖树盘，可保湿保墒、提高地温，以利成活，这一步骤对冬春少雨干旱地方尤显重要。栽苗深度比起苗时略高，覆土要呈凹盆状，以备浇水土壤下沉后使树苗根茎与地表持平。

为了多收叶和便于采叶，应视土壤肥瘠和管理水平进行矮化密植。土层深厚、肥沃、管理水平高：采用行距1.5～2米，株距0.5～1米，每亩栽植330～1000株；土壤瘠薄，管理水平一般：行距1～1.2米，株距0.5～0.8米，每亩栽650～1300株。

4. 田间管理

（1）中耕除草　一般在生长季进行，视具体情况一年可进行中耕4～8次，中耕深度为5～10厘米。每年秋季结合施底肥进行行间深翻，熟化土壤。要坚持年年深挖松土1次，做到采叶园土壤保持疏松状态。

（2）施肥　银杏采叶园栽后主要通过大量施用氮肥来提高叶片产量。生长期结合松土除草进行追肥，1年追肥3次。第1次在萌芽前的3月上中旬施尿素20～30千克/亩；第2次在新梢生长高峰前的5月上旬施尿素25～40千克/亩；第3次在7月下旬施含磷、钾的多元复合肥20～30千克/亩，或追施有机肥500千克/亩，施肥方法采用条沟法，即在行间开一条深10～20厘米的沟，将肥料均匀施入沟内，浇水覆土填平。生长季节每月喷施0.3%尿素+0.2%磷酸二氢钾或多元有机复合肥，可以加速新梢生长，增加枝条当年的生长量，提高叶片的光合功能和单叶鲜重。

（3）定形修剪　银杏树采叶园必须用整形修剪的方法，将树冠高大的银杏树人为控制高度，便于以后采叶，银杏树植株定干的高度一般为60厘米，修剪的原则是做到通风透光，清除病虫枝，保留壮枝。一般采用圆头形、丛状形或伞字树形。

5. 病虫害防治

银杏的病害较少，目前主要病害有苗期茎腐病和叶枯病，虫害有白蚁、银杏超小卷叶蛾、银杏大蚕蛾、茶黄蓟马等。

（1）苗期茎腐病和银杏叶枯病　多施有机肥，间作大豆。在发病前喷1500倍托布津等广谱性杀菌剂。

（2）主要虫害防治方法

①白蚁：首先根据白蚁的排积物、通气孔等判明蚁巢位置，然后钻孔通向蚁巢，再向孔内注入常规杀虫剂10～15毫升，并加10%灭蚁灵。一般施药后3～7天，白蚁可全群死亡。

②银杏超小卷叶蛾：危害轻的地区，可剪除被害枝条，扫除附近落叶加以焚烧。危害严重地区，应集中消灭初龄幼虫。可用80%敌敌畏乳油800倍液喷洒受害枝条。

③银杏大蚕蛾：摘除虫茧焚烧，并捕抓幼虫。对三龄前幼虫进行药剂防治，效果良好。可用2000倍的速灭杀丁或敌敌畏乳油1000倍液喷杀。

④茶黄蓟马：以40%氧化乐果乳油1000倍液喷叶效果好。50%辛硫磷或80%敌敌畏1000倍液或速灭杀丁3000倍液均有效果。第一次喷药时间为6月中旬，第二次7月中下旬，第三次8月中旬。如虫害不重，喷2次就见效。

五、采收加工

1. 采收

5～10月银杏叶中黄酮含量逐渐增加，9月达到高峰。因此每年8月下旬至9月中旬，叶子未变黄前是采叶的最佳时期。人工采收银杏叶时应尽量分批分期采收，采摘叶子时，可沿生长方向逆向采摘，不要伤腋芽。一般从8月上旬开始，先采基部叶片，再陆续采收中部和上部叶片。每次采摘短枝的1/3叶片，最后一次在银杏叶即将变黄时一次采完。银杏叶若集中一次采完，既影响叶片质量，又会使树体形成二次生长，影响其安全越冬。为防止冬芽萌发，在当地早霜期来到之前，一定要保留顶梢的3～5片叶，不可全部采完；另外采叶前围地应避免灌水，以保证叶片质量和鲜叶在运输过程中的安全。采收后的鲜叶可装入通气的袋子里，每袋装30～40千克，运往目的地后马上进行干燥处理，以免发热发霉，降低叶片品质。

2. 加工

银杏叶采集后应立即堆在场上或水泥地面上晾晒，以防发热生霉，同时清除杂草、树枝、泥土及霉烂叶等杂物，晾晒厚度3～5厘米，每天翻动2～3次，3～4天后达到叶干状态后即可进行保存或出售。也可采用滚筒杀青干燥设备进行杀青干燥。

六、药典标准

1. 药材性状

本品多皱折或破碎，完整者呈扇形，长3～12厘米，宽5～15厘米。黄绿色或浅棕黄色，上缘呈不规则的波状弯曲，有的中间凹入，深者可达叶长的4/5。具二叉状平行叶脉，细而密，光滑无毛，易纵向撕裂。叶基楔形，叶柄长2～8厘米。体轻。气微，味微苦。

2. 检查

（1）杂质　不得过2%

（2）水分　不得过12.0%。

（3）总灰分　不得过10.0%。

（4）酸不溶性灰分　不得过2.0%。

3. 浸出物

不得少于25.0%。

七、仓储运输

1. 包装

包装材料采用干燥、清洁、无异味以及不影响品质的材料制成，包装要牢固、密封、防潮，能保护品质，包装材料应易回收、易降解。在包装外标签上注明品名、等级、数量、收获时间、地点、合格证、验收责任人。有条件的基地注明农药残留、重金属含量分析结果和药用成分含量。

2. 仓储

经加工完成后，装入统一规格的纸箱或编织袋中，放入通风干燥的库房内保存，应避免淋雨，发生霉变，定期检查贮藏情况。

3. 运输

运输车辆的卫生合格，温度在16～20℃，湿度不高于30%，具备防暑防晒、防雨、防潮、防火等设备，符合装卸要求；进行批量运输时应不与其他有毒、有害、易串味物质混装。

八、药用食用价值

1. 临床和保健价值

银杏叶中含有莽草酸、白果双黄酮、异白果双黄酮、甾醇等，用于治疗高血压及冠心病、心绞痛、脑血管痉挛、血清胆固醇过高等病症都有一定效果。银杏叶制剂与降糖药合用治疗糖尿病有较好疗效，可用于糖尿病的辅助药。

银杏叶被用于制作健康枕头，能提高睡眠质量，长期使用可以预防与治疗心血管疾病。防止成年人因血管老化引起的高血压、脑中风、糖尿病等，可使成年人尤其在中老年时期维持正常的心脏输出量以及正常的神经系统功能，使人尽可能保持正常的细胞生命周期。

2. 经济和生态价值

银杏木材优质，价格昂贵，素有"银香木"或"银木"之称。银杏木材质具光泽、纹理直、结构细、易加工、不翘裂、耐腐性强、易着漆、掘钉力小，并有特殊的药香味，抗蛀性强。银杏木除可制作雕刻匾及木鱼等工艺品，也可制作成立橱、书桌等高级家具，也是制作乐器、测绘器具、笔杆等文化用品的理想材料。银杏外种皮可提栲胶。

银杏树高大挺拔，叶似扇形。冠大荫状，具有降温作用。叶形古雅，寿命绵长。无病虫害，不污染环境，树干光洁，是著名的无公害树种。银杏树适应性强，对气候土壤要求都很宽泛。抗烟尘、抗火灾、抗有毒气体。银杏树体高大，树干通直，姿态优美，春夏翠绿，深秋金黄，是理想的园林绿化、行道树种。被列为中国四大长寿观赏树种（松、柏、槐、银杏）。银杏盆景干粗、枝曲、根露、造型独特、苍劲潇洒、妙趣横生，是中国盆景中的一绝。夏天遒劲葱绿，秋季金黄可掬，给人以峻峭雄奇、奢华贵雅之感，日益受到重视，被誉为"有生命的艺雕"。按照人们不同的欣赏要求，主要有观实盆景、观叶盆景和树桩盆景几种类型。

银杏的生态效益主要体现在银杏既属于果树又属于林木作用材树种、防护树种、抗病虫树种、长寿树种及耐污染树种。银杏适应能力强，是速生丰产林、农田防护林、护路林、护岸林、护滩林、护村林、林粮间作及"四旁"绿化的理想树种。

参考文献

[1] 王忠芹. 银杏栽培技术及病虫害综合防治[J]. 农民致富之友，2019（06）：47.

[2] 黄海. 银杏树繁殖与栽培管理技术[J]. 内蒙古林业调查设计，2018，41（6）：27–28.

[3] 刘志香，李西文，黄旗凯，等. 无公害银杏种植技术探讨[J]. 中国现代中药，2018，20（11）：1404–1410.

[4] 朱志发. 银杏的高效栽培技术[J]. 产业与科技论坛，2018，17（20）：62–63.

[5] 鲁彦靖，翟军峰. 银杏栽培技术[J]. 农业科技与信息，2018，（16）：77–78.

[6] 高振佳，杜霖，张同化，等. 银杏苗圃套种不同作物高效栽培技术[J]. 现代农业科技，2018（14）：89–90.

[7] 常玲强. 大规格银杏苗木移栽技术及夏季养护措施[J]. 现代园艺，2018（12）：24.

[8] 薛萍. 叶用银杏栽培技术[J]. 经济林研究，1995（02）：41–42.

[9] 燕素琴. 银杏种子育苗技术[J]. 现代农业科技，2012（16）：198.

huang cao wu
黄草乌

本品为毛茛科植物黄草乌*Aconitum vilmorinianum* Komarov的块根。乌蒙山区云南禄劝、武定、寻甸、会泽等县有大面积种植。

一、植物特征

　　黄草乌块根椭圆球形或胡萝卜形，长2.5～7厘米，粗约1厘米。茎缠绕，长达4米，疏被反曲的短柔毛或几无毛，分枝。叶片坚纸质，五角形，长5～10厘米，宽8～15.5厘米，基部宽心形，三全裂达或近基部，中央全裂片宽菱形，急尖或短渐尖，侧全裂片斜扇形，不等二裂稍超过中部，表面疏被紧贴的短柔毛，背面只沿脉疏被短柔毛；叶柄与叶片近等长。花序有3～6朵花；轴和花梗密被淡黄色反曲短柔毛；苞片线形；花梗长2～4厘米；小苞片生花梗中部或下部，狭线形，长3～5毫米，宽0.3～0.5毫米，密被短柔毛；萼片紫蓝色，外面密被短柔毛，上萼片高盔形，高1.7～2厘米，中部粗7～11毫米，下缘长1.5～1.6厘米，与外缘形成向下展的喙，侧萼片长1.3～1.4厘米，花瓣无毛，唇长约6毫米，微凹，距长约3毫米，向后弯曲；雄蕊无毛，花丝全缘或有2枚小齿；心皮5，无毛或子房上部疏生短毛。蓇葖直，无毛，长1.6～1.8厘米；种子长约3毫米，三棱形，只在一面密生横膜翅。花期8～10月，果期9～10月。（图1）

二、资源分布概况

　　黄草乌主要分布于昆明、嵩明、玉溪、禄劝、寻甸、马龙、罗平、泸西、巧家、大

图1　黄草乌植物图

理、施甸、保山等地。生于海拔2100～2500米的山地灌丛中。黄草乌药材在云南民间应用较多，在云南大部分地区人们都有煮食新鲜黄草乌的习惯，俗称大补药，是云南著名的百宝丹、虎力散、三乌胶等很多名贵中成药的主要原料。现在已开展人工种植，人工种植黄草乌已成为高寒山区农民致富的短、平、快项目。由于增收致富效果明显，云南华宁等县种植黄草乌已发展到相当规模，已成为云南草乌原料种植基地。作为乌蒙山片区之一的禄劝是全国"野生中药材资源分布最多"县区之一，县内分布着10多种野生草乌种质资源，是云南省草乌的主产区。禄劝中药材产业基础良好，已将草乌种植发展为具有一定规模并取得可观效益的产业。乌蒙山片区其他适宜种植区域还有云南寻甸和武定、会泽三地。

三、生长习性

黄草乌为块根作物，为多年生草本植物，属喜温凉、喜光，半潮湿作物，最怕高温干旱及涝灾。多生长于海拔1800～2300米，山区、半山区的北亚热带气候，高寒冷凉地区，背阴半潮湿地带，年均温不低于15～16℃的地区，年均降水量不低于1100毫米；相对湿度达80%以上。通常年生育期220天左右。

四、栽培技术

1. 选地与整地（图2）

（1）选地　所选地块的农残和重金属含量必须符合国家土壤二级以上标准要求。黄草乌为块根作物，对土壤性能要求较为严格，前作以洋芋、荞麦，油菜为好，通常以半向阳山坡背阴地段，选择土层深厚，土质疏松肥沃，水源方便，能排能灌，坡度小于25°的缓坡地，中性或微酸性，盐分低于10%的地区为宜。

（2）整地　前作收获后，应及时耕翻、炕土，使土壤充分熟化，增加肥力，减少病虫害。整地按宽1.2～1.5米，高15～20厘米的标准理畦，长以地势而定，通常畦与坡向垂直，两墒间留30～40厘米作业道，便于管理和排灌的需要。播种前再抄犁2次，清除杂草，曝晒数日后打垡，使土壤充分匀细、疏松。

2. 育苗方法

（1）种植期　选择黄草乌，最佳播种节令为"立冬""小雪"节令，以11月中下旬至

图2　黄草乌田间栽培

12月中旬播种产量较高，过早或过迟都会影响产量。

（2）繁殖方法　①块根整播繁殖法：用野生或人工栽培的草乌块根播种，做种的块根单个重量2～3克。播种块根以400～450个/千克为宜，每亩播种量以50～70千克，种块过大或过小产量都不理想。②块根切芽繁殖法：在收挖后，用酒精或草木灰消毒刀具，将较大的草乌块根上部顶芽2～3厘米切下做种用，切口上洒上草木灰或用杀菌剂表面消毒，晾干表面待下种用。切除的块根下部做商品加工。③腋芽果繁殖法：通常采用撒播，以每平方米400个为宜，播后覆土3厘米左右，播种后90～120天即可移栽，移栽时苗高15～20厘米。

（3）苗期管理　播种后土表需覆盖遮阴物，出苗前一定要保证土壤湿润，避免出苗时的阳光灼伤，出苗15～20天需浇稀淡肥料提高苗的生长速度和抗性，逐步剔除地表覆盖物，当苗出齐后每隔一段时间追施一次肥料，施肥的原则是少量多次。

3. 移栽定植

每亩以15 000～22 000株为宜。具体方法是：每墒宽1.2米，每行8塘，株行距15厘米×20厘米，过密或过稀都会影响产量。一律采用开沟条播，沟深视种块大小而定，按块根大小分开播种。依据先播种后盖土的原则，每亩施用腐熟的农家肥2000千克，钙镁磷肥

40～50千克，硫酸钾20千克，均匀施于畦面，浅锄，做到土肥融和。然后再盖上一层2～3厘米厚的细土，盖土过深影响出苗率。

4. 田间管理

（1）追肥　幼苗有6～8片叶子时，第一次追施充分腐熟的厩粪水，具体方法是：先把优质的羊粪泡成的粪水，以50千克水兑8～10千克粪水或兑尿素0.8千克施用。为促使茎叶快速生长，施用的原则是：浓度要稀，次数要多，施用量要大，使施肥的同时还可以保墒。第二次追肥应在植株生长至1米左右，开花前20天进行，此时块根已进入生长膨大的关键时期，每亩追施复合肥（15–15–15）10～15kg。

（2）灌溉　黄草乌怕旱又怕涝，不同季节，不同生育时期，对水分有不同要求。播种后出苗困难的，要合理灌水才能保证苗齐苗壮，出苗以后，整个生长发育期都要经常保持土壤湿润，过干或过湿都会使草乌生长不良。草乌生长前期正处于干旱季节，特别是在春旱严重地区，为了保证草乌生长发育，应适时灌溉，但不能渗灌；夏季应注意排涝，土壤相对含水量70%左右较合适，这样才能保证稳产、高产。

（3）中耕除草　幼苗出土前，应将墒面上大的土块抓入沟内，用锄头打碎，然后把沟内的泥土完全提到墒面上。"雨水"节令前后，幼苗全部出土，如发现病株，应拔出烧毁，利用预备苗带土移栽，时间宜早不宜迟。草乌属深根作物，中耕时要根据黄草乌的根系生长的情况、范围、变化掌握先深耕后浅耕，远深耕、近浅耕的方法。搭架前培土，促进不定根生长。

雨水落地以后，杂草易生长，应及时中耕除草，保持地面无杂草，沟中无积水。开花前结合施肥中耕1次，使块根在短期内迅速发育膨大。黄草乌属藤蔓植物，为了高产，必须进行搭架。

（4）封顶打杈　除需要留种子以外，为了抑制草乌地上部分徒长，让养分集中于地下块根发育膨大，一律实行封顶打杈以提高产量。其具体方法是：一般在植株现花蕾时开始打尖，最迟在开花时必须打尖，一般每株留叶25～30个，打尖15～20厘米，经过打尖后的植株，叶腋又会长出腋芽消耗养分，应随时摘除，但摘芽时不要伤害老叶，以免影响叶片光合作用。如膝芽上长出腋芽果也应摘除。一般要进行2次打尖和摘芽，以免影响块根的生长发育。总之应做到地无乌花，株无腋芽。

5. 病虫害防治

黄草乌的病害有霜霉病、白粉病和根腐病。在药物选择上应确保生产的药材原料无污染，农药残留保证在十分安全的范围内，同时积极开展生物防治，推广有机肥，提倡生物性农药及低毒易降解农药，注意保护生态及生物圈。

（1）霜霉病　苗期危害较为普遍，植株发病时，以叶片背面有一层霜霉层为主要特征。霉层初为白色，后变为灰黑色，致使叶片枯黄而死。一般常见于晚秋低温多雨、多湿时，发病迅速而严重，造成植株死亡。

菌期及时拔出病株烧毁，病窝用石灰消毒后补苗，可用1：1：200倍的波尔多液喷施预防，初发病时可用50%的多菌灵，有效浓度1000倍兑水喷施或者用有效浓度1000倍的雷多米尔兑水喷施，25%的瑞毒霉，有效浓度1000倍兑水喷施，50%的甲基托布津有效浓度500倍兑水喷施进行防治。

（2）白粉病　植株叶片受害时，初期出现圆形白色绒状霉斑，使叶片布满一层像白面状的霉层。此霉层为病原菌的菌丝或分生孢子，霉层中的小黑点为病菌的子囊壳，破裂后散出子囊孢子危害植株。此病常在高温干燥季节或施氮肥过量，植株过密，通风透光不良的环境发生。

发病前，用波尔多液进行预防；发病后，用25%粉唑醇或50%的甲基托布津等，按有效浓度500～1000倍喷施防治。

（3）根腐病　主要与温度、湿度、土壤、病原物有关。由于高温、高湿引起须根支根腐烂，逐步感染主根，导致全株死亡，发现时应及时连根挖塘消除。

发病前或发病初期可选择75%多硫600倍液灌根或50%甲基托布津500倍液浇灌，特别是发病初期效果较好。

（4）虫害防治　黄草乌主要是地老虎危害块根。①用毒饵诱杀；②早晨或下雨后人工捕杀；③用敌杀死，有效浓度3000倍液喷施，效果最好。

五、采收加工

1. 采收

在11月底至12月初地上部分枯萎后采挖。首先在地的一边用锄头挖出一条深30厘米的沟，然后顺序翻挖，注意采挖时不要伤及块根，以免未加工即发生霉变。挖出后除尽茎叶和泥土，放在地边晾晒，使其脱去部分水分，晒至微软时收回，用水浸泡清洗表面泥土，完成清洗后放在竹箕笆上摊开晾晒。

2. 加工

（1）生草乌　初加工及晾晒最好选择阳光充足的天气进行，晾晒过程中每天需收拢用薄膜覆盖，以免霜冻造成空心；晾晒过程中如遇阴雨天气，须将清洗干净的黄草乌摊晾在干燥的室内或通风处。如有条件可用微火烘干，避免堆积发生霉变失去商品价值。

（2）炙草乌　在采收清洗干净后用水煮至透心，切片晒干，备用，如有条件可用微火烘干，避免堆积发生霉变失去商品价值。

六、地方标准

1. 药材性状

块根长5～15厘米，直径0.8～1.8厘米，表面黄褐色至灰褐色。母根圆锥形或长条状纺锤形，较皱缩具纵皱纹和突起的支根痕形成的环纹。子根长纺锤形，纹理较细，表面略凸凹不平。质坚硬，难折断；断面淡黄色，略显角质样，不同位置（上、中、下）的断面呈现不同。无臭，味微苦，辛而麻舌。（图3）

图3　黄草乌药材

2. 鉴别

（1）子根横切面（中下段，直径0.5厘米）　后生皮层易脱落，皮层细胞5～6列。内皮层为1列较小的切向延长的扁平细胞。具5～6个外韧型维管组织环，韧皮部宽广，束间形成层环可见，木质部导管放射状排列，薄壁细胞中含大量淀粉粒。中上段横切面的皮层有1～2列排列不整齐的石细胞，呈长方形或长圆形。胞壁沟纹明显，胞腔大。中上段外韧维管束形成层呈多角形，导管主要分布在角突处。

（2）粉末　浅黄棕色，后生皮层细胞较大，易破碎，呈类长方形，长多角形，壁略增厚，有的内含黄棕色颗粒状物。石细胞散在，类方形、长方形、多角形，有的延长似纤维状，直径20～95微米，壁厚5～20微米，长至145微米，孔沟明显，可见纹孔，壁厚者层纹明显。纤维单个散在或数个成群，长梭形，多破碎，成束，壁不甚厚，胞腔较大，纹孔明显，直径10～25微米。导管多为网纹导管，亦有具缘纹孔和螺纹导管，直径10～45微米。淀粉粒极多，多单粒，呈卵圆形、椭圆形、长圆形、水滴状，直径4～35微米，脐呈点状、短缝状、裂缝状、人字形，大粒层纹隐约可见；少复粒，由2～3分粒组成。

3. 检查

（1）水分　不得过15.0%。

（2）总灰分　不得过6.0%。

（3）酸不溶性灰分　不得过2%。

4. 浸出物

不得少于20%。

七、仓储运输

1. 仓储

草乌经加工完成后，装入统一规格的纸箱或编织袋中，放入通风干燥的库房内保存，应避免淋雨，发生霉变，定期检查贮藏情况。待市场价格恰当时，进行商品交易。

2. 运输

运输车辆的卫生合格，温度在16～20℃，湿度不高于30%，具备防暑防晒、防雨、防潮、防火等设备，符合装卸要求；进行批量运输时应不与其他有毒、有害、易串味物质混装。

八、药用观赏价值

1. 药用价值

黄草乌辛，温，有剧毒，在云南有大补药之称，有搜风，胜湿，活血，止痛等功效。用于风寒麻痹，中风瘫痪，心腹痛，跌打损伤；外用疗疮初起。本品一直以来都为民间常用的跌打损伤特效药之一，也有将其与猪肉炖煮加工后食用，以驱散风寒、温中。本品多用于中成药制剂中，是云南多种中成药的主要原料之一。其中成药制剂多以擦剂和喷雾剂为主。值得注意的是，本品有毒，中毒症状与乌头类似，食用需要慎之又慎。在临床用药中，为防止黄草乌中毒，应从控制煎煮时间、把握给药剂量、规范炮制方法、把握适应证及合理配伍应用等多途径着手，减少中毒事件的发生。选方如下。

（1）治跌打，风湿，手足厥冷　草乌二至三钱。水煎至不麻嘴后服；或泡酒一斤，日服五毫升及外擦患处。

（2）云南红药散　三七100克，重楼250克，紫金龙50克，玉葡萄根100克，滑叶跌打95克，大麻药75克，金铁锁50克，石菖蒲30克，西南黄芩100克，黄草乌（制）150克。功效为止血镇痛，活血散瘀，祛风除湿。用于胃溃疡出血，支气管扩张咯血，功能性子宫出血，月经过多，眼底出血，眼结膜出血，鼻衄，痔疮出血，软组织挫伤，风湿性关节炎，风湿性腰腿痛等。

2. 观赏价值

蓝色是目前花卉品种中极缺的色系，培育蓝色花卉成为近年来花卉育种中花色研究及改良的热点之一。乌头属植物的花为蓝紫色，具有很高的观赏及园林应用价值。近几年来，乌头属植物在园林应用方面表现出极大的前景和潜力，国内关于乌头属野生花卉资源的开发利用逐步开展，现已出现乌头切花的商品化生产，通过辐射诱变技术、栽培技术、切花保鲜技术以及生长调节剂对其生长特性影响的研究，其产业化生产流程正逐渐完善。研究发现，黄花乌头同乌头一样，具有较长的花序，且花小而密集，并且绝大多数可用于园林绿化及切花生产；黄草乌花高盔型，茎缠绕，是一种很好的观赏植物，对充实中国园艺花卉植物有着重要作用。

黄草乌为集药用和观赏价值于一身的优异种质资源，加强对其品种选育的研究，将为进一步的开发和利用黄草乌提供新的产业化发展方向。

参考文献

[1] 李雪佩，何俊，贺水莲，等. 黄草乌植物的研究进展[J]. 西部林业科学，2017，46（6）：1-7.

[2] 艾洪莲，何华杰，杨曼思，等. 黄草乌种子萌发特性研究[J]. 种子，2015，34（12）：80-82.

[3] 李明福. 滇中黄草乌资源开发及种植技术[J]. 安徽农业科学，2006，34（1）：11-12，14.

黄柏

huang bo

本品为芸香科植物黄皮树*Phellodendron chinense* Schneid.的干燥树皮，习称"川黄柏"。

一、植物特征

树高达15米。成年树有厚、纵裂的木栓层，内皮黄色，小枝粗壮，暗紫红色，无毛。叶轴及叶柄粗壮，通常密被褐锈色或棕色柔毛，有小叶7～15片，小叶纸质，长圆状披针形或卵状椭圆形，长8～15厘米，宽3.5～6厘米，顶部短尖至渐尖，基部阔楔形至圆形。两侧通常略不对称，边全缘或浅波浪状，叶背密被长柔毛或至少在叶脉上被毛，叶面中脉有短毛或嫩叶被疏短毛；小叶柄长1～3毫米，被毛。花序顶生，花通常密集，花序轴粗壮，密被短柔毛。果多数密集成团，果的顶部呈略狭窄的椭圆形或近圆球形，直径约1厘米，大的达1.5厘米，蓝黑色，有分核5～10个；种子5～8、很少10粒，长6～7毫米，厚5～4毫米，一端微尖，有细网纹。花期5～6月，果期9～11月。（图1）

图1　黄柏植物图

二、资源分布概况

分布于重庆巫溪、城口、秀山，四川都江堰、叙永、古蔺、彭州、大邑，湖北鹤峰、神农架，湖南龙山、安化等地区。生于海拔900米以上杂木林中。乌蒙山区种植区域有四川马边、屏山、美姑、雷波，贵州习水、织金、纳雍以及云南大关。

三、生长习性

黄皮树喜温和湿润气候，具有较强的耐寒、抗风能力，苗期稍能耐阴，成年树喜光照湿润，不适荫蔽、不耐干旱，常混生于山间河谷及溪流附近或老林及杂木林中。以土层深厚、湿润疏松的腐殖质砂壤土为最适生长，在干旱瘠薄的山谷或黏土层上虽有分布，但生长发育不良，在沼泽地带不宜生长，适宜生长的气候条件为年均气温-1～10℃，年降水量500～1000毫米，最冷月均温-30～-5℃，最热月均温20～28℃。

四、栽培技术

1. 种植材料

多用种子繁殖育苗移栽。选择生长健壮、无病虫害的成年黄皮树结实的种子为宜，种子籽粒饱满、无虫蛀、常温贮藏不超过1年。

2. 选地与整地

（1）选地　造林地宜选择向阳的山坡、山区、平原、房前屋后、溪边沟坎、自留地等坡度25°以上地方栽植，要求排水良好、腐殖质含量较高，以砂壤土为好，沼泽地、重黏土均不宜栽种；育苗地选择地势宜平坦、排灌方便、肥沃湿润的砂质壤土，低洼积水之处不宜育苗。

（2）整地　造林地清除土中生长的灌木及杂草，深挖、耙细整平，并清除土中的树根及草根。育苗地深翻20～25厘米，每亩施有机肥2000～3000千克，过磷酸钙25～30千克，耙细整平。开厢作床，床宽1～1.5米，床高18～24厘米，四周开好排水沟。

3. 播种

种子无生理休眠，适宜春季3月上中旬播种。播种前用水浸泡种子24小时，略为晾干，即可下种。在育苗地里进行，每亩用种约2.5千克。

（1）条播　在整好的畦面上横开浅沟条播，沟距15～20厘米，沟深1.5～1.8厘米，宽18厘米左右。每沟播种子80～100粒，均匀撒入沟内。上盖细土和细堆肥，厚约1.5厘米，将沟覆平，稍加镇压，浇水。厢面上盖稻草保湿，利于出苗。在种子发芽将出土前揭去，种后约40～50天出苗。

（2）撒播　先将种子按3：1比例与沙拌匀，在均匀撒于厢面，在盖土约1.5厘米厚即可。同时盖稻草保湿。

4. 田间管理

（1）间苗与定苗　出苗期经常保持土壤湿润，苗齐后对生长较密的植株必须进行间苗，及时拔除弱苗和过细苗，第1次间苗时间在苗高7～10厘米时，每隔3厘米留苗1株；苗高15～18厘米时定苗，每隔10厘米留苗1株。每次间苗结合中耕除草、追肥1次，每次施入腐熟农家肥1000～1500千克/亩，或尿素8～10千克。苗高70～100厘米时移到造林地定植。

（2）覆盖遮阳　幼苗喜欢阴凉湿润的环境。因此，在幼苗未达到半木质之前要对其采取遮阳，可采取70%的遮阳网遮阳，以提高幼苗的成活率。

（3）定植　在育苗当年冬季或次年的早春起苗，选80厘米以上的苗进行定植。在先整好地的土上，按2米×2米的株行距挖30厘米深、50厘米宽的窝（每窝施厩肥或商品有机肥5～10千克作底肥，并与表土拌匀），每窝1株，填土一半时，将树苗轻往上提，使根部舒展，再填土至平，逐步将土踩实，浇水，覆一层松土使其略高于地面即可。

（4）灌溉排水　出苗期间经常保持土壤润湿，以利苗生长，注意高温、干旱伤害。定植半月内经常浇水，多雨积水时应及时排除。苗木郁闭后，根系入土较深，耐旱能力增强，可不再浇水。

（5）中耕除草　苗期根据土壤板结情况和杂草的多少，在苗周围适当中耕除草2～3次。定植当年和发芽后2年内，每年夏秋两季，松土除草2～3次。3～4年后，疏松土层，将杂草翻入土内。第一次除草在4～5月进行。第二次除草在9～10月杂草种子脱落之前进行。

（6）追肥　育苗地除施足底肥外，在间苗或耕除草后追肥，每次施腐熟农家肥1000千克加复合肥5千克。移栽定植后经常浇水，保证成活，定植后三年，还应结合中耕除草追肥一年2～3次。第一次在4～5月进行，每株用复合肥0.1千克，在树旁30厘米范围内均匀撒施，头年秋季植苗，施肥可提前至3月；第二次施肥7～8月；第三次施肥结合9～10月的除草进行，肥料每株用复合肥0.1千克，在树旁30厘米范围内均匀撒施。每年夏秋季中耕除草2～3次，入冬前施1次堆肥或有机肥，每株沟施10～15千克。第4年后每隔2～3年夏季中耕除草1次，疏松土层适当追施有机肥或堆肥。

（7）套种与补苗　在移栽后的第1年至第4年间，可套种如玉米，豆类等农作物，适时除草松土，并结合施肥及注意检查有无死株，如出现死株现象应及时进行补栽。

（8）整形与修剪　生长势强，修剪和整形要按其生理和生物的特性进行。成年黄皮树，一般只进行冬季修剪，时间为11月下旬，每年修剪一次。若栽培的主要目的为采皮，应适当修剪侧枝，以促进主干的生长。

（9）间伐　成林后可根据密度，分期间伐，直至最后成为密度适宜的成林。

（10）种子收集　选择生长健壮、无病虫害的成年树作采种母株。10～11月，果实由青绿色变成紫黑色时采收。放在屋角或木桶内，盖上稻草10～15天。果皮果肉腐烂后，取出揉搓脱粒、淘洗，除去果皮果肉。种子阴干或晒干，低温储藏（存放不可超过1年）。

5. 病虫害防治

（1）根腐病（又称烂根病）　育苗时，选择光线强弱适当、凉爽湿润、年平均气温在18～19℃的地区作为苗圃基地，适当使用紫外线杀死土壤中的细菌或抑制部分细菌的生长；在整理苗床时，选择平缓，肥沃，排水好，透气性强的砂壤土，可以保持苗床排水良好，透气性强，防止细菌繁殖；使用生石灰进行土壤消毒，提高pH值，使土壤的pH值不适宜细菌的生长；多施草木灰等钾肥，以增强苗木的抗病能力；苗圃中发现病苗，立即将其拔掉，并使用石灰对病穴进行消毒，缓解土壤酸碱度，再用50%胂·锌·福美双600倍液全面喷洒病区，防止细菌蔓延。

（2）锈病　在发病初期，喷97%敌锈钠400倍液，0.2～0.3波美度石硫合剂或25%粉锈700～1500倍液，每隔7～10天喷1次，连续喷2～3次。

（3）煤污病　注意排水，及时防治以上虫害；在发病初期喷1∶0.5∶150～200的波尔多液，每隔10天左右1次，连续2～3次，或在发病期间喷多菌灵800～1000倍液；冬季要加强幼林抚育管理，适当修枝，改善林地通风透光度，降低林地湿度以减轻或防治发病。

（4）小地老虎　及时铲除田间杂草，消灭卵及低龄幼虫。在高龄幼虫期每天早晨检查，发现新萎蔫的幼苗可扒开表土捕杀幼虫；选用50%辛硫磷乳油800倍液、90%敌百虫晶体600～800倍液、20%速灭杀丁乳油或2.5%溴氰菊酯2000倍液喷雾，或每公顷用50%辛硫磷乳油4000毫升，拌湿润细土10千克做成毒土，或每公顷用90%敌百虫晶体3千克加适量水拌炒香的棉籽饼60千克（或用青草）做成毒饵，于傍晚顺行撒施于幼苗根际。

（5）花椒凤蝶　广大脚小蜂是花椒凤蝶的天敌，可用于生物防治。在凤蝶蛹上曾发现广大脚小蜂和一寄生蜂；在幼虫幼龄期，可喷90%敌百虫800倍液或50%杀螟硫磷乳剂1000倍液，每7天1次，连喷2～3次；在幼虫三龄后喷每克含菌量100亿的青虫菌300倍液，每隔10～15天1次，连喷2～3次；虫害大量发生时，用苏云金杆菌菌粉500～800倍液喷雾，效果好，且对人畜安全。

（6）地老虎　在倒伏的幼苗周围寻找，人工捕杀。将鲜草切成小段，用50%辛硫磷乳油0.5千克拌成毒饵诱杀，或用90%晶体敌百虫1000倍液拌成毒饵诱杀。

（7）蚜虫　发病时80%敌敌畏1500倍液，7～10天1次，连续数次，直到蚜虫被灭完为止。

（8）蛞蝓　发生期用地瓜皮或嫩绿蔬菜诱杀，也可喷1%～3%石灰水进行防治。

（9）牡蛎蚧　可在4、6、7月喷16～18倍的松脂合剂或20～25倍的机油乳剂。

五、采收加工

1. 采收

栽后10～15年便可剥皮作药用，树龄愈大，产量愈高，质量愈佳。收获最佳时间为4～5月。

在晴天进行操作，选择长势旺盛，枝叶繁茂的树进行环剥，先用利刀在树干枝下15厘米处横割一圈，并按商品规格需要向下再横割一圈，在两环切口间垂直向下纵割一刀，切口斜度以45°～60°为宜，深度以不伤及形成层和木质部为宜。然后用竹刀在纵横切口交界处撬起树皮，向两边均匀撕裂，在剥皮的过程中要注意手勿接触剥面，以防病菌感染而影响新皮的形成，剥皮至离地面15厘米处为止。树皮剥下后，用百万分之十浓度的吲哚乙酸溶液、百万分之十的2，4–D或百万分之十萘乙酸加百万分之十赤霉素溶液喷在创面上，以加速新皮形成的速度，并用塑料薄膜包裹，包裹时应上紧下松，利于雨水排出，并减少薄膜与木质部的接触面积，以后每隔1周松开薄膜透风1次，当剥皮处由乳白色变为浅褐色时，可剥除薄膜，让其正常生长。但再生的树皮质量和产量都不如第一次取得的树皮。

2. 加工

把剥下的树皮截成60厘米长的节，晒至半干，压平，然后将粗皮刨干净，至显黄色为度，不可伤及内皮。也可将树皮剥下后先压平、晾干，再刮去粗皮。此法所得商品较为平坦、整齐，但需时间较多。最后再用竹刷刷去刨下的皮屑。商品以皮厚、断面鲜黄色为佳。

六、药典标准

1. 药材性状

本品呈板片状或浅槽状，长宽不一，厚1～6毫米。外表面黄褐色或黄棕色，平坦或具纵沟纹，有的可见皮孔痕及残存的灰褐色粗皮；内表面暗黄色或淡棕色，具细密的纵棱纹。体轻，质硬，断面纤维性，呈裂片状分层，深黄色。气微，味极苦，嚼之有黏性。（图2）

图2 黄柏药材

2. 鉴别

本品粉末鲜黄色。纤维鲜黄色，直径16～38毫米，常成束，周围细胞含草酸钙方晶，形成晶纤维；含晶细胞壁木化增厚。石细胞鲜黄色，类圆形或纺锤形，直径35～128毫米，有的呈分枝状，枝端锐尖，壁厚，层纹明显；有的可见大型纤维状的石细胞，长可达900毫米。草酸钙方晶众多。

3. 检查

（1）水分　不得过12.0%。

（2）总灰分　不得过8.0%。

4. 浸出物

不得少于14.0%。

七、仓储运输

1. 仓储

药材仓储要求符合NY/T 1056—2006《绿色食品贮藏运输准则》的规定。黄柏一般为外裹麻片的压缩打包件，每件40～50千克。贮存温度30℃以下，相对湿度65%～75%，商品安全水分10%～13%。存放过久，颜色易失，变为浅黄或黄白色。危害的仓虫有家茸天牛等，蛀蚀品周围常见蛀屑及虫粪。储藏前应严格入库质量检查，防止受潮或染霉品掺入；平时保持环境干燥、整洁；定期检查，发现吸潮或初霉品，及时通风晾晒，虫蛀严重时用较大剂量磷化铝（9～12克/立方米）熏杀。高温高湿季节前，可密封使其自然降氧或抽氧充氮进行养护。

2. 运输

本品易生霉，变色，虫蛀。采收时，内侧一般未充分干燥，在运输中易感染霉菌，受潮后可见白色或绿色霉斑。运输车辆要求卫生合格，温度在16～20℃，湿度不高于30%，具备防暑防晒、防雨、防潮、防火等设备，符合装卸要求；进行批量运输时应不与其他有毒、有害、易串味物质混装。

八、药材规格等级

根据市场流通情况，将黄柏药材分为"选货"和"统货"两个规格。将选货黄柏根据商品的厚度、形状等指标，分为"一等"和"二等"两个等级。应符合表1要求。

表1　规格等级划分

等级		性状描述			
		共同点	区别点		
			形状	厚度	宽度
选货	一等	本品去粗皮。外表面黄褐色或黄棕色，平坦或具纵沟纹，有的可见皮孔痕及残存的灰褐色粗皮；内表面暗黄色或淡棕色，具细密的纵棱纹。体轻，质硬，断面纤维性，呈裂片状分层，深黄色。气微，味极苦，嚼之有黏性	板片状	≥0.3厘米	≥30厘米
	二等		板片状	0.1～0.3厘米	不限
统货			板片状或浅槽状	≥0.1厘米	不限

九、药用价值

1. 临床常用

（1）清热燥湿　①用于湿热带下，症见带下色黄黏浊或为脓样，或为黄水，阴痒，灼热，尿短赤，常与芡实、金樱子、苦参、车前子等配用。②用于湿热淋证，症见小便频数短涩，滴沥刺痛，小腹拘急或腰腹痛等，常与车前子、滑石、瞿麦、萹蓄同用。③用于湿热脚气，症见脚膝浮肿，常与苍术、牛膝同用，即三妙散。④用于湿热下痢，症见腹痛下痢脓血，里急后重等，常与白头翁、黄连同用。

（2）泻火解毒　用于湿毒肿疡、湿疹、口疮疔肿、烫伤等，随证配用，内服外敷皆可。

（3）退虚热，制相火　用于阴虚发热、骨蒸盗汗及相火亢盛的遗精证，多配知母同用。

参考文献

[1]　贵州省中药研究所. 贵州中药资源[M]. 北京：中国医药科技出版社，1992.

[2]　卢松兴，赵润怀，焦连魁，等. T/CACM 1021.54—2018. 中药材商品规格等级　黄柏[S]. 中华中医药学会，2019.

[3]　陈瑛. 实用中药种子技术手册[M]. 北京：人民卫生出版社，1999.

[4]　黄慧茵. 黄皮树种植地环境及育苗技术研究[D]. 长沙：中南林业科技大学，2009.

[5]　孙鹏，张继福，李立才，等. 黄柏的栽培技术与方法[J]. 人参研究，2013，25（3）：59–61.

[6]　丁万隆. 药用植物病虫害防治彩色图谱[M]. 北京：中国农业出版社，2002.

[7]　曾云瑾. 黄柏及其伪品木蝴蝶树皮的鉴别[J]. 海峡药学，2006，18（5）：110–111.

[8]　蒋锐，陈俊华. 川黄柏伪品水黄柏的生药鉴定[J]. 中药材，1991，14（6）：20–22.

续断
xu duan

本品为川续断科植物川续断*Dipsacus asperoides* C. Y. Cheng et T. M. Ai 的干燥根。

一、植物特征

本品多年生草本；主根1条至数条，圆柱形，黄褐色或棕褐色，稍肉质；茎中空，具6～8条棱，棱上疏生硬刺。基生叶丛生，叶片琴状羽裂，叶表面有刺毛，背面沿脉密布刺毛；叶柄长可达25厘米；茎生叶在茎枝中下部为羽状深裂，中裂片披针形先端渐尖；基生叶和下部的茎生叶具长柄，向上叶柄渐短，上部叶披针形，不裂或基部3裂。头状花序球形；总苞片5～7枚，叶状，披针形或线形；小苞片倒卵形，先端稍平截，被短柔毛；花冠淡黄色或白色，基部狭缩成细管，顶端4裂，1裂片稍大，外面被短柔毛；雄蕊4，着生于花冠管上，明显超出花冠，花丝扁平，花药椭圆形，紫色；花柱通常短于雄蕊，柱头短棒状。果实为瘦果，长倒卵柱状，包藏于小总苞片内，仅顶端外露于小总苞外。花期7～9月，果期9～11月。

二、资源分布概况

续断主要分布于我国西南高原地区及三峡西北地区，集中分布于四川、贵州、云南、湖北、湖南、广西、西藏等省区。常生长在海拔442～2900米的山坡、田边、林缘、路旁草灌丛中。乌蒙山区种植区域有云南禄劝、寻甸和武定。

三、生长习性

续断生态适应性较强，喜温暖湿润气候，以山地气候最为适宜，耐寒，忌高温。在干燥地区，夏季高温（35℃以上）、多雨或潮湿环境种植易影响产量和质量。种子萌发适宜温度为20～25℃，30℃以上高温对萌发有明显的抑制作用。

四、栽培技术

1. 种植材料

续断以有性繁殖为主。选择饱满、有光泽、无病虫害、长势整齐的成熟续断种子作为种植材料。

2. 选地与整地

（1）选地　选择土壤深厚、排水良好、土质疏松的砂质壤地，土壤酸碱性以中性偏酸性（pH 5.5～7.0）为宜，可用山坡荒地；若为熟土，耕地宜选择前茬作物为病虫害较少的禾本科等植物。

（2）整地　选择3月上旬至5月上旬的晴天进行整地。操作为割净杂草，每亩施入腐熟农家肥2000～3000千克，复合肥50千克作基肥，深翻土壤20～30厘米，整平耙细，根据地形做成宽1.2米，高20厘米的畦，畦间距30厘米，四周开挖排水沟。

3. 播种

播种可分春播和秋播。春播时间为2月下旬至4月上旬，秋播为9月下旬至10月下旬。由于续断种子过小，播种前可将干种子直接与200倍的润湿细土或草木灰混匀后播种。播种按操作分为条播和穴播：①条播：在捞好的畦面按行距20～35厘米，深3厘米播种，播后覆土镇压。②穴播：按行距为35～40厘米，穴深3～7厘米，穴径7～10厘米，每穴播种3～5粒。播种后施入腐熟的农家肥每亩1200千克或20千克复合肥，均匀施入穴内作底肥，上覆1～1.5厘米的细土。

4. 移栽与定植

3月下旬至5月上旬，视苗情长势进行移栽工作。移栽前一天将苗床喷透水，次日挖松苗床土，拔取带4片以上真叶的健壮苗，用湿润稻草捆成每把10株，随起随栽，起苗后当天必须完成移栽工作，不能放置过夜。

在整好的畦面上按行距30厘米拉绳定行，沿绳按株距30厘米打穴，穴深10～15厘米，每亩约6000穴，随后按每亩均匀施入2000千克腐熟农家肥或20千克复合肥作底肥，覆浅土，将苗放入穴中心，四周覆土压紧，每穴播1～2株苗定植。定植当天浇透水。

5. 田间管理

（1）间苗与补苗　每天查看直播地苗情，结合拔草进行间苗和补苗，保持每穴有2～3株健壮苗。

（2）中耕除草　一般共进行3～4次除草工作，第一次中耕除草在间苗期进行，之后的三个月内每个月进行一次除草，宜浅锄，勿伤根及茎叶。

（3）追肥　第一次追肥在5月封行前，育苗移栽在移栽苗返青恢复生长时（7～8月）

进行，追肥需结合中耕除草进行操作，每亩施复合肥20千克，穴施。第二年二月进行第二次追肥，操作同第一次。

（4）抽薹去蕾　在秋播第三年，春播第二年抽薹时期，用镰刀自地表向上20～30厘米处割去上部。若之后发现形成侧枝并出现花蕾时，需及时摘除。

（5）种子收集　10月上旬至11月下旬续断倒苗前，用剪刀等锋利的器具轻轻剪去干枯的花序部分，在簸箕上来回抖动以便收集散落的续断种子，种子低温贮藏。

6. 病虫害防治

（1）根腐病　①轮作：病区实行2～3年以上轮作，选用禾本科作物或葱、蒜类作物轮作。②培育无病壮苗：选育无病的健壮苗可减轻根腐病在大田的危害。③加强田间管理：随时清除病株残体及田间杂草；增施有机肥作基肥，可提高寄主抗性和耐性，抵制根腐病菌的侵染。④农药防治：发病期，选用50%多菌灵500倍液等药剂灌根。

（2）叶褐（黑）病　加强田间管理，提高植株抗病能力。发病期选用70%代森锰锌可湿粉剂500倍液，或75%百菌液可湿性粉剂500～600倍液，或58%甲霜灵·锰锌可湿粉剂500倍液，或64%杀毒矾可湿粉剂500倍液等药剂，喷施。

（3）根结线虫病　①轮作：在条件允许地区可实行水旱地轮作1次；其余病区实行3年或3年以上轮作，一般选用禾本科等植物可减少虫源。②加强田间管理：及时清除田间残体及杂草；深耕土壤；翻晒土壤；增施有机肥作基肥提高寄主抗性和耐性。③农药防治：在播种、种植时，选用克线磷10%颗粒剂，穴施和撒施，施在根部附近的土壤中；或选用米乐尔颗粒剂，在播种前撒施并充分与土壤混合，每亩用量4～6千克。在田间初发病时；选用克线磷10%颗粒剂，沟施、穴施和撒施，每亩用量2～3千克，或50%辛硫磷乳油800倍液，或1.8%阿维菌素乳油300～400倍液，喷灌土壤，每亩用量1.5～3.0千克。

（4）地老虎　①毒饵诱杀虫害：配制方法有三种。其一，麦麸毒饵：麦麸20～25千克，压碎、过筛成粉状，炒香后均匀拌入0.5千克的40%辛硫磷乳油，农药可用清水稀释后喷入搅拌，以麦麸粉湿润为好，然后按每亩用量4～5千克撒在幼苗周围；其二，青草毒饵：青草切碎，每50千克加入农药0.3～0.5千克，拌匀后呈小堆状撒在幼苗周围，每亩用毒草20千克；其三，油渣毒饵：油渣炒香后，用90%敌百虫拌匀，撒在幼苗周围。②利用黑光灯诱杀成虫。③农药防治：在地老虎1～3龄幼虫期，采用48%地蛆灵乳油1500倍液、48%乐斯本乳油、2.5%劲彪乳油200倍液、10%高效灭百可乳油1500倍液、21%增效氰·马乳油3000倍液、2.5%溴氰菊酯乳油1500倍液等，地表喷施。

五、采收加工

1. 采收

（1）采收期　春播在第二年收获，秋播在第三年收获，采收时间为秋季续断倒苗后，过早或过迟均影响药材品质。

（2）采挖　从植株地上倒苗枯萎部分判断地下根的位置，用五齿钉耙等农用工具沿厢横切面往下深挖，深度40～60厘米，小心翻挖出续断根，剥除泥土，收集后装入清洁竹筐内或透气编织袋中。

（3）清洗及处理　清水浸泡片刻后搓洗，淘去泥土并沥干水，去除芦头、尾稍及须根，挑选分级。

2. 加工

将分级后的根条置于60℃的烘箱中烘烤至半干时，集中堆放，用麻袋或干燥稻草覆盖，使之发汗变软至内心变为墨绿色时取出再烘干。加工时不宜日晒，否则变硬、色白。

六、药典标准

1. 药材性状

本品呈圆柱形，略扁，微弯曲，长5～15厘米，直径0.5～2厘米。表面灰褐色或黄褐色，有稍扭曲或明显扭曲的纵皱及沟纹，可见横列的皮孔样斑痕和少数须根痕。质软，久置后变硬，易折断，断面不平坦，皮部墨绿色或棕色，外缘褐色或淡褐色，木部黄褐色，导管束呈放射状排列。气微香，味苦、微甜而后涩。（图1）

1cm

图1　续断药材

2. 鉴别

（1）横切面　木栓细胞数列。栓内层较窄。韧皮部筛管群稀疏散在。形成层环明显或不甚明显。木质部射线宽广，导管近形成层处分布较密，向内渐稀少，常单个散在或2～4

个相聚。髓部小，细根多无髓。薄壁细胞含草酸钙簇晶。

（2）粉末特征　呈黄棕色。草酸钙簇晶甚多，直径15～50微米，散在或存在于皱缩的薄壁细胞中，有时数个排列成紧密的条状。纺锤形薄壁细胞壁稍厚，有斜向交错的细纹理。具缘纹孔导管和网纹导管直径约至72（90）微米，木栓细胞淡棕色，表面观类长方形、类方形、多角形或长多角形，壁薄。

3. 检查

（1）水分　不得过10.0%。

（2）总灰分　不得过12.0%。

4. 浸出物

不得少于45.0%。

七、仓储运输

1. 仓储

药材仓储要求符合NY/T 1056—2006《绿色食品贮藏运输准则》的规定。库房应无污染、避光、通风、阴凉、干燥，堆放药材的地面应铺垫有高10厘米左右的木架，并具备温度计、防火防盗及防鼠、虫、禽畜等设施。药材不与有毒、有害、有异味、易污染物品同库存放，同时，随时做好记录及定期、不定期检查等仓储管理工作。

2. 运输

运输车辆的卫生合格，透气性好，温度在16～20℃，湿度不高于30%，具备防暑防晒、防雨、防潮、防火等设备，符合装卸要求；进行批量运输时应不与其他有毒、有害、易串味物质混装。

八、药材规格等级

根据市场流通情况，按照根的长度、中部直径等进行等级划分，将续断药材分为"选货"和"统货"两个等级；"选货"根据长度、中部直径等进行等级划分，应符合表1要求。

表1　规格等级划分

等级		性状描述	
		共同点	区别点
选货	大选	呈圆柱形，略扁，有的微弯曲。表面灰褐色或黄褐色，有稍扭曲或明显扭曲的纵皱及沟纹，可见横列的皮孔样斑痕和少数须根痕。质软，久置后变硬，易折断，断面不平坦，皮部外缘褐色或淡褐色，木部黄褐色，异型维管束呈放射状排列。气微香，味苦、微甜而后涩	长8～15厘米，中部直径＞1.2～2.0厘米，断面皮部墨绿色
	小选		长8～15厘米，中部直径≥0.8～1.2厘米，断面皮部浅绿色或棕色
统货			长5～15厘米，中部直径0.5～2.0厘米，断面皮部墨绿色、浅绿色或棕色

注：当前市场续断药材有部分根未完全去除根头或直接干燥未堆置发汗，不符合《中国药典》的规定。

九、药用价值

1. 临床常用

（1）肝肾不足，筋骨不健　本品甘以补虚，温以助阳，有补益肝肾，强壮筋骨之功，常用于治肝肾亏虚，腰膝酸软，下肢萎软。治疗肝肾不足，与萆薢、杜仲、牛膝等同用。此外，本品亦可配伍用于肾阳虚所致的阳痿不举、遗精滑精、遗尿尿频等，且伴有腰膝酸软、下肢萎软者为宜，多作辅助药使用。

（2）跌打损伤，瘀肿疼痛，筋伤骨折　本品辛行苦泄温通，能活血通络，续筋疗伤，为伤科常用药。治跌打损伤，瘀血肿痛，筋骨折伤，常用桃仁、红花、穿山甲、苏木等配伍使用；治疗脚膝折损愈合后失补，筋缩疼痛，与木瓜、当归、黄芪等同用。

（3）胎动不安，崩漏下血，滑胎　本品补益肝肾，调理冲任，有固经安胎之功，可用于肝肾不足，崩漏下血，胎动不安等证。

参考文献

[1]　魏升华，王新村，冉懋雄，等. 地道特色药材续断[M]. 贵州：贵州科技出版社，2014.

[2]　谢宗万. 中药材品种论述[M]. 中册. 上海：上海科学技术出版社，1984.

[3]　袁清祥，丁湘林. 临翔区野生坚龙胆草人工驯化种植初报[J]. 临沧科技，2006（2）：31-32.

[4]　顾国栋，兰海，蒋祺，等. 攀西地区川续断种植技术规程[J]. 攀枝花科技与信息，2014（4）：28-29.

[5]　熊云杰，张伦梅，谭林彩. 续断规范化种植技术及效益分析[J]. 现代农村科技，2012（4）：15.

[6] 鲁菊芬，郭乔仪，王洪丽，等. 大姚县续断栽培技术[J]. 云南农业科技，2016（4）：34-35.

[7] 段彦民. 一种人工种植的蜜源植物——续断[J]. 中国蜂业，2015，66（11）：41.

[8] 肖承鸿，周涛，江维克，等. T/CACM 1021.138—2018. 中药材商品规格等级 续断[S]. 中华中医药学会，2018.

huang jing

黄精

本品为百合科植物滇黄精*Polygonatum kingianum* Coll.et Hemsl.、黄精*Polygonatum sibiricum* Red.或多花黄精*Polygonatum cyrtonema* Hua的干燥根茎。其中滇黄精、多花黄精在乌蒙山区云南、四川、贵州多县有大面积人工栽培。

一、植物特征

（1）滇黄精　根状茎近圆柱形或近连珠状，结节有时作不规则菱状，肥厚，直径1~3厘米。茎高1~3米，顶端作攀援状。叶轮生，每轮3~10枚，条形、条状披针形或披针形，长6~20（~25）厘米，宽3~30毫米，先端拳卷。花序具（1~）2~4（~6）花，总花梗下垂，长1~2厘米，花梗长0.5~1.5厘米，苞片膜质，微小，通常位于花梗下部；花被粉红色，长18~25毫米，裂片长3~5毫米；花丝长3~5毫米，丝状或两侧扁，花药长4~6毫米；子房长4~6毫米，花柱长（8~）10~14毫米。浆果红色，直径1~1.5厘米，具7~12颗种子。花期3~5月，果期9~10月。（图1）

图1　滇黄精植物图

（2）多花黄精　根状茎肥厚，通常连珠状或结节成块，少有近圆柱形，直径1～2厘米。茎高50～100厘米，通常具10～15枚叶。叶互生，椭圆形、卵状披针形至矩圆状披针形，少有稍作镰状弯曲，长10～18厘米，宽2～7厘米，先端尖至渐尖。花序具（1～）2～7（～14）花，伞形，总花梗长1～4（～6）厘米，花梗长0.5～1.5（～3）厘米；苞片微小，位于花梗中部以下，或不存在；花被黄绿色，全长18～25毫米，裂片长约3毫米；花丝长3～4毫米，两侧扁或稍扁，具乳头状突起至具短绵毛，顶端稍膨大乃至具囊状突起，花药长3.5～4毫米；子房长3～6毫米，花柱长12～15毫米。浆果黑色，直径约1厘米，具3～9颗种子。花期5～6月，果期8～10月。

二、资源分布概况

滇黄精产云南、四川、贵州。生于海拔620～3650米的常绿阔叶林下、竹林下、林缘、山坡阴湿处、水沟边或岩石上。其中云南省内包括勐腊、景洪、普洱、绿春、金平、麻栗坡、蒙自、文山、西畴、双江、临沧、凤庆、景东、双柏、楚雄、师宗、昆明、嵩明、大理、漾濞、云龙、福贡、香格里拉、盐津均有分布。乌蒙山区云南武定、禄劝、寻甸、会泽、宣威、昭阳、巧家等地和四川叙永、马边等地均适宜滇黄精种植。

多花黄精分布于湖南、湖北、安徽、贵州、河南（南部和西部）、江西、安徽、江苏（南部）、浙江、福建、广东（中部和北部）、广西（北部）。生林下、灌丛或山坡阴处，海拔500～1200米。近年在乌蒙山区贵州部分地区在开展人工驯化栽培。

三、生长习性

滇黄精喜欢阴湿气候条件，具有喜阴、耐寒、怕干旱的特性，在干燥地区生长不良，在湿润阴蔽的环境下植株生长良好。在土层较深厚、疏松肥沃、排水和保水性能较好的土壤中生长良好；在贫瘠干旱及黏重的地块不适宜植株生长。

滇黄精种子呈圆珠形，种子坚硬，种脐明显，呈深褐色，千粒重33克左右。室温干燥贮藏的种子发芽率低，低温沙藏和冷冻沙藏的种子发芽率高，有利于种胚发育，打破种子休眠，缩短发芽时间，发芽整齐，种子适宜发芽温度25～27℃，在常温下干燥贮藏发芽率62%，拌湿沙在1～7℃下贮藏发芽率高达96%。所以滇黄精种子必须经过处理后，才能用于播种。

四、栽培技术

1. 种植材料

在种植时，应选择滇黄精的优良种子或根茎作为栽培种源。

2. 选地与整地

（1）选地　选择比较湿润肥沃的林间地或山地，林缘地最为合适，要求无积水、盐碱影响，以土质肥沃、疏松、富含腐殖质的砂质土壤最好。土薄、干旱和砂土地不适宜种植。

（2）整地　整地要求进行土壤深翻30厘米以上，整平耙细后作畦。一般畦面宽120厘米，畦高20～25厘米。在畦内施足底肥，优质腐熟堆肥4000千克/亩。均匀施入畦床土壤内，使肥土充分混合，再进行整平耙细后待播。

3. 繁殖方法

黄精既可以用种子繁殖，又可以用根茎繁殖。

（1）种子繁殖　选择生长健壮，无病虫害的四年生以上植株留种，加强田间管理，秋季浆果变黑成熟时采集，冬前进行湿沙低温处理，方法是，在院落向阳背风处挖一深坑。深40厘米、宽30厘米。将1份种子与3份细沙充分混拌均匀，沙的湿度以手握之成团，落地即散，指间不滴水为度，将混种湿沙放入坑内。中央放高秸秆，利通气。然后用细沙覆盖，保持坑内湿润，经常检查，防止落干和鼠害，待翌年春季3月初取出种子；筛去湿沙播种，在整好的苗床上按行距15厘米开沟深2～3厘米，将处理好催芽种子均匀播入沟内。覆土厚度2.5～3厘米，稍加踩压，保持土壤湿润。土地墒情差地块，播种后浇一次透水，然后插拱条，扣塑料农膜，加强拱棚苗床管理，及时通风、炼苗，等苗高3厘米时，昼敞夜覆，逐渐撤掉拱棚，及时除草，浇水，促使小苗健壮成长。秋后或翌年春出苗移栽到大田。

（2）根茎繁殖　在留种栽田块选择健壮。无病虫害的植株，秋季或早春挖取根状茎。秋季挖需妥善保存。早春采挖直接截取5～7厘米长小段，每段按2～3节截取。然后用草木灰处理伤口，待晾干收浆后，立即进行栽种，一般采用冬栽，于11～12月进行，在整好的畦面上按行距30～40厘米开横沟，沟深6～8厘米，将种根芽眼向上。顺垄沟摆放，每隔20～30厘米平放一段。上面覆盖细土5～6厘米厚踩压紧实。对土壤墒情差田块，栽后浇一次透水，以利成活。秋栽时在土壤封冻前于畦面覆盖一层厩肥或堆肥，并覆盖松叶保潮防草。

4. 田间管理（图2）

（1）中耕与除草　生长前期为幼苗期，杂草相对生长较快，且土壤容易板结，要及时地进行中耕锄草，要求每年3月、6月、8月、11月各进行一次，具体锄草时间可酌情选定。勤锄草和松土的同时，注意宜浅不宜深，避免伤根。生长过程中也要经常的培土，可以把垄沟内的泥巴培在黄精根部周围，在加快有机肥腐烂的同时，也可以防止根茎吹风或见光。

图2　滇黄精田间栽培

（2）追肥　滇黄精和多花黄精均是多年生药材，其施肥应以有机肥为主，并适当补充钙镁磷肥。一般在7～8月撒施一次充分发酵好的优质羊粪，亩施用500～600千克；12月重施冬肥，每亩施用发酵完全堆肥1000～1500千克，并与钙镁磷肥50千克、饼肥50千克混合均匀后，在畦面追施，施好后上覆松树叶和玉米秸秆保潮防杂草。

（3）排水与灌水　滇黄精和多花黄精喜湿怕干，移栽定株后要浇足定根水（若碰小雨后移栽最好，可不浇或少浇），保持土壤湿润，以利成活。田间经常保持湿润，遇干旱天气，要及时灌水。另外，进入雨季要提前做好清沟排水准备，避免积水造成黄精烂茎。

（4）荫蔽　滇黄精2～3月出苗，多花黄精3月下旬至4月上旬出苗，无荫蔽条件则需搭设荫棚，荫棚高2米，四周通风，到6月中下旬，雨季来临，除去荫棚。林下间作黄精遮阴效果好，遮阳网次之，人工搭设荫棚也可，调节其透光率在40%最佳。

（5）打顶　滇黄精植株茎秆较长，为避免过多茎秆和叶片对营养造成了的耗费和促进地下块根生长，一般将滇黄精茎秆留1.5米左右进行打顶，促进茎秆粗壮，方便田间管理，从而使养分向地下根茎积累。一般在3～4月进行打顶。

5. 病虫害防治

（1）病害　黄精最常见的是叶斑病，其叶部产生褐色圆斑，边缘紫红色。多发于夏秋季节。收获后清洁田园，将枯枝病残体集中烧毁，消灭越冬病原；发病前和发病初期喷1∶1∶100波尔多液，或50%退菌特1000倍液，每7～10天1次，连喷3～4次，或65%代森锌可湿性粉剂500～600倍液喷洒，每7～10天1次，连续2～3次。以达到防治目的。

（2）虫害　滇黄精和多花黄精的主要虫害是地老虎、蛴螬。5月中旬左右到7月，黄精处于生殖生长的开始阶段，黄精的花器官和幼嫩果实会受到飞虱的伤害，可导致结实率降低，尤其是树林下套作的黄精受害相对严重。每亩用2.5%敌百虫粉2～2.5千克，加细土75千克拌匀后，沿黄精行开沟撒施防治蛴螬；对地老虎可用上法同样防治，但用量加大2～2.5千克，配细土20千克；可用敌百虫混入香饵里，于傍晚在地里每隔1米投放一小堆诱杀。同时，结合防虫灯和防虫板进行诱杀。

五、采收加工

1. 采收

（1）采收时间　种子苗种植6～7年，块茎苗种植4～5年，即可采挖。在11月到翌年1月，茎秆上叶片完全脱落，为最佳采收期。选择在无烈日、无雨、无霜冻的阴天或多云天气进行。土壤湿度在20%～25%范围内收获较好，其土壤容易与黄精根茎疏松分离，不易伤根茎，根茎的颜色泛黄，表面无附着水，下雨天气或土壤湿度过大均不宜采收。

（2）采收方法　按种植垄栽方向，依次将黄精根茎带土挖出，去掉地上残存部分，使用竹刀或木条将泥土刮去（注意不要弄伤块根），须根无须去掉，如有伤根，另行处理。注意在产地加工以前，不要用水清洗（图3）。

（3）留种　将已经起挖的块根选择大小中等、肥厚饱满、颜色润黄、无伤害痕迹、茎节较多者留种。

图3　黄精采收

2. 加工

将黄精须根摘下统一处理，再将处理好的块根和须根分开洗净，然后将黄精块根较大或较厚的分成两半，放入事先准备好的蒸锅内蒸0.5～1小时，取出阴干或50℃烘干即可。

六、药典标准

1. 药材性状

呈肥厚肉质的结节块状，结节长可达10厘米以上，宽3～6厘米，厚2～3厘米。表面淡黄色至黄棕色，具环节，有皱纹及须根痕，结节上倒茎痕呈圆盘状，圆周凹入，中部突出。质硬而韧，不易折断，断面角质，淡黄色至黄棕色。气微，味甜，嚼之有黏性。

2. 鉴别

表皮细胞外壁较厚。薄壁组织间散有多数大的黏液细胞，内含草酸钙针晶束。维管束散列，大多为周木型。

3. 检查

（1）水分　不得过18.0%。

（2）总灰分　不得过4.0%。

（3）重金属及有害元素　铅不得过5毫克/千克；镉不得过1毫克/千克；砷不得过2毫克/千克；汞不得过0.2毫克/千克；铜不得过20毫克/千克。

4. 浸出物

不得少于45.0%。

七、仓储运输

1. 包装

黄精在包装前应仔细检查是否已充分干燥，并清除杂质和异物。将全干燥的黄精装入洁净的麻袋或布袋中，内衬防潮纸（本品极易吸潮），每件可包装50千克，并附合格证、装箱单和出货日期，然后打包成件。

2. 贮藏

采用密封的塑料袋比较好，能有效地控制其安全水分（＜18%）主要针对黄精易吸潮的特点进行贮藏，同时可将密封塑料袋装好的药材放入密封木箱或铁桶内，防虫防鼠。

3. 运输

黄精的运输应遵循及时、准确、安全、经济的原则。将固定的运输工具清洗干净，将成件的商品黄精捆绑好，遮盖严密，及时运往贮藏地点，不得雨淋、日晒、长时间滞留在外，不得与其他有毒、有害物质混装，避免污染。

八、药材规格等级

黄精商品因性状不同分鸡头黄精、姜形黄精和大黄精。应符合表1要求。

表1 规格等级划分

规格	等级	性状描述	
		共同点	区别点
大黄精	一等	干货。呈肥厚肉质的结节块状，表面淡黄色至黄棕色，具环节，有皱纹及须根痕，结节上侧茎痕呈圆盘状，圆周凹入，中部突出。质硬而韧，不易折断，断面角质，淡黄色至黄棕色，有多数淡黄色筋脉小点。气微，味甜，嚼之有黏性	每千克≤25头
	二等		每千克25~80头
	三等		每千克≥80头
	统货	结节呈肥厚肉质块状。不分大小	
鸡头黄精	一等	干货。呈结节状弯柱形，结节略呈圆锥形，头大尾细，形似鸡头，常有分枝；表面黄白色或灰黄色，半透明，有纵皱纹，茎痕圆形	每千克≤75头
	二等		每千克75~150头
	三等		每千克≥150头
	统货	结节略呈圆锥形，长短不一。不分大小	
姜形黄精	一等	干货。呈长条结节块状，分枝粗短，形似生姜，长短不等，常数个块状结节相连。表面灰黄色或黄褐色，粗糙，结节上侧有突出的圆盘状茎痕	每千克≤110头
	二等		每千克110~210头
	三等		每千克≥210头
	统货	结节呈长条块状，长短不等，常数个块状结节相连。不分大小	

注： 1. 当前市场黄精药材存在三种规格混合情况。
2. 黄精药材味苦者不可药用。
3. 市场尚有产地鲜切片，为非药典所规定。

九、药用食用价值

1. 药用价值

黄精为补脾润肺，益气养阴的传统中药。用于脾胃气虚，体倦乏力，胃阴不足，口干食少，肺虚燥咳，劳嗽咯血，精血不足，腰膝酸软，须发早白，内热消渴。黄精化学成分主要有黄精多糖、黏液质、淀粉、甾体皂苷、蒽醌类化合物、生物碱、强心苷、木脂素、维生素和多种对人体有用的氨基酸等化合物。现代药理研究证实，其具有增强心肌收缩力，增加冠状动脉流量，改善心肌营养，防止动脉粥样硬化，防止脂肪浸润，抑制脂质过氧化等作用，并有提高免疫力、促进造血功能、降低血糖及防衰抗老等效果。黄精除有药用价值外，还有食用、观赏、美容等价值，近年来市场需求量日益增加，具有良好的经济效益。选二方如下。

（1）枸杞丸　用于补精气。枸杞子（冬采者佳）、黄精等份，打为细末，二味招和，捣成块，捏作饼子，干复捣为末，炼蜜为丸，如梧桐子大。每服五十丸，空心温水送下。

（2）蔓菁子散　治眼，补肝气，明目。蔓菁子一斤（以水淘净），黄精二斤（和蔓菁子水蒸九次，曝干）。上药，捣细为散。每服，空心以粥饮调下二钱，日午晚食后，以温水再调服。

2. 食疗及保健

滇黄精含有多种天然美容活性成分，具抗衰老、防辐射、抗炎、抗菌、生发乌发、固齿等美容功能，可开发纯天然的中草药沐浴露、洗发香波、护发、乌发宝、脚气露、西膜、药膏、搽剂等。

（1）黄精粥　黄精30克，粳米100克。黄精煎水取汁，入粳米煮至粥熟。加冰糖适量吃。用于阴虚肺燥，咳嗽咽干，脾胃虚弱。

（2）党参黄精猪肚　党参、黄精各30克，山药60克，橘皮15克，糯米150克，猪胃1具。猪胃洗净；党参、黄精煎水取汁，橘皮切细粒，加盐、姜、花椒少许，一并与糯米拌匀，纳入猪胃，扎紧两端；置碗中蒸熟食，用于脾胃虚弱，少食便溏，消瘦乏力。

（3）黄精蜜汁　黄精200克，蜂蜜500克。将干黄精洗净，放入锅中，加水浸泡透发，再以小火煎煮至熟烂。直至液干，再加入蜂蜜，煮沸、调匀即可。待冷，装瓶备用。每日食用3次，每次1汤匙。补益精气，强健筋骨。适用于佝偻病脾肾不足、筋骨失养、腿膝酸软无力等。

（4）九转黄精膏　黄精、当归各等分。水煎取浓汁，加蜂蜜适量，混匀，煎沸。每次吃1～2匙。

黄精既能食用，又能观赏，还能入药，可谓浑身都是宝。更难得的是它的经济效益也不错，加上现在野生黄精日渐稀少，正是发展人工种植黄精的好时机。

参考文献

[1] 谢宗万. 中药材品种论述[M]. 上册. 上海：上海科学技术出版社，1990.

[2] 年金玉，年贵发，王婷，等. 滇黄精的资源分布及仿野生栽培研究[J]. 农村实用技术，2017（1）：22−24.

[3] 年贵发, 和文润, 年金玉, 等. 滇黄精仿野生栽培技术规程（SOP）研究[J]. 农村实用技术, 2016（12）: 26–28.

[4] 赵德迎, 邢作山, 王钦秋, 等. 黄精及其栽培加工技术[J]. 陕西农业科学, 2006（4）: 182–183.

[5] 赵致, 庞玉新, 袁媛, 等. 药用作物黄精栽培研究进展及栽培的几个关键问题[J]. 贵州农业科学, 2005, 33（1）: 85–86.

[6] 邓颖连. 黄精引种驯化栽培研究[J]. 中国野生植物资源, 2011, 30（2）: 57–59.

[7] 门桂荣. 黄精林下栽培技术[J]. 现代农业科技, 2018（12）: 89–90.

[8] 马存德, 黄璐琦, 郭兰萍, 等. T/CACM 1021.34—2018. 中药材商品规格等级 黄精[S]. 中华中医药学会, 2018.

dian long dan

滇龙胆

本品为龙胆科植物坚龙胆Gentiana rigescens Franch. 干燥根及根茎, 云南习称滇龙胆或龙胆草。乌蒙山区云南昭通彝良县有小面积种植。

一、植物特征

多年生草本, 高达30～50厘米。须根肉质。主茎粗壮, 发达, 有分枝。花枝多数, 丛生, 直立, 坚硬, 基部木质化, 上部草质, 紫色或黄绿色, 中空, 近圆形, 幼时具乳突, 老时光滑。无莲座状叶丛; 茎生叶多对, 下部2～4对小, 鳞片形, 其余叶卵状矩圆形、倒卵形或卵形, 长1.2～4.5厘米, 先端钝圆, 基部楔形, 边缘稍外卷; 叶柄边缘被乳突, 长5～8毫米。花簇生枝顶呈头状。花无梗; 花萼倒锥形, 长1～1.2厘米, 萼筒膜质, 裂片2个倒卵状长圆形或长圆形, 长5～8毫米, 基部具爪, 3个线形或披针形, 长2～3.5毫米, 基部不窄缩; 花冠淡紫色, 冠檐具深蓝色斑点, 漏斗形或钟形, 长2.5～3厘米, 裂片宽三角形, 长5～5.5毫米, 先端尾尖, 全缘或下部边缘具齿, 褶偏斜, 三角形, 长1～1.5毫米, 先端钝, 全缘。蒴果长1～1.2厘米。种子具蜂窝状网隙。花果期8～12月。（图1）

二、资源分布概况

滇龙胆主要分布云南、贵州、四川。云南作为滇龙胆的主产区，在云县、永德、临翔区、红河等县有大面积的种植。乌蒙山片区云南彝良、镇雄、巧家、武定、禄劝，四川不拖、冕宁，贵州赫章、纳雍等县均为适宜种植区域。

三、生长习性

滇龙胆多生于海拔1600～2500米的向阳荒地、疏林、草坡及灌丛间。喜阳光充

图1　坚龙胆植物图

足、冷凉气候，耐寒冷，忌夏季高温多雨，适宜生长温度20～25℃，对土壤要求不严格，但土层深厚疏松，保水力好的腐殖土或砂壤土较适宜。

滇龙胆一年生幼苗多为根生叶，很少长出地上茎，二年生苗株高10～20厘米，多数开花，但结实数量较少，栽培3～4年的植株平均单株鲜根重可达30克以上，龙胆苦苷的含量高于野生品。坚龙胆种子细小，千粒重仅约0.028克，发芽适温为18～23℃，先高温后低温发芽率高，光对种子发芽有促进作用。种子寿命约1年。

四、栽培技术

1. 种植材料

生产上以有性繁殖为主。

2. 选地与整地（图2）

（1）选地　滇龙胆虽然对土壤要求不严格，但以土层深厚、土壤疏松肥沃、富含腐殖质多的壤土或砂壤土为好，有水源，平地、坡地及撂荒地均可。黏土

图2　龙胆林下种植

地、低洼易涝地不宜，前茬以豆科或禾本科植物为好。适宜海拔为1700~2500米，土壤pH 5.0~6.5较适。选地的基本原则为：潮湿，肥沃，排水性好，日照时间短。

（2）整地　选地后于晚秋或早春将土地深翻30~40厘米，打碎土块，清除杂物。用50%的多菌灵每平方米8克进行土壤处理。平地应耙平作畦，畦面宽1~1.2米，高15~25厘米，作业道宽30~40厘米，畦面要求平整细致，无杂物。坡地可不用做畦，起好排水沟即可。

3. 繁殖

繁殖方法主要用种子繁殖，多直播种植，也有实行育苗移栽。

（1）直播种植　要求种子千粒重要求在0.015克以上，水分不高于12%，发芽率不低于30%，净度不低于60%。5月下旬至6月中旬播种，可根据当地的雨季适当调整。①种子处理：播种前用50%多菌灵500倍液浸种12小时，取出适当晾晒再播种。②播种方法：播种前先浇透底水，或者待下透雨后播种。播种前将处理好的种子用种子量体积5~10倍的细沙土混拌均匀直接撒播，撒播时分两次撒，出苗相对均匀。播种量为0.15~0.30千克/亩。③套种：在田间同时播种狗尾草草籽（1.5~2.5千克/亩）进行套种。

（2）育苗移栽　龙胆种子细小，直播因种子出苗率低，不便于管理，采用育苗移栽方法较适宜。育苗的播种期为4月上中旬。整个育苗期约需5~6个月，当幼苗长至4~5对真叶，植株健壮、无病虫害，在10月左右即可进行移栽。春秋季均可移栽。当年生苗秋栽较好，时间在9月下旬至10月上旬，春季移栽时间为4月上中旬，在芽尚未萌动之前进行。移栽要求：株行距整齐均匀；覆土深度松紧适宜；不露根茎及苗芽；不窝根伤根；不烈日晒苗；保持栽后畦面平整。具体步骤：①种子处理：播种前先将种子作催芽处理，方法是在播种前将种子用100毫克/升赤霉素浸泡24小时，捞出后用清水冲洗几次后即可播种。②播种育苗：种子使用量按每千克种子播300平方米计算，播种前先用木板将畦面刮平、拍实，用细孔喷壶浇透水。待水渗下后，将处理好的种子拌入10~20倍的过筛细沙或细土，均匀地撒在畦面上，播完之后上面用细筛筛细腐殖土盖1~2毫米，然后再搭上盖遮阴网，最后再少量浇1次水。③选株移栽：移栽时选健壮、无病、无伤的植株，株高5~10厘米，按种苗大小分别移植。行距15~20厘米，株距10~15厘米，穴栽、深度因苗而定，然后将苗摆入穴内，盖土使小苗的位置稳定，同时保证能较好地舒展根系。每穴栽苗1~2株，盖土厚度以盖过茎基部芽苞2~3厘米为宜，土壤过于干旱时栽后应适当喷水，如有条件搭建遮阴网，等苗成活后再移去遮阴网。

4. 田间管理

（1）苗期管理　整理育苗地时应注意，土壤一定要耙细，不能有枯枝落叶等杂物，播种后应做到浇透水、浅盖土、搭荫棚。

播后至出苗前可用遮阳网搭成棚进行遮阴。合理遮阴可减少水分蒸发，减少浇水次数，待40天左右苗出土后再逐渐撤去遮阴物，保持50%光照即可。

播种后应保持床面湿润，发现缺水，用细孔喷壶喷床面。喷水宜在晴天早晚进行。浇水次数依据床面湿度而定。种子萌发至第一对真叶长出之前，土壤湿度应控制在70%以上，一对真叶至二对真叶期间，土壤湿度控制在60%左右。苗出全之后，勤除杂草，以免和龙胆草争夺养分。见草就拔，整个苗期除草4～5次。6～7月生长旺季根据生长情况适当施肥，当苗长到3对真叶时，可用0.05%尿素作叶面喷施，间隔15天后再用磷酸二氢钾0.05%第二次喷施。8月上旬以后逐次除去畦面上的覆盖物，增加光照促进生长。

（2）移栽田间管理　全部生长期内应注意适时松土、除草、追肥，以促进根生长。可在作业道边适当种植少量玉米或茶树，以遮强光。3～4年生植株，可选其健壮者作种株，促进种子成熟籽粒饱满。越冬前清除畦面上残留的茎叶，并在畦面上覆盖2厘米厚的腐熟的圈粪，防冻保墒。

5. 病虫害防治

（1）猝倒病　主要发生在一年生幼苗期；在5月下旬至6月上旬，湿度大，播种密度大时发病严重。应及时疏苗，停止浇水，重点为调节床土水分。发现病害后用65%的代森锌500倍液浇灌病区，也可用800倍液百菌清叶片喷雾。

（2）褐斑病　该病多发生在二年生以上植株，一般5月中下旬开始发病，发病高峰期为7月至8月中旬，气温25～28℃，降雨多，空气湿度大时易发生。应以防为主，防治结合，采取农业手段和药剂防治结合。①按要求严格控制选地，地势低洼、易板结地不宜种植，不宜连作；②用50%的多菌灵（7～8克/平方米）进行土壤消毒；③播种前，种子用50%的多菌灵800～1000倍液浸种100～150分钟，或70%的代森锰锌500倍液浸种60分钟。种苗用上述药液沾根后移栽。④移栽田畦面覆盖稻草或树叶，以利防病；⑤保持田间清洁，秋末应将残株病叶清除田外烧掉或深埋；⑥控制中心病株，一旦发现病株时立即清除，用药液处理病区。⑦发病之前后用甲基托布津800～1000倍液、95%百菌清800倍液、50%多菌灵800倍液等农药交替进行叶面喷雾，每7～10天1次，防治效果较好。

（3）虫害　龙胆草苗田地下害虫主要是蛴螬和蝼蛄，播种前可以用以下方法进行处理：①每亩施入2.5%的敌百虫粉500克；②50%辛硫磷乳油600倍液地面喷洒、亩用量100毫升。

五、采收加工

1. 采收

（1）药用部位采挖　以秋季采挖为好，栽培滇龙胆生长3～4年后（移栽2～3年后）即可采收入药。于10月中下旬采收，龙胆苦苷含量及折干率最高。采收时将根挖出，除净茎叶、泥土。（图3）

（2）留种　10月下旬至12月中旬种子不断成熟，当果皮由绿变黄、果瓣顶部即将开裂时（种子已由绿色变成黄褐色）；将地上部割下，捆成小把，晾晒7～8天，用木棒敲打果实，种子落下后除去茎叶，再晒5～6天，种子放在阴凉通风处贮存。

图3　龙胆种子采收

2. 加工

在自然条件下阴干（忌暴晒）。阴干时待根部干至七成时，将根条整理顺直，数个根条合在一起捆成小把，再晾至全干。成品药材表面淡黄色或黄棕色，无横皱纹，外皮膜质，易脱落，木部黄白色，易与皮部分离。内皮层以外组织多已脱落。木质部导管发达，均匀密布，无髓部。

六、药典标准

1. 药材性状

滇龙胆表面无横皱纹，外皮膜质，易脱落，木部黄白色，易与皮部分离。（图4）

2. 显微鉴别

（1）横切面　内皮层以外组织多已脱落。木质部导管发达，均匀密布。无髓部。

（2）粉末特征　粉末淡黄棕色。无外皮层细胞。内皮层细胞类方形或类长方形，平周壁的横向纹理较粗而密，有的粗达3微米，每一细胞分隔成多数栅状小细胞，隔壁稍增厚或呈连珠状。

图4　龙胆药材

3. 检查

（1）水分　不得过9.0%。

（2）总灰分　不得过7.0%。

（3）酸不溶性灰分　不得过3.0%。

4. 浸出物

不得少于36.0%。

七、仓储运输

1. 仓储

将加工好的成把龙胆装于竹篓或麻袋中，按把平直摆放，尽量装实。置于通风干燥处，注意防潮、防蛀及防油、烟气等污染。仓库相对湿度控制在45%～60%，温度控制在0～20℃之间。药材应存放在货架上，与地面距离15厘米，与墙壁距离50厘米，堆放层数为8层以内。贮存期应注意防止虫蛀、霉变、破损等现象发生，做好定期检查养护。

2. 运输

药材批量运输时，要求运输工具、容器等要保持清洁、干燥、通风、无污染、无异味，有防潮、防雨、防晒措施。注意不能与有毒、有害物质混装，防止混杂和污染。

八、药材规格等级

滇龙胆系指云南、贵州、四川等省所产的去净茎节的坚龙胆。根据市场情况，分为"选货"和"统货"两个等级。应符合表1要求。

表1 规格等级划分

等级	性状描述	
	共同点	区别点
选货	根茎呈不规则结节状，表面黄棕色，1至数个。根略呈角质状，无横皱纹，外皮膜质，易脱落。质坚脆易折断，断面皮部黄棕色或棕色，木部黄白色，气微、味甚苦	长短粗细均匀，完整，根条较多，根表面红棕色或黄棕色，中部直径≥0.2厘米
统货		长短粗细欠均匀，不完整，根条较少，根表面深红棕色或深棕色

注：1. 经市场调查，存在茎叶等非药用部位单独或掺入药材作为商品流通，称为"龙胆草"，价格便宜。
    2. 市场商品，多有残留茎和茎基。

九、药用价值

滇龙胆清热燥湿，泻肝胆火。用于湿热黄疸，阴肿阴痒，带下，湿疹瘙痒，肝火目赤，耳鸣耳聋，胁痛口苦，强中，惊风抽搐。常见验方如下。

（1）龙胆泻肝汤 治肝胆实火上炎证，头痛目赤，胁痛口苦，耳聋，耳肿，舌红苔黄，脉弦数有力。肝经湿热下注证。阴肿，阴痒，筋萎阴汗，小便淋浊，或妇女带下黄臭等，舌红苔黄腻。龙胆草6克，黄芩9克，栀子9克，泽泻12克，木通9克，车前子9克，当归3克，生地黄9克，柴胡6克，生甘草6克。水煎服。亦可用丸剂，每服6～9克，日二次，温开水送下。方中龙胆草大苦大寒，泻火除湿，为君药。

（2）单味研末 单味研末，煎汤服，或开水送服，治肝火上冲所致的鼻衄。

参考文献

[1] 谢宗万. 中药材品种论述[M]. 上册. 上海：上海科学技术出版社，1990.

[2] 许亮，王冰，康廷国，等. T/CACM 1021.144—2018. 中药材商品规格等级 龙胆[S]. 中华中医药学会，2018.

[3] 袁清祥，丁湘林. 临翔区野生坚龙胆草人工驯化种植初报[J]. 临沧科技，2006（2）：31–32.

厚朴
hou po

本品为木兰科植物厚朴*Magnolia officinalis* Rehd. et Wils.或凹叶厚朴*Magnolia officinalis* Rehd. et Wils. var. *biloba* Rehd. et Wils.的干燥干皮、根皮及枝皮。其中川厚朴为著名道地药材。乌蒙山区四川、贵州两省有人工种植。

一、植物特征

落叶乔木，高达20米；树皮厚，褐色，不开裂；小枝粗壮，淡黄色或灰黄色，幼时有绢毛；顶芽大，狭卵状圆锥形，无毛。叶大，近革质，7～9片聚生于枝端，长圆状倒卵形，长22～45厘米，宽10～24厘米，先端具短急尖或圆钝，基部楔形，全缘而微波状，上面绿色，无毛，下面灰绿色，被灰色柔毛，有白粉；叶柄粗壮，长2.5～4厘米，托叶痕长为叶柄的2/3。花白色，径10～15厘米，芳香；花梗粗短，被长柔毛，离花被片下1厘米处具包片脱落痕，花被片9～12（17），厚肉质，外轮3片淡绿色，长圆状倒卵形，长8～10厘米，宽4～5厘米，盛开时常向外反卷，内两轮白色，倒卵状匙形，长8～8.5厘米，宽3～4.5厘米，基部具爪，最内轮7～8.5厘米，花盛开时中内轮直立；雄蕊约72枚，长2～3厘米，花药长1.2～1.5厘米，内向开裂，花丝长4～12毫米，红色；雌蕊群椭圆状卵圆形，长2.5～3厘米。聚合果长圆状，卵圆形，长9～15厘米；蓇葖果具长3～4毫米的喙；种子三角状倒卵形，长约1厘米。花期5～6月，果期8～10月。（图1）

二、资源分布概况

厚朴主要分布在我国长江流域，东至浙江、福建沿海，西至云南怒江、四川盆地两缘，南至湖南南部，北至秦岭南麓、大别山。其中厚朴主要分布在四川、重庆、湖北、贵州等省，凹叶厚朴主要分布在福建、浙江、湖南等省。乌蒙山片区内，包括四川美姑、雷波，贵州织金、毕节、习水等地区均有厚朴种植。

图1 厚朴植物图

三、生长习性

厚朴喜凉爽、湿润气候，高温不利于生长发育，宜在海拔800～1800米的山区生长。在土层深厚、肥沃、疏松、腐殖质丰富、排水良好的微酸性或中性土壤上生长较好。常混生于落叶阔叶林内，或生于常绿阔叶林缘。根系发达，生长快，萌生力强。厚朴10年生以下很少萌蘖。种子干燥后会显著降低发芽能力。低温层积5天左右能有效地解除种子的休眠。种子发芽适温为20～25℃。

四、栽培技术

1. 种植材料

主要以种子繁殖，也可用压条和扦插繁殖。以种子繁殖时，在9月下旬至10月上旬采种。选择果皮呈紫红色、青黄色或深黄色，果壳微露出红色的果子连果柄采下。

2. 选地与整地

（1）选地　宜选在海拔300～1200米的中下坡位，阳光充足，排水良好，土层深厚，质地疏松，肥沃、含腐殖质较多的微酸至中性土壤。

（2）整地　①清理：整地前把造林地的采伐剩余物或杂草、灌木等天然植被进行清理，宜保留阔叶树。②方法：采用全垦、穴（块）状和带状整地，禁止25°以上坡度的山地全垦整地。山地、丘陵要适当保留山顶、山脊天然植被，或沿一定等高线保留3米天然植被。厚朴造林宜采用穴植，规格60厘米×60厘米×50厘米定植穴。

（3）造林　栽植时做到"穴大、根舒、深栽、打实"，每亩栽150～250株。提倡厚朴与多树种（毛竹、杉木、枫香、松木等）混交造林。以冬、春季造林为主。

3. 播种

（1）种子处理　①搓去蜡质层：成熟的种子外面有很厚的蜡质红色假种皮包裹，应及时将种子外面的蜡质层搓尽。操作时可将种子装入布袋或纺织袋中，浸水后赤脚或穿上软胶底鞋在种子上适度用力踩，然后用水漂去蜡质层，反复几次，直至踩净蜡质层。②净种：将搓去蜡质层的种子，在清水中漂去浮籽、破籽，然后在通风处阴干种子表皮水。

（2）播种　①土壤管理：应深耕细整。10月底第一次翻耕，11月中旬第二次翻耕。②播种时间：11～12月，最迟至次年2月下旬播种。③播种方法：开沟筑畦，一般畦宽120厘米，步道20厘米，深20厘米以上。采用条状点播，可用小木棍按20～25厘米间距压出深约2厘米的播种沟，每隔8～10厘米播种一粒，播后细土盖平。

4. 压条繁殖

11月上旬或2月选择生长10年以上成年树的萌蘖，横割断蘖茎一半，向切口相反方向弯曲，使茎纵裂，在裂缝中央夹一小石块，培土覆盖。翌年生多数根后割下定植。

5. 扦插繁殖

2月选径粗1厘米左右的1～2年生枝条，剪成长约20厘米的插条，插于苗床中，苗期管理同种子繁殖，翌年移栽。

6. 田间管理（图2）

种子繁殖出苗后，要经常拔除杂草，并搭棚遮阴。每年追肥1～2次；多雨季节

图2　厚朴栽培

要防积水，以防烂根。定植后，每年中耕除草2次。结合中耕除草进行追肥，肥源以农家肥为主，幼树期除需压条繁殖外，应剪除萌蘖，以保证主干挺直、快长。

7. 病虫害防治

（1）根腐病　病原是真菌中一种半知菌。为害幼苗。根部发黑腐烂，呈水渍状，全株枯死。

①注意排除田间积水；②发现病株立即拔除，并用石灰消毒病穴；③发病初期用50%甲基托布津1000倍液灌根。

（2）立枯病　病原是真菌中一种半知菌。幼苗出土不久，靠近土面的茎基部呈暗褐色病斑，病部缢缩腐烂，幼苗倒伏死亡。

①注意排除苗床积水；②发现病株立即拔除，并用石灰消毒病穴；③发病初期用50%多菌灵1000倍液或50%甲基托布津1000倍液浇灌病区。

（3）叶枯病　病原是真菌中一种半知菌。发病初期叶上病斑呈褐色，逐渐扩大呈灰白色布满叶片，潮湿时病斑上生有小黑点，叶片枯黄，植株死亡。

①冬季清林时清除病叶枯枝；②发病前喷1∶1∶120波尔多液保护，发病初期用50%多菌灵1000倍液防治。

（4）虫害　主要有厚朴横沟象、日本壶链蚧、厚朴新丽斑蚜、大背天蛾等。褐天牛：属鞘翅目天牛科。

①厚朴横沟象：晴天的傍晚在林内喷洒20%杀灭菊酯乳油2000倍液。②日本壶链蚧：喷40%速扑杀乳油1000倍液或10%吡虫啉乳油1000倍液。③大背天蛾：用20%杀灭菊酯乳油2000倍液喷雾。

五、采收加工

1. 采收

（1）采收年龄　厚朴7年可间伐，15年以上可以主伐。

（2）采收时间　厚朴皮采收时间在4月上旬至6月上旬。厚朴花在4～5月含苞待放时采收。

（3）采收方法　①伐木剥皮：先在树干基部离地面5～10厘米环切树皮一圈，深至木质部，再在上部40厘米或80厘米处复切一环，在两环之间用利刀顺树干垂直切一刀，用小刀挑开皮口，用手将皮剥下，再将树砍倒。然后按40厘米或80厘米长度将主秆皮剥完，接着剥枝朴。伐木后保留树桩，炼山后培育厚朴矮林。②厚朴花的采收：将花蕾连花柄采下，尽量不对树枝造成损害。

2. 加工

（1）皮加工　将剥下的鲜皮层叠整齐，置封密室内堆积沤制几天，使其"发汗"变软，取出晒至汗滴收净，进行展平或转筒。再堆沤1～2天，使油性蒸发，然后交叉叠放加压，通风阴干。

（2）花加工　剥掉花瓣外面的叶片和苞片，蒸5～10分钟，或在沸水中煮2～3分钟，取出后用文火烘干。可采用烘干机进行烘干，温度控制在60℃左右，时间控制在16～24个小时。

六、药典标准

1. 药材性状

（1）干皮　呈卷筒状或双卷筒状，长30～35厘米，厚0.2～0.7厘米，习称"筒朴"（图3）；近根部的干皮一端展开如喇叭口，长13～25厘米，厚0.3～0.8厘米，习称"靴筒朴"。外表面灰棕色或灰褐色，粗糙，有时呈鳞片状，较易剥落，有明显椭圆形皮孔和纵皱纹，刮去粗皮者显黄棕色。内表面紫棕色或深紫褐色，较平滑，具细密纵纹，划之显油痕。质坚硬，不易折断，断面颗粒性，外层灰棕色，内层紫褐色或棕色，有油性，有的可见多数小亮星。气香，味辛辣、微苦。

图3　筒朴

（2）根皮（根朴）　呈单筒状或不规则块片；有的弯曲似鸡肠，习称"鸡肠朴"。质硬，较易折断，断面纤维性。（图4）

1cm

图4　厚朴药材"鸡肠朴"

（3）枝皮（枝朴）　呈单筒状，长10～20厘米，厚0.1～0.2厘米。质脆，易折断，断面纤维性。

2. 鉴别

（1）横切面　木栓层为10余列细胞；有的可见落皮层。皮层外侧有石细胞环带，内侧散有多数油细胞和石细胞群。韧皮部射线宽1～3列细胞；纤维多数个成束；亦有油细胞散在。

（2）粉末特征　棕色，纤维甚多，直径15～32微米，壁甚厚，有的呈波浪形或一边呈锯齿状，木化，孔沟不明显。石细胞类方形、椭圆形、卵圆形或不规则分枝状，直径11～65微米，有时可见层纹。油细胞椭圆形或类圆形，直径50～85微米，含黄棕色油状物。

3. 检查

（1）水分　不得过15.0%。

（2）总灰分　不得过7.0%。

（3）酸不溶性灰分　不得少于3.0%。

七、仓储运输

1. 仓储

储放的仓库应干燥、通风、避光，并具有防鼠、虫、禽畜的措施。地面应整洁、无缝隙、易清洁。货物应存放在货架上，与墙壁保持足够的距离，完全与其他药材分储，并定期检查。

（1）种子　种子宜混沙湿藏，选择清洁、通风良好的房子或地下室；沙的湿度以手捏成团而不出水，触之能散为度；沙与种子的体积比为2∶1，将沙子与种子充分拌匀堆藏，厚度不超过50厘米，表层加盖3～5厘米厚的沙。贮藏中应注意观察，及时补充水分。

（2）苗木　苗木起苗后应放在库棚内或背阴避风处，防止日晒、雨淋，贮存日期不宜超过2天。

2. 运输

运输工具保持干燥、卫生，运输中应做好防雨、防潮、防曝晒措施。

八、药材规格等级

根据形状、厚度、长度、断面等厚朴商品分为"筒朴""根朴""蔸朴"3种规格，"筒朴"又分为三个等级。规格等级应符合表1规定。

表1　规格等级划分

规格	等级	性状描述				
		共同点	区别点			
			形状	厚度	长度	断面
筒朴	一等	外表面灰棕色或灰褐色，有纵皱纹，内紫棕色或紫棕色，质坚硬，气香，味苦辛	卷筒状或双卷筒状，两端平齐	≥3.0毫米	≥30厘米	外层黄棕色，内层紫褐色，显油润，颗粒性，纤维少
	二等		卷筒状或双卷筒状，两端平齐	≥2.0毫米	≥30厘米	外层灰棕色或黄棕色，内层紫棕色，显油润，具纤维性
	三等	外表面灰棕色或灰褐色，有纵皱纹，内紫棕色或紫棕色，质坚硬，气香，味苦辛	卷成筒状或不规则块片，及碎片、枝朴	≥1.0毫米	不限	外层灰棕色，内层紫棕色或棕色，纤维性
根朴	统货	外表面棕黄色或灰褐色，气香，味辛辣、微苦	卷筒状，或不规则长条状，屈曲不直，长短不分	不限	不限	略显油润，有时可见发亮的细小结晶
蔸朴	统货		呈卷筒状或双卷筒状，一端膨大，似靴形	上端皮厚2.5毫米以上	13～70厘米	断面紫褐色，显油润，颗粒状，纤维少，有时可见发亮的细小结晶

九、药用及其他价值

1. 临床常用

厚朴为我国传统的一味中药材，现今在医药领域得到很广泛的应用，具有燥湿消痰、下气除满之功效，用于治疗湿滞伤中、脘痞吐泻、食积气滞、腹胀便秘、痰饮喘咳等症。除临床应用和供应出口外，厚朴还是《中国药典》2020年版所载的藿香正气水、香砂养胃丸等20多个常用中成药的主要原料，药材市场对药用植物厚朴的需求量很大。

2. 其他用途

作为我国特有的材药兼用树种，厚朴干材通直、材质轻柔、纹理稠密且少开裂，具有良好的加工性能和开发利用价值，可用于家具、图版、雕刻及装饰材。在一些林业山区，厚朴是当地主要的创收途径。厚朴为我国特有的珍贵树种，其叶大浓荫、花大而美丽又可作为观赏及行道树种。在春季，大型的树叶能够随风舞动，观赏价值高，能陶冶人的情操，并能使身心得到放松。

参考文献

[1] 谢宗万. 中药材品种论述[M]. 上册. 上海：上海科学技术出版社，1990.

[2] 初敏，丁立文，刘红，等. 厚朴商品资源概述[J]. 中草药，2003（6）：附14–附15.

[3] 熊璇，于晓英，魏湘萍，等. 厚朴资源综合应用研究进展[J]. 林业调查规划，2009（4）：88–92.

[4] 龙飞. 厚朴资源综合利用研究——厚朴叶药用价值的初步研究[D]. 成都：成都中医药大学，2006.

图例

—— 省级界
－－ 连片特困地区界
▨▨▨ 贫困县县界

① 三七	⑭ 金荞麦		
② 云木香	⑮ 金铁锁		
③ 天冬	⑯ 重楼		
④ 云茯苓	⑰ 党参		
⑤ 天麻	⑱ 赶黄草		
⑥ 白及	⑲ 雪上一支蒿		
⑦ 头花蓼	⑳ 银杏		
⑧ 半夏	㉑ 黄草乌		
⑨ 红花	㉒ 黄柏		
⑩ 灯盏花	㉓ 续断		
⑪ 附子	㉔ 黄精		
⑫ 杜仲	㉕ 滇龙胆		
⑬ 花椒	㉖ 厚朴	㉗ 乌梅	

审图号：GS（2021）2521 号

乌蒙山区中药

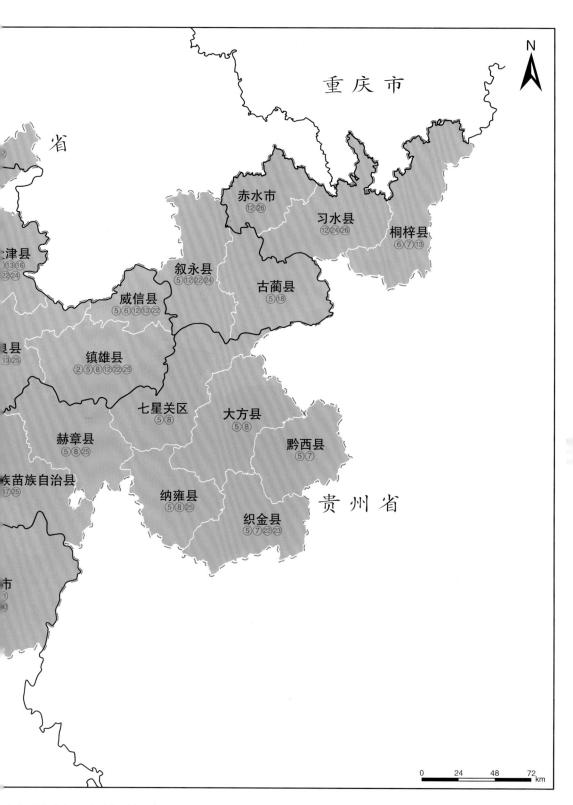

材种植品种分布图